精华典藏版

新编生活小窍门

居家必备的锦囊佳计　活学活用的生活妙招

樊岚岚　编著

陕西出版传媒集团
陕西科学技术出版社

图书在版编目（CIP）数据

新编生活小窍门/樊岚岚编著．—西安：陕西科学技术出版社，2013.4

ISBN 978－7－5369－5277－5

Ⅰ．①新…　Ⅱ．①樊…　Ⅲ．①生活—知识
Ⅳ．①TS976.3

中国版本图书馆CIP数据核字（2014）第031368号

新编生活小窍门

出 版 者　陕西出版传媒集团　陕西科学技术出版社
西安北大街131号　邮编　710003
电话（029）87211894　传真（029）87218236
http：//www.snstp.com

发 行 者　陕西出版传媒集团　陕西科学技术出版社
电话（029）87212206　87260001

印　　刷　北京建泰印刷有限公司

规　　格　710×1000毫米　16开本

印　　张　25.75

字　　数　400千字

版　　次　2014年6月第1版
2014年6月第1次印刷

书　　号　ISBN 978－7－5369－5277－5

定　　价　29.80元

前 言

衣饰应该如何搭配才能够看起来大方得体？

怎样让食物变得更加鲜美？

刚买回的食物该如何储存才不会变质？

家居应如何巧妙布置出自己的个性和风格？

家里的家具、电器该怎样维修？

遇到意外伤害应该如何采取应急措施？

怎样进行家庭诊断与保健？

……

在日常生活中，人们经常会遇到上面的问题。这一件件看似很平常的小问题，有时候能让人费尽脑筋，伤神不已。而有的时候，一个看似不经意的生活窍门，却能够轻松为您解决头疼已久的问题，让您在减轻劳动强度的同时，降低时间消耗，改善生活质量……如果想要快速解决衣、食、住、行中的各种难题，就需要一些切实有效的小窍门，而《新编生活小窍门》就是最佳选择。本书汇集了充满智慧的高招、绝招、妙招，招招简单实用，方便有效。

本书可以应对生活中繁杂琐碎的难题，从衣食住行谈起，基本上涵盖了当今社会日常生活的方方面面：大到养生保健，小至油盐酱醋；从人们最简单平常的如何喝水，到美容瘦身；从如何搭配穿衣，到健康养身；从购物选菜，到烹饪美食家宴……如果掌握了这些技巧，就能轻松地解决一些生活中的棘手难题，既节约了支出，又节省了时间，生活也会变得更加省力省心，更富有趣味。

为便于查阅，全书细分为“饮食篇”、“衣物篇”、“居家篇”、“出行篇”、“医疗篇”和“美容篇”六大部分，强力汇集了众多家庭生活中方方面面的智慧生活小窍门，具有涉及面广、针对性强、科学合理、易学易用等特点。

编著《新编生活小窍门》这本书意在做到把丰富宝贵的生活经验奉献给广大读者，帮助大家轻松解决生活中遇到的各种小难题，解决生活烦恼，营造轻松便利、健康优质、多姿多彩的完美生活。

编 者

目录
CONTENTS

饮食篇

二、食物清洗与加工 /043

三、食物保鲜与储存 /060

衣物篇

居家篇

出行篇

医疗篇

美容篇

饮食篇

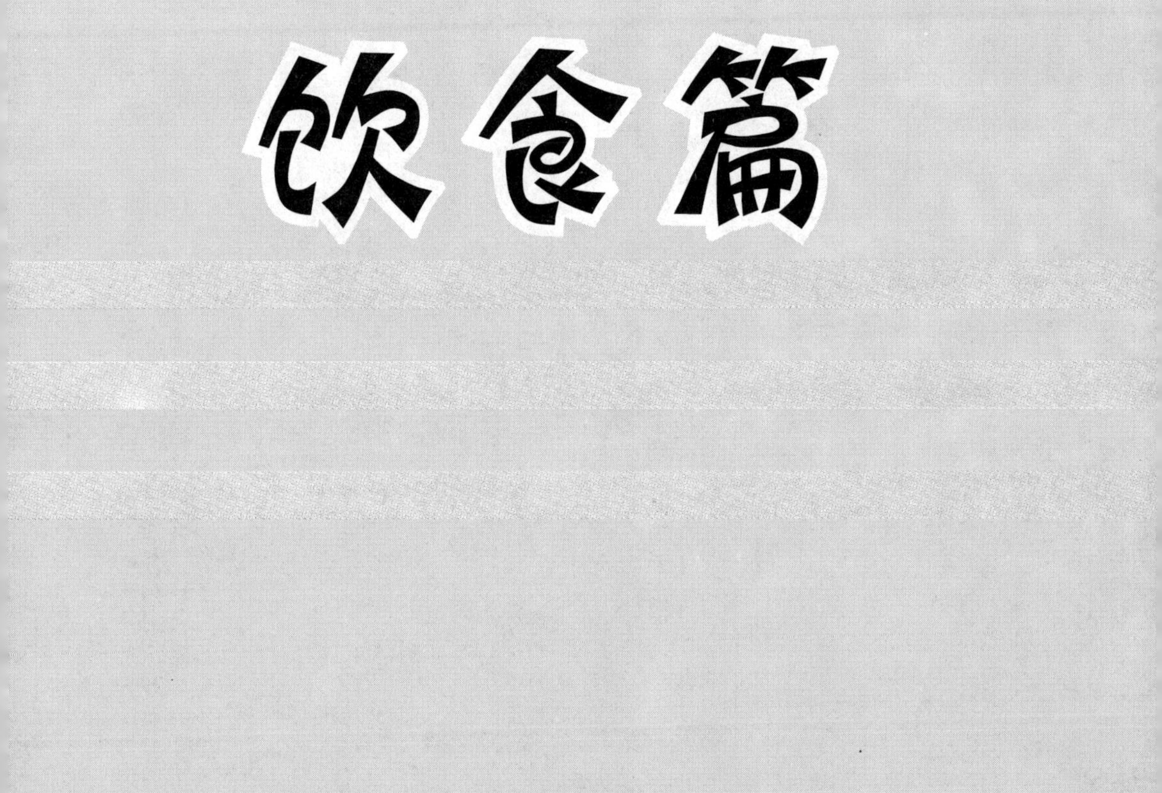

一、食物鉴别与选购

三招选好大米

(1) 一看

好大米从外表上看色泽清白、有光泽、呈半透明状，米粒大小均匀而丰满，且没有杂质。而劣质大米颜色有点发黄，大小不均，碎米也多，甚至还带有壳粒和结块。如果你购买整袋包装的大米，要检查包装上有无“QS”质量安全标志，如果没有就最好不要购买。

(2) 二闻

取一捧大米，闻一闻，如果闻到一股淡淡的清香味，说明这就是好大米。

(3) 三摸

用手摸大米，如果有凉爽感，说明是新米，而如果是涩涩的感觉，则是陈米。要是用手捻一下，变成粉状了，那就是严重变质的大米，绝对不能买。

选购面粉的窍门

(1) 看水分

标准的面粉流散性好，不易变质。当用手抓面粉时，面粉从手缝中呈片段流出，松手后不成团。

(2) 观颜色

合格的面粉在通常情况下呈乳白色或微黄色。

(3) 面筋质

水调后，面筋质含量越高，一般品质就越好。

(4) 新鲜度

新鲜的面粉有正常的气味，颜色较淡且清。如有腐败味、霉味，颜色发暗、发黑或结块的现象，则已经变质。

(5) 辨精度

好的面粉手感细而不腻，颗粒均匀，既不过细破坏小麦的内部组织结构，保持其固有的营养成分，又不过粗而含大量的黑点。

（6）闻气味

面粉要有自然浓郁的麦香味，若面粉有异味，则可能已变质或添加了变质面粉。

色拉油的鉴别方法

（1）看沉淀物

抽查桶底油，沉淀物不超过5%的为优质油。在亮处观察无色透明容器中的油，保持原有色泽的为好油。在手上蘸一点油，搓后嗅气味，如有刺激性异味，则表明其质量差。在锅内加热至150℃左右，冷却后将油倒出，看是否有沉淀现象。有沉淀则表明其含有杂质。

（2）看颜色

将洁净干燥的细小玻璃管插入油中，用拇指堵好上口，慢慢抽起，其中的油如呈乳白色，则油中有水，乳色越浓，水分越多。

（3）品味道

直接品尝少量油，如感觉有酸、苦、辣或焦味，则表明其质量差。

植物油质量鉴别

植物油水分、杂质少，透明度高，表示精炼程度和含磷脂除去程度高，质量好。豆油和麻油呈深黄色，菜油黄中带绿或金黄色，花生油呈浅黄色或浅橙色，棉子油呈淡黄色，都表明油质纯正。将油抹在掌心搓后闻气味，应具有各自的气味而无异味。取油入口具有其本身的口味，而不应有苦、涩、臭等异味。

鉴别酱油质量

以瓶装酱油为例，将瓶子倒竖，视瓶底是否留有沉淀，再将其竖正摇晃，看瓶子壁是否留有杂物，瓶中液体是否浑浊，是否有悬浮物。优质酱油应澄清透明，无沉淀，无霉花浮膜。同时摇晃瓶子，观察酱油沿瓶壁流下的速度快慢，优质酱油因黏稠度较大，浓度较高，因此流动稍慢，劣质酱油则相反。

鉴别桂皮

在选购桂皮的时候，用指甲在它的内面轻轻地刮一下，稍有油质渗出，闻它的时候香气纯正，用牙齿咬它的断面，感觉清香且稍带点甜味，则为上品。同时，用手将它折断，若容易断，声响比较脆，断面平整，则也为上品。若皮面青灰中透点淡棕色，腹面为棕色，表面有光泽和细纹，片长约为30~50厘米，厚薄均匀在3~5毫米之间，即为优良者。

慧眼区别真假大料

经常有不法商家用有毒的莽草子冒充大料，只要稍加注意就可以防止上当。莽草子又称为“野大料”，其荚角多为11~12只，角尖明显向上弯曲，瓣角瘦小干瘪且无光，表皮皱缩，闻起来不但没有香气，并且略带苦味。而真大料的荚角多为8只，角尖无明显弯曲，瓣角整齐饱满，富有光泽，闻起来有强烈的特殊香气，品尝起来味道甘甜。

鉴别优质腐竹的方法

腐竹具有较高的营养价值，特别是有健脑的功效。按品质不同，腐竹可以分为两个等级，通常根据颜色和光泽度来判断。优质的腐竹呈浅黄色，光泽度高，颜色较深则次之。此外，用水泡过后强力越大说明质量越好。购买时，那些颜色异常明亮的腐竹则有可能加入了对人体有害的添加剂。

巧辨真假木耳

市场上常常出现掺假的木耳，假木耳没有任何营养价值。以下几点帮你辨别真假木耳。

优质木耳卷曲紧缩，叶薄且没有完整轮廓。掺假木耳形态膨胀，显得肥厚，少卷曲并且边缘较为完整。好的木耳坚挺，有韧劲儿，用手不易捏碎。掺假木耳较脆，用手稍掰即碎，放在口中也容易变软。

优质木耳放入嘴里嚼时，有浑厚鲜味儿，而掺假木耳则有甜味儿。

巧选新鲜肉类

新鲜的肉类看上去颜色鲜红，牛肉呈深红色，有光泽，手按时不发黏，有弹性。用鼻子闻时有种特有的腥味，无腐臭味。

如果看起来颜色淡绿、暗红或颜色发黑，没有光泽且无弹性，用手按时发黏，水分过多，带有臭味或异味，则表明均已变质，不能食用了。

如果发现猪肉或牛肉上有白色或半透明像黄豆大小的囊状物，即所谓米猪肉，说明猪肉或牛肉已感染了绦虫，坚决不能选购。

注水猪肉巧鉴别

取普通软纸 1 片，紧贴于瘦肉部分，1 分钟后揭下，因正常肉内不含游离水，故软纸不湿，只沾油腻，易揭不易烂；而注水肉中含游离水，纸片很快会变湿，容易揭烂。

另外还可以用手摸瘦肉，正常猪肉应有黏手的感觉，这是因为猪肉的体液有一定的黏性。注水猪肉由于冲淡了体液，所以没有黏性。此外，正常猪肉外表干燥，瘦肉组织紧密，颜色略微发乌。而注水猪肉则表面看上去水淋淋地发亮，瘦肉组织松弛，颜色也较淡。

羊肉的选购与鉴别

羊肉的肉质细嫩，味道鲜美，含有丰富的营养，较猪肉和牛肉的脂肪、胆固醇含量都要少。

“要想长寿，常吃羊肉”。羊肉容易被消化，多吃羊肉还能提高身体素质，提高抗疾病能力。羊肉无论清炖还是红烧或烤制食用，味皆鲜香。

羊肉含有丰富的蛋白质、脂肪，同时还含有维生素 B_1、维生素 B_2 及矿物质钙、磷、铁、钾、碘等，营养十分全面、丰富。羊肉的脂肪溶点为 47℃，而人的体温为 37℃，所以吃了羊肉后脂肪也不会被身体吸收，不会发胖。羊肉营养丰富，但在选购时应注意鉴别。

（1）巧识老、嫩羊肉

同一品种的羊肉，老羊肉与嫩

羊肉有着显著的特征：

从颜色上看，老羊肉颜色深红，较暗，小羊肉颜色浅红，看上去比较鲜嫩。

从肉质上看，老羊肉肉质较粗，纹理深、大。小羊肉肉质坚而细，纹理细小，且富有弹性。

(2) 羊肉的新鲜度

新鲜羊肉：肉色红而均匀，有光泽，肉质坚而细，有弹性，外表微干，不黏手，气味新鲜，无其他异味。

不鲜羊肉：肉色较暗，外表干燥或黏手，肉质松驰，无弹性，略有氨味或酸味；

变质羊肉：肉色暗，无光泽，外表有黏液，手触时黏手，脂肪黄绿色，有臭味。

如何鉴别绵羊与山羊肉

可从肉品的外观、味道及开水试验的方法，来鉴别绵羊肉与山羊肉。

(1) 外观

①看色泽：绵羊肉的颜色一般呈暗红色，脂肪颜色为白色；山羊肉的色泽比绵羊肉淡，呈淡红色或苍白色。

②看肌肉：绵羊肉黏手，山羊肉不黏手。

③看肉上的毛形：绵羊肉毛卷曲，山羊肉毛硬直。

④看肌肉纤维：绵羊肉肌肉纤维短细而软；山羊肉肌肉纤维紧密、粗长，弹性良好，质地干爽。

⑤看肋骨：绵羊的肋骨窄而短，山羊的则宽而长。

(2) 味道

绵羊肉烹饪时吃火较小，熟后浓香可口，膻味不明显。尤其是绞馅做羊肉饼、羊肉饺子，味道格外鲜美适口；山羊肉肉质坚实，膻味较重。

(3) 开水试验

用开水试验羊肉，也是鉴别绵羊肉和山羊肉的简便方法。将绵羊肉切成薄片，放到开水里，形状不变，舒展自如；而山羊肉片放在开水里，立即蜷缩成团。根据这种特点，在涮羊肉时多不用山羊肉。

选购光禽6妙法

(1) 喙

新鲜的光禽喙有光泽，干燥，

无黏液；变质的光禽喙无光泽，潮湿，有黏液。

(2) 口腔

新鲜的光禽口腔黏膜呈淡玫瑰色，有光泽，洁净，无异味；变质的光禽口腔黏膜呈灰色，带有斑点，有腐败气味。

(3) 眼睛

新鲜的光禽眼睛明亮，充满整个眼窝；变质的光禽眼睛浑浊，眼球下陷。

(4) 皮肤

新鲜的光禽皮肤上毛孔隆起，表面干燥而紧缩，呈乳白色或淡黄色，稍带微红，无异味；变质的光禽皮肤上的毛孔平坦，皮肤松弛，表面湿润发黏，色变暗，常呈污染色或淡紫铜色，有腐败气味。

(5) 脂肪

新鲜的光禽脂肪呈淡黄色或黄色，有光泽，无异味；变质的光禽脂肪变灰，有时发绿，潮湿发黏，有腐败气味。

(6) 肌肉

新鲜的光禽肌肉结实，有弹性，有光泽，颈、腿部肌肉呈玫瑰红色；变质的光禽肌肉松弛，湿润发黏，色变暗红、发灰，有明显腐败气味。

辨别鲜蛋有妙招

(1) 看

鲜蛋的蛋壳较毛糙，并附有一层霜状的粉末，色泽鲜亮洁净；陈蛋的蛋壳比较光滑；臭蛋的外壳发乌，壳上有油渍。

(2) 听

用手指夹稳鸡蛋在耳边轻轻摇晃，好蛋音实；贴壳蛋和臭蛋有瓦碴声；空头蛋有空洞声；裂纹蛋有“啪啪”声。

(3) 照

双手握蛋如筒形，对着日光或灯光透视，好蛋呈微红色，半透明，蛋黄轮廓清晰。

(4) 转

将鸡蛋放置在平面上，用手指轻轻一转，新鲜蛋转动时，蛋壳里有阻力，转两三周便停下；坏蛋则转得长且快；如蛋转得不快不慢，则证明蛋已不够新鲜。

(5) 漂

把蛋放在15%左右的食盐水中，

沉入水底的是鲜蛋；大头朝上、小头朝下、半沉半浮的是陈蛋；臭蛋则浮于水面。

鲜活鱼的选购要点

◆鲜活的鱼在水中游动自如，对外界刺激敏感，而即将死亡的鱼游动缓慢，对刺激反应迟缓。

◆鲜活的鱼背直立，不翻背，反之即将死亡的鱼背倾斜，不能直立。

◆鲜活的鱼经常潜入水底，偶尔出水面换气，然后又迅速进入水中。若是即将死亡的鱼则浮于水面。

◆鲜活鱼的鳞片无损伤，无脱落，反之则鳞片有脱落现象。

选对虾妙法

（1）看外形

新鲜对虾头尾完整，有一定的弯曲度，虾身较挺。不新鲜的对虾，头尾容易脱落，不能保持其原有的弯曲度。

（2）看颜色

新鲜对虾皮壳发亮，青白色，即保持原色。不新鲜的对虾，皮壳发暗，颜色变为红色或灰紫色。

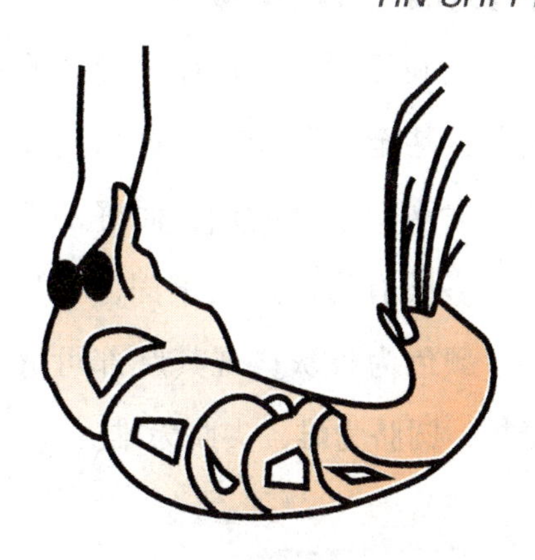

（3）摸肉质

新鲜对虾肉质坚实、细嫩，不新鲜的对虾肉质松软。而且，优质对虾的体色依雌雄不同而各异，雌虾微呈褐色和蓝色，雄虾微褐而呈黄色。

选购螃蟹有妙招

（1）鉴河蟹质量

农历立秋左右的河蟹饱满肥美，此时是选购的最好时节。死蟹往往含有毒素，建议不要购买。质量好的河蟹甲壳呈青绿色，且有光亮，体形完整，蟹脚劲大、完整、饱满。雌蟹黄多肥美，雄蟹则油多肉多，根据其脐部可辨别：雄蟹为尖脐，雌蟹为圆脐。

（2）选购海蟹

市场上有的海蟹腿钳残缺松懈，

关节挺硬无弹性，稍碰即掉或自行脱落，甚至变腥变丑，这样的海蟹质量太次，不宜食用；而好的海蟹腿钳坚实有力，连接牢固，体形完整，颜色为青灰；观其脐部可分辨雌雄，圆脐为雌，尖脐为雄。

(3) 鉴枪蟹质量

枪蟹，也就是市场上常卖的梭子蟹。优质新鲜的枪蟹体形完整，腿钳坚实有力，整体呈紫青色，背部有青白斑点，体重，这样的蟹才是新鲜的。

(4) 选购青蟹

优质肥美的青蟹一般体重在二三百克左右，肉质紧致，蟹壳锯齿状的顶端完全不透光。有些交配过的大个头雄蟹和刚刚换完壳的青蟹，都消耗了很多体力，肉质疏松，一点也不饱满，所以选购青蟹时要拿起两只掂量掂量，以重者为佳，不能只看个头。青蟹存放的最佳温度是8～18℃，温度过高或者过低都会导致很快死亡。保存青蟹时，要放在湿润的阴凉处，并每天浸泡在浓度为18%的盐水中5分钟，这样就能活3～10天。

怎样选购猪肝

猪肝有粉肝、面肝、麻肝、石肝、病死猪肝、灌水猪肝之分。前两种为上乘，中间两种次之，后两种是劣质品。

(1) 粉肝、面肝

肉质均匀、柔软细嫩，手指稍用力，则可把猪肝掐得有小切口，做熟后味鲜、柔嫩。两者不同点就是前者色如鸡肝，后者色赭红。

(2) 麻肝

麻肝反面有明显的白色络网，手摸切开处不如粉肝、面肝嫩软，做熟后质韧，嚼不烂。

(3) 石肝

石肝色暗红，肉质比上列三种都要硬一些，手指稍着力亦不易插入，食用时要多嚼才能烂。

(4) 病死猪肝

色紫红，切开后有余血外溢，少数生有水泡。卖者挖除后，虽无痕迹，但做熟后无鲜味，因做汤、小炒加热时间短，难以杀死细菌，食后有碍身体健康。

(5) 灌水猪肝

色赭红显白，比未灌水的猪肝

饱满，手指压处会下陷，片刻复原，切开处有水外溢，经过短暂高温亦会带有细菌，不利于健康。

注水鸡鸭的鉴别

（1）拍

注水鸡、鸭的肉富有弹性，用手一拍，便会听到“波波”的声音。

（2）看

仔细观察，如果发现皮上有红色的点，点的周围呈乌黑色，表明注过水。

（3）掐

用手指在鸡鸭的皮层下一掐，明显感到打滑的，一定是注过水的鸡鸭。

（4）摸

注过水的鸡鸭用手一摸，会感觉到高低不平，好像长有肿块，而未注水的鸡鸭，摸起来很平滑。

怎样鉴别新鲜牛肉

（1）黏度鉴别

新鲜牛肉表面微干或有风干膜，触摸时不黏手；次鲜牛肉表面干燥或黏手，新的切面湿润；变质牛肉表面极度干燥或发黏，新切面也黏手。

（2）弹性鉴别

新鲜牛肉指压后的凹陷能立即恢复；次鲜牛肉指压后的凹陷恢复较慢，并且不能完全恢复；变质牛肉指压后的凹陷不能恢复，并且留有明显的痕迹。

（3）色泽鉴别

新鲜牛肉肌肉呈均匀的红色，具有光泽，脂肪部分为洁白色或呈乳黄色；次鲜牛肉肌肉色泽稍转暗，切面尚有光泽，但脂肪无光泽；变质牛肉肌肉色泽呈暗红，无光泽，脂肪发暗甚至呈绿色。

（4）气味鉴别

新鲜牛肉具有鲜牛肉特有的正常气味；次鲜牛肉稍有氨味或酸味；变质牛肉有腐臭味。

轻松辨识猪前蹄与后蹄

首先，通常情况下，猪前蹄的骨架小而短，后蹄较大且长于前蹄；其次，前蹄的关节处是向下弯曲的，后蹄则是直的；最后，前蹄的肉比较多，适合炖、煨或红烧，后蹄的肉较少更适合煮汤。此外，仔细观察会发现前蹄的内侧有三道褶。

选购腌腊肉要看保质期

腌腊肉味道鲜美，有独特的熏香味，但是如果存放的时间过长，香味不但会逐渐挥发，还会产生变质的油哈喇味。选购时，要“五看一闻”：一看生产认证标志；二看生产日期，尽量选购近期的产品。一般的腌腊制品保质期只有2~3个月，真空包装的保质期较长，在低温环境下能延长到4个月。为防止腌腊肉失去原有的风味，甚至变质，购买的腌腊肉应尽量在一个月内食用；三看产品表面，要选择表面干爽的；四看产品外观色泽，颜色过于鲜艳不要买；五看产品弹性，弹性好的质量好；六闻气味，看是否有酸腐味。

巧选冻鱼

冻鱼分为两种，一种是出水后立即低温冷冻，这类鱼很新鲜。解冻后食用，与鲜鱼一样，味道鲜美。另一种是即将腐败或已腐坏才低温冷冻的鱼。购买时一定要掌握鉴别窍门。

（1）看鱼的外表

质量好的冻鱼具有鱼体原有的色泽，鱼体坚硬，体表清洁；色泽灰暗、腹部发黑者质次。

（2）看鱼的眼睛

质量好的冻鱼，鱼眼外凸、明亮，眼球里黑白分明；鱼眼下凹发污、眼球黑白浑浊者质次。

（3）看鱼的肛门

变质的鱼肛门会表现松弛、腐烂、红肿、突出，肛门面积大或有破裂；新鲜鱼的肛门完整无裂，外形紧缩，无黄红浑浊颜色。

巧选鲜贝

贝类主要品种有蚌、牡蛎、贻贝、文蛤、蛏、扇贝等。

当贝壳张开时，用手触摸，便会立即关闭，不再张开，即为活贝；死贝的壳用手触及不会闭合。鲜贝肉质有光泽，手感饱满；反之，则表明不是新鲜的。

冻禽质量巧识别

新鲜冻禽肉解冻前，母禽和较

肥的禽皮色乳黄，而公禽、新禽和瘦禽皮色微红。解冻后母禽和较肥的禽能保持原来的光泽；而公禽、新禽与瘦禽微红色减退，变为黄白色，切面干燥，肌肉微红。

变质冻禽肉有两种情况：一种是冷冻前禽已变质；另一种是解冻后气温较高，耽搁时间较长引起禽肉变质。变质的冻禽肉外表呈灰白色，发黏，并有不正常气味，严重变质时，禽的皮肤呈青灰色，黏滑，放血刀口呈灰黑色，肉质松软，无弹性。变质冻禽肉不可食用。

海味干品的选购技巧

（1）墨鱼干

体形完整、光亮洁净、颜色柿红、有香味、够干、淡口的为优质品；体形基本完整、局部有黑斑、表面带粉白色、背部暗红的次之。

（2）鱿鱼干

体形完整、光亮洁净、具有鲜虾肉似的颜色、表面有细微的白粉、够干、淡口的为优质品；体形部分蜷曲、尾部及背部红中透暗、两侧有微红点的则次之。

（3）蚝鼓（牡蛎）

体形完整结实、光滑肥壮、肉饱满、表面无沙和碎壳、肉色金黄、够干、淡口的为上品；体形基本完整、比较瘦小、色赤黄略带黑的次之。

（4）章鱼干

体形完整、色泽鲜明、肥大、爪粗壮、体色柿红带粉白、有香味、够干、淡口的为上品；色泽紫红带暗的次之。

（5）鲍鱼干

体形完整、结实、够干、淡口、柿红或粉红色的为上品；体形基本完整、够干、淡口、有柿红色而且背部略带黑色的次之。

（6）海参

体形完整端正、够干（含水量小于15%）、淡口、结实而有光泽、大小均匀、肚无沙的为上品；体形比较完整、结实、色泽比较暗者则次之。

鉴选海参的窍门

◆海参体粗长、肉质厚、体内无沙者为佳品；体细小、肉质薄、原体不剖、腹内有沙者质次之。

如灰参，有刺，咸性很重，易

回潮，肉质极糯；搭刀赤参，肚内有石灰质，肉质薄而稍硬，体形匀细，均为次品。

◆灰参，又名刺参。灰参质量以纯干、肉肥、刺多而挺、淡水货为佳。灰参水发后外观漂亮，适合宴席使用。水发后的灰参不宜久存，过久肉易化。

◆梅花参个较大，干品每个可达200多克。干制时，开腔展平，体色纯黑，体面刺多而尖，食用品质优于灰参。

◆白玉参体面光滑无刺，体色白中带黄，食用品质一般。

◆克参，又名黑参、乌狗参，主要产于我国南海东沙群岛一带，体面发黑无刺，外皮厚而硬，肉薄，品质较次。

选购海带

优质的海带有以下特点：遇水即展，浸水后逐渐变清，没有根须，宽长厚实，颜色如绿玉般润泽；而品质低劣的海带含有大量的杂质，颜色发黄没有光泽，在水中浸泡很长时间才展开或者根本不展开。

按烹饪方法选羊肉

不同的烹饪方法需要不同部位的羊肉，这样才能做出更美味的食物。下面就介绍一下几种烹饪方式所需的羊肉。

(1) 扒羊肉

应选羊尾、三岔、脖颈、肋条、肉腱子。

(2) 涮羊肉

应选三岔、磨裆。

(3) 焖羊肉

应选腱子肉、脖颈。

(4) 烧羊肉

应选肋条、肉腱子、脖颈、三岔、羊尾。

(5) 炒羊肉

应选里脊、外脊、外脊里侧、三岔、磨裆、肉腱子。

(6) 炸羊肉

应选外脊、胸口。

如何挑选皮蛋

(1) 看

先看包料有无发霉和是否完整，然后剥去包料看蛋壳，以包料完整、无霉味，蛋壳完整，颜色为灰白或清铁色为佳；黑壳蛋及裂纹蛋为劣质蛋。

（2）掂

将皮蛋轻轻抛掂，连抛几次，手感颤动大，有沉重感的为优质皮蛋；手感蛋内不颤动的为死心蛋；手感颤动和弹性过大的则是汤心蛋。

（3）摇

用拇指和中指捏住蛋的两头在耳边上下摇动，听其内有无响声或撞击声。优质皮蛋有弹性而无响声，反之为劣质蛋。

（4）弹

将蛋放在左手掌中，以右手食指轻轻弹击皮蛋的两端，声音若是柔软的为优质蛋；产生生硬的声响，则为劣质蛋。

（5）尝

剥去皮蛋蛋壳，若蛋白和蛋黄均呈墨绿色，蛋白半透明，有弹性，口尝肉质细嫩则为优质蛋；反之则为劣质蛋。

咸蛋巧识别

（1）色泽鉴别

良质咸蛋包料完整无损，剥掉包料后，或直接用盐水腌渍，可见蛋壳亦完整无破损，无裂纹或霉斑，摇动时有轻度水荡样感觉；次质咸蛋外观无显著变化或有轻微裂纹；劣质咸蛋隐约可见内容物呈黑色水样，蛋壳破损或有霉斑。

（2）打开鉴别

①劣质咸生蛋打开后蛋清混浊，蛋黄大部分已溶化，蛋清蛋黄全部呈黑色，有恶臭味；煮熟后打开，蛋清灰暗或黄色，蛋黄变黑或散成糊状，严重者全部呈黑色，有臭味。

②次质咸生蛋打开后，蛋清清晰或为白色水样，蛋黄发黑凝固，略有异味；煮熟后打开，蛋清略带灰色，蛋黄变黑，有轻度异味。

③良质咸生蛋打开，可见蛋清稀薄透明，蛋黄呈红色或淡红色，浓缩黏度增强，但不凝固；煮熟后打开，可见蛋清白嫩，蛋黄口味有细沙感，富于油脂，品尝则有咸蛋固有的香味。

五招教您识别真假鸡蛋

（1）看外壳

假鸡蛋蛋壳的颜色比真鸡蛋的

外壳亮一些，但不太明显。

(2) 用手摸

用手触摸假鸡蛋蛋壳，会觉得比真鸡蛋粗糙一些。

(3) 听声响

在晃动假鸡蛋时会有声响，这是因为水分从凝固剂中溢出的缘故；轻轻敲击，真鸡蛋发出的声音较脆，假鸡蛋声音较闷。

(4) 闻气味

用鼻子细细地闻，真鸡蛋会有隐隐的腥味。

(5) 打开看

假鸡蛋打开后不久，蛋黄和蛋清就会融到一起。这是因为蛋黄与蛋清是同质原料制成所致。在煎假蛋时，会发觉蛋黄在没有搅动下自然散开，这是因为包着人造蛋黄的薄膜受热裂开的缘故。

如何鉴别鱿鱼与乌贼

(1) 干品

鱿鱼干品为扁平块状，稍显细长，体型完整，光亮净洁，具有干虾似的颜色，表面有细微的白粉，淡口者为上品。乌贼干品为椭圆形。

(2) 手感

用手指用力按一下鱼胴体中部，手感会有不同：如果较软，就是鱿鱼，因为鱿鱼仅有一条叶状的透明薄膜贯穿于体内；如果有坚硬感，就是乌贼，因为乌贼有一条船形的硬乌贼骨。

(3) 外形

鱿鱼一般体型细长，末端呈长菱形，肉质鳍分列于胴体的两侧，倒过来观察时，很像一支“标枪头”。乌贼外形稍显扁宽，在其他特征上与鱿鱼也有区别。

鉴别甲醛泡发的水产品

甲醛是一种用做防腐与消毒的化学品。甲醛主要对呼吸道与消化道黏膜产生刺激和腐蚀等急性毒副作用。此外，甲醛还会引起皮肤瘙痒、皮疹及肾炎。那么，我们如何判断用甲醛处理过的水产品呢？

(1) 看

一般来说，使用甲醛溶液泡发过的鱿鱼、虾仁，外观虽然鲜亮悦目，但色泽偏红。

(2) 闻

会嗅出一股刺激性的异味，掩

盖了食品固有的气味。

(3) 摸

甲醛浸泡过的水产品，特别是海参，触之手感较硬，而且质地较脆，手捏易碎。

(4) 尝

吃在嘴里，会感到生涩，缺少鲜味。

(5) 化学鉴别法

若甲醛用量较小，或者已将鱿鱼、海参、虾仁加工成熟并施以调味料，就较难辨别了。这里介绍一个简单的化学鉴别法：将品红亚硫酸溶液滴入水发食品的溶液中，如果溶液呈现蓝紫色，即可确认浸泡液中含有甲醛。此法可供单位食堂与饭店一次性大量采购水发品时使用。

超市选菜的诀窍

在超市中选菜可以遵循以下两个技巧：一是绿色蔬菜在采摘之后，其中所含的维生素会很快分解，因此，应该选择那些放在冷藏柜或者包裹在保鲜膜中的蔬菜，二是可以去一些比较大的超市购买蔬菜，因为这样的超市蔬菜流量会比较大，放在架上的蔬菜也会更加新鲜。

鉴别有毒害蔬菜

有害物质超标的蔬菜有以下特点：

◆化肥过量的青菜颜色呈黑绿。

◆施过尿素的绿豆芽，光溜溜地不长须根。

◆用过激素的西红柿，其顶部凸起，看起来像桃子。

有的人认为带有虫眼的菜没有施过农药，其实不然，有的虫子对药有很强的抵抗力，或者是生虫后才用农药。目前有害物质在蔬菜体内积存量的平均值由大到小排列顺序为：根菜类、藕芋类、绿叶菜类、豆类、瓜类、茄果类。

韭菜选购技巧

◆查看韭菜根部，齐头的是新货，吐舌头的是陈货。

◆检查捆包腰部的松紧。一般腰部紧者为新货，松者为陈货。

◆用手捏住韭根抖一抖，叶子

发飘者是新货，叶子飘不起来的是陈货。

鉴别萝卜的窍门

良质萝卜色泽鲜亮，肉质松脆多汁，肉质根粗壮，大小均匀，饱满而无损伤，表皮光滑而不开裂，不糠心，不空心，弹击时有实心感觉；劣质萝卜大小不均，有损伤，表皮粗糙，有开裂，肉质绵软，抽薹或糠心，弹击时有空心感或弹性。

鉴别大白菜的质量

（1）劣质白菜

包心不实，手握时菜内有空虚感，外形不整洁，有机械伤，根部有泥土或有黄叶、老叶、烂叶，有病虫害或菜心腐烂。

（2）次质白菜

包心紧实，但外形不整齐，大小不等或有少量损伤。整理得不干净，有泥土，或带黄叶、枯叶、老叶。

（3）良质白菜

色泽鲜亮，外表干爽无泥，外形整齐，大小均匀，包心紧实，用手握捏时手感坚实，根削平，无黄叶、枯老叶、烂叶，菜心无腐烂，无机械伤，无病虫害。

选购菜花

选购菜花时，应挑选花球雪白、坚实、花柱细、肉厚而脆嫩、无虫伤、机械伤、不腐烂的为好。

此外，可挑选花球附有两层不黄不烂青叶的菜花。花球松散、颜色变黄，甚至发黑、湿润或枯萎的质量低劣，食味不佳，营养价值下降。

挑选黄瓜

通常，顶花、带刺、挂白霜的是新摘的鲜瓜；瓜鲜绿、有纵棱的是嫩瓜。条直、粗细均匀的瓜肉质好，瓜条肚大、尖头、细脖的畸形瓜，是发育不良或存放时间较长的瓜；黄色或近似黄色的瓜为老瓜，瓜条、瓜把儿萎蔫是采摘后存放时间长了的瓜。

好苦瓜看皱纹

苦瓜是“君子菜”，因为用苦瓜与其他菜一起炒时，其他菜不会沾上苦味。苦瓜所含的维生素C十分丰富，而且还有清热解毒的功效。它含有的脂蛋白，可提高人体免疫力，预防癌症。

选购苦瓜时，应该选择瓜体嫩绿，表面皱纹较深的。皱纹越深瓜肉越肥厚，且表面掐上去有水分。

如何判断竹笋的好坏

（1）观色泽

外壳色泽鲜黄或淡黄略带粉红，笋壳完整且饱满光洁者，质量较好；色泽暗黄为中等；呈酱褐色的属下品。笋壳深褐色，手捏上去有软软的感觉，甚至有潮湿感，根头上面一节呈深黄色，而又带潮，就是质量差的笋。

（2）观肉质

笋节紧密，纹路浅细，片形短阔而体厚，为质地嫩的笋。笋的根头上面一节呈白色、肉色、淡黄色的，质地较嫩，若有红籽白肉，吃口更嫩。如果笋的外形呈扁形的，则属于质嫩的笋。黄壳黄泥的毛笋，则肉更白，更嫩，味也甜。长度超过30厘米，根部大，纤维粗，笋节稀，其质地较老。笋的根头上面一节呈深黄色，黄中泛青的，吃口就老。

（3）用手摸

将笋提在手里，应是干湿适中，周身无瘪洞，无凹陷，无断裂痕迹。另外，可用指甲在笋肉上划一下，嫩不嫩一划便知。

（4）验干湿度

含水量在14%以下，折之即断为好，反之为差。

鉴别马铃薯质量优劣

马铃薯，又叫山药蛋、土豆、洋芋、洋山芋等，它既是蔬菜又是粮食，为世界五大食用作物之一。

（1）劣质马铃薯

薯块小而不均匀，有损伤或虫蛀孔洞，薯块萎蔫变软，薯块发芽或变绿，并有较多的虫害、伤残薯块，有腐烂气味。

(2) 次质马铃薯

与良质者相比较，薯块大小不均匀，带有毛根或泥土，并且混杂有少量带疤痕、虫蛀或机械伤的薯块。

(3) 良质马铃薯

薯块肥大而匀称，皮脆薄而干净，不带毛根和泥土；无干疤和糙皮，无病斑，无虫咬和机械外伤，不萎蔫，不变软，无发酵酒精气味，薯块不发芽，不变绿。

选购丝瓜

丝瓜的种类很多，胖丝瓜和线丝瓜是常见的两种。

胖丝瓜短而粗，购买时应挑两端大小一致、皮色新鲜、外皮有细皱并覆盖着一层白绒、没有损伤的为好。

线丝瓜细而长，购买时应挑选皮色翠绿、水嫩饱满、表面无皱、大小均匀、瓜形挺直、没有损伤的为好。

选购茄子

在选购茄子时，应选外形周正均匀、没有损伤、个体饱满、肥硕鲜嫩的，以皮薄、籽少、肉厚、细嫩为佳。而那些质量差的茄子则可能会出现以下特点：外皮有裂口、锈皮，开始腐烂，皮肉质地坚韧，味道发苦。

鲜嫩的茄子肚皮乌黑发光，重量小，皮薄肉松，籽肉不分，味嫩香甜。而老茄子较重，用手掂量即可辨别出老嫩的差别。

选购胡萝卜

胡萝卜不但味道鲜美而且营养丰富，为营养保健佳品。胡萝卜分为多种，外形各异，颜色繁多。无论选购哪种胡萝卜，都应选购色泽鲜亮、质地均匀光滑、颜色较深、个体短小的为好。

如何选购新鲜芹菜

市面上出售的芹菜大致有四种：青芹、白芹、美芹和黄心芹。为了选择新鲜的芹菜，必须要多注意芹菜的形状。主要看芹菜的叶茎是否平直，如果叶茎平直，则证明是新鲜的，否则芹菜的叶子尖端多会往上翘起。如果叶子发软或者发黄，则千万不能购买。此外，可用手轻捏芹菜茎的根部，如果是实心的则水分充足，口感脆嫩；反之，如果是空心的则不宜选购。

买冬瓜也有讲究

冬瓜，又称白瓜，具有很高的营养价值。挑选品质好的冬瓜，烹制出来的菜肴非常清新爽口。好的冬瓜通常个体较大，形状比较均匀，表皮上有一层白霜似的茸毛，没有任何疤痕，分量重，肉质结实细嫩，而且好的冬瓜闻起来有一种清香的瓜味。

怎样挑选茭白

茭白，是一种水生蔬菜，营养价值很高，口感鲜嫩。在挑选茭白时，最好选择那些外形均匀、肉质洁白、质地脆嫩、略带甜味的，因为这样的茭白比较鲜嫩。老化的茭白肉色发黑或者表皮上出现黑点。另外，也尽量不要选购那些发青的茭白，因为这样的茭白大多错过了最佳的采摘时节。

识辨黄花菜好坏有窍门

（1）看

颜色亮黄、条长而粗壮、粗细均匀者为优质；颜色深黄并略显微红、条形短瘦、不均匀者质量次之；颜色黄褐、条形短且卷曲、长短不一、带有泥沙的质量最次。

（2）攥

手攥一把黄花，手感柔软有弹性，松开手后黄花也随即松散的，说明水分含量少；松手后黄花不易散开的表明水分含量较多；若松手时有粘手感，证明已有所变质。

（3）闻

闻黄花的气味。有清香者为优质；有霉味者为变质品；有硫黄味者为熏制品；有烟味者为串烟严重的。

巧选木耳

质量好的木耳朵大而薄，朵面乌黑光润，朵背略呈灰色。用手摸干燥，分量轻，用嘴尝清香而无味；掺假的木耳朵厚，朵片往往粘在一起，有潮湿感，分量较重。用嘴尝如有咸味，说明木耳已被盐水泡过；如有涩味，说明木耳已被明矾水泡过；如有甜味，说明木耳用糖稀拌过。这些掺假木耳较正常木耳重，有的甚至重1倍以上，质量也较差。

巧选辣椒

辣椒的品种很多，从食味上可以分为辣、甜、辣中甜3类。辣椒类，果形较小，其中北方六七月上市的皮色青黄的包子椒，辣味较淡；六月上市的形小肉薄的小辣椒，辣味较强；八九月上市的长尖圆形、紫红色的小线椒（有的称朝天椒，有的称“一窝猴”等），辣味最强。甜椒类，果形大，似灯笼，故名灯笼椒或柿子椒，滋味发甜，果形呈扁柿形，肉厚，味甜稍辣，是腌酱辣椒的优良品种。

选购鲜藕的技巧

藕为多年水生蔬菜，营养丰富，生熟食以及加工成藕粉食用均可。

藕有池藕与田藕之分。池藕栽种在池塘中，质较白嫩，汁多，藕身长有9孔，上市迟；田藕栽在水中田中，品质略次，藕身短，有11个孔，上市早。

市场上供应的藕多带泥，选购时宜选藕节短粗的，从藕尖数起的第二节藕为最佳。

菇类选购的技巧

（1）蘑菇的选购

蘑菇味道鲜美，营养丰富，是很好的保健食品。在选蘑菇时，应选肉厚、茎粗而短、蘑菇的伞状物内侧黄色中带蓝白色、菇形完整、菌伞未开、坚实饱满、质地细嫩、清香味鲜的蘑菇。

（2）香菇的选购

香菇品种很多，根据采收季节和形状的不同分为花菇、厚菇和平菇，以花菇质量最好，厚菇次之，平菇质量最差。选购香菇，总的要求是个大而均匀，菌伞肥厚，盖面细滑，色泽黄褐，菌伞背面的褶裥要紧密细白，菌柄要短而粗壮，菇形整齐，无霉蛀和碎屑，香味浓郁。

（3）猴头菇的选购

挑选猴头菇应选表面长满肉刺、远观像猴头形、整齐无伤缺、茸毛均匀、体大干燥、色泽金黄无霉烂虫蛀、无异味者为佳。

选购生姜小窍门

姜辛辣香味较重，在菜肴中应用较广，既可作调味品，又可作菜肴的配料。烹调常用姜有新姜、黄姜、老姜、浇姜等。

新姜皮薄肉嫩，味淡薄；黄姜香辣气味由淡转浓，肉质由松软变结实，是姜中上品；老姜俗称姜母，即姜种，皮厚肉坚，味辛辣，但香气不如黄姜；浇姜附有姜芽，可作菜肴的配菜或酱腌，味道鲜美。

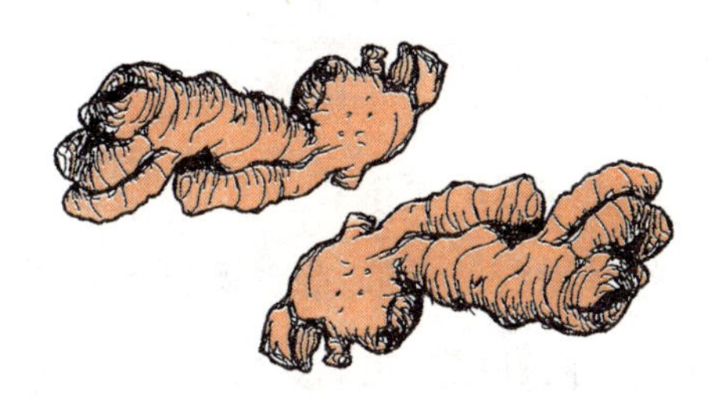

鉴别山药质量好坏

山药以外皮无伤、带黏液的为最好，黏液多，水分就少，质量也不错。

山药怕冻、怕热，冬季买山药须注意：用手握住山药 10 分钟左右，如山药出汗，就是受冻了，如发热就是没冻过的。

掰开山药看，冻过的横断面黏液化成水，冻过回暖的有硬心，且肉色发红，质量较差。

鉴别银耳质量

（1）正常的鲜银耳

叶片完全展开，朵形完整，表面洁白；光亮洁净，富有弹性，耳基部呈米黄色或橙黄色。

（2）正常干银耳

颜色均匀呈白色或米黄色，身干，无霉烂、无虫蛀，耳基部为橙黄色。

（3）变质鲜银耳

叶片展开不充分，发黏，无弹性，表面有霉蚀，朵形不规则，颜色较正常深，耳基部为黑色。

（4）变质干银耳

外观橙黄色，颜色深浅不一，朵形不完整，有霉蚀痕迹，耳基部呈棕黄色，有些生有霉斑。

豆制品的选购

（1）眼睛观察豆腐优劣

豆腐内无水纹、无杂质、晶白细嫩的属优质品；豆腐内有水纹、有气泡、有细微颗粒、颜色微黄的属劣质品。

（2）缝衣针鉴别豆腐优劣

手握1枚缝衣针，离豆腐30厘米高处松手掉下，能插入的是优质豆腐。

（3）油豆腐充水鉴别

好的油豆腐有鲜嫩感，充水油豆腐油少，粗糙；好的油豆腐捻后容易恢复原状，充水油豆腐一捻就烂。

（4）豆腐干掺豆渣、玉米粉鉴别

豆腐干表面粗糙，无光泽，弹性差，折面呈不规则的锯齿状，并可见粗糙物。

（5）豆腐皮鉴别

质量良好的豆腐皮色白味淡，柔软而富有弹性，薄厚均匀，片形整齐，具有豆腐的香味。如果发现豆腐皮变色、变味，说明它已经变质。

鉴别真假腐竹

腐竹是以优质大豆为原料，经精选、脱皮、半脱脂、超微粉碎和组织化等一系列工序制成的精美食品。现在介绍几种简单的鉴别方法：

（1）看

真腐竹是淡黄色的，且有一定的光泽，通过光线能看到纤维组织；假腐竹的颜色一块白、一块黄、一块黑，且看不出纤维组织。

（2）泡

取几块腐竹在温水中浸泡10分钟左右（以软为宜），真腐竹泡完后的水呈黄色而不混浊；假腐竹泡完后的水呈黄色且混浊。

（3）拉

用温水泡过的腐竹，轻拉有一定的弹性；而假腐竹没有弹性。

怎样挑选四季豆

选购四季豆时，一定要挑选那些色泽嫩绿，表皮光洁无斑痕、无虫蛀，而且豆荚饱满、肥硕多汁的。此外，还可以用手折断，无菜筋的为好，这样的四季豆不但鲜嫩、味道可口，而且所含的毒素也少。反之，不新鲜的四季豆或者老四季豆不但口味不佳，而且含有更多的毒素，最好不要购买和食用。

怎样选购新鲜毛豆

毛豆含有很高的蛋白质养分，被人称为“植物肉”，很多人喜欢煮食下酒。在挑选毛豆时，要选择那些颜色鲜绿、豆粒饱满、肉质鲜嫩的，通常这样的毛豆采摘不久，比较新鲜。那些颜色黄绿、豆荚扁干的毛豆，往往都是太老或者根本没有长起来的，水分不足，味道也不好。

激素水果巧识别

凡是激素水果，其形特大且异常，外观色泽光鲜，果肉味道平淡。反季节蔬菜和水果有不少是激素催成的。如早期就上市的长得特大的草莓、外表有方棱的大猕猴桃，大都是打了“膨大剂”；而通过激素“催热”的荔枝和切开后瓜瓤通红但瓜子却还没成熟且味道不甜的西瓜，也多是施用了催熟剂的；还有喷了雌激素的无籽大葡萄，等等。如果经常吃这些激素水果对健康极为不利。

怎样隔皮猜西瓜生熟

看，就是看西瓜的外壳。熟瓜表面光滑，瓜纹黑绿，瓜体匀称，花蒂小而向内凹，瓜柄呈绿色、没有拧过干枯的现象。

摸，就是用手摸瓜皮，感觉滑而硬的为好瓜，发黏或发软的为次瓜。

敲，就是用手托住西瓜，轻轻拍敲后用食指和中指弹敲。熟瓜会发出“嘭嘭嘭”的闷声，生瓜会发出“当当当”的清脆声，如发出“噗噗”声则为过熟的瓜。

掬，就是用双手掬起瓜放在耳边轻轻挤压，熟瓜会发出“滋滋”声。

弹，就是托起西瓜用手弹震西瓜。托瓜的手感到颤动震手的是熟瓜，没有震荡的是生瓜。

另外，还可以用水来测试，把西瓜放进盛有水的桶里，熟瓜可以浮在水面上，生瓜则沉入水底。

慎重选择反季水果

一般情况下，市面上见到的反季节水果大多是利用化学物质催熟或延长保鲜期的，弄不好这些化学物质就会使反季节水果变成“问题水果”，如变色葡萄、激素草莓、硫黄香蕉和有毒西瓜等，不但会对人体造成危害，还容易导致儿童性早熟。所以，建议人们谨慎购买反季节水果，最好挑选时令水果食用。

鉴选荔枝

成熟荔枝果壳柔软而有弹性，颜色黄褐略带青色，肉质莹白饱满，清香多汁，核小而乌黑，容易与果肉分离。很多品种的荔枝都有各自不同的特点。

（1）黑叶

个头一般，呈不规则圆形，核大壳薄，外表颜色暗红，裂片均匀，排列整齐，裂纹和缝合线显而易见。

（2）桂味

个头一般，果球形，核大壳薄，浅红色，龟裂片状如不规则圆锥，果皮上有环形的深沟，有桂花香味。

（3）三月红

个头较大，壳厚核大，颜色青绿带红，果形呈扁心形，龟裂纹片明显、不均匀，尖细刺手。

（4）糯米枝

个大核小，鲜红色，果形上大下小，扁心形，肉质肥厚，龟裂片平滑无刺，果顶浑圆。

鉴选菠萝

（1）颜色

成熟的菠萝颜色鲜黄，未熟的皮色青绿，过熟的皮色橙黄。

（2）手感

成熟的菠萝质地软硬适中，未熟的手感坚硬，过熟的果体发软。

（3）味道

成熟的菠萝果实饱满味香，口感细嫩，未熟的酸涩无香味，过熟的果眼溢出果汁，果肉失去鲜味。

如何选购香蕉

我们选购香蕉时，通常以视觉来判别香蕉的品质。品质佳的香蕉，果皮呈现有光泽的黄色，外皮毫无损伤；带有青色的香蕉，成熟度还不够，果实较硬，甜味也较少，品质也就较差。除了这两种基本类型的香蕉外，还有一些带黑斑点的香蕉，它们的香味与甜味也很浓烈，味道一样可口，只是腐烂的速度比较快，不容易长期保存罢了。不过，如果发现香蕉切口处发霉时就不要购买。

如何辨识香蕉和芭蕉

从外形看，香蕉弯曲呈月牙状，果柄短，果皮上有5~6个棱；芭蕉的两端较细，中间较粗，一面略平，另一面略弯，呈"圆缺状"，果柄较长，果皮上有3个棱。

从颜色上看，香蕉未成熟时为青绿色，成熟后转为黄色，并带有褐色斑点，果肉呈黄白色，横断面近圆形；芭蕉果皮呈灰黄色，成熟后无斑点，果肉呈乳白色，横断面为扁圆形。

从味道上辨，香蕉香味浓郁，味道甜美；芭蕉的味道虽甜，但回味带酸。

樱桃的选购

樱桃应选粒大饱满，色泽鲜红或红中略带黄色，表皮光滑、光亮，剔透饱满，富有弹性，无破皮、无渗水现象，肉质厚而软的樱桃为上好；若果实色泽暗晦，果身软潮发皱，则为不新鲜；如果皮表面有胀裂，破皮处有"溃疡"现象或果蒂部分呈褐色，则不宜选购。

怎样选购柿饼

柿饼要求个大而圆整。扁形柿饼蒂应修剪得光洁平整，萼盖居中，贴而不翘，边缘厚，不破裂，无腐蛀变质。

柿霜厚白者质佳，霜薄而灰白者质次，表面发黑或无霜者更次。

柿饼色深橘红且有光泽、无核或少核、肉质软糯潮润者为上品。肉质硬、肉色褐黑、核多者质次。

柿饼肉质软糯、无粉、无涩味、无渣或少渣者质佳。口感硬、甜味差、有残渣、有粉末、有涩味者质次。

巧妙选购优质梨

优质梨果实新鲜饱满，果形端正，因各品种不同而呈青、黄、月白等颜色，成熟适度、肉质细、质地脆而鲜嫩、汁多、味甜或酸甜（因品种而异），无霉烂、冻伤、病灾害和机械伤。

而次质梨则果型不端正，无果柄，果实大小不均，且果个偏小，表面粗糙不洁，刺、划、碰、压伤痕较多，有病斑或虫咬伤口，树磨、水锈或干疤已占果面1/3至1/2，果肉粗而质地差，石细胞大而多，汁液少，味道淡薄或过酸，有的还会有苦、涩等滋味。

如何选购葡萄

(1) 色泽

新鲜的葡萄果梗青鲜，果粉呈灰白色，玫瑰香葡萄果皮呈紫红色，牛奶葡萄果皮向阳面呈锈色，龙眼葡萄果皮呈琥珀色；不新鲜的葡萄果梗霉锈，果粉残缺，果皮呈青棕色或灰黑色，果面润湿。

(2) 形态

新鲜并且成熟适度的葡萄，果粒饱满，大小均匀，青子和瘪子较少；反之则果粒不整齐，有较多青子和瘪子混杂，葡萄成熟度不足，品质差。

(3) 果穗

新鲜的葡萄用手轻轻提起时，果粒牢固，落子较少；如果粒纷纷脱落，则表明不够新鲜。

(4) 尝味

品质好的葡萄，果浆多而浓，味甜，且有玫瑰香或草莓香；品质差的葡萄果汁少或者汁多而味淡，无香气，具有明显的酸味。

怎样挑选桃

桃的质量主要取决于品种和采摘成熟度。早熟的品种肉硬、味酸，不能剥皮；中熟品种有硬肉桃，也有水蜜桃，有甜有酸，但糖分和汁液往往不及晚熟桃；晚熟桃大多属名种，味甜汁多，富有香气，皮易剥离，品质最好。

鉴别桃子的质量，首先要根据品种、产地、上市时间，然后依据下列具体方法判别。

(1) 观察

以果个大、形状端正、色泽新鲜漂亮为好；有硬斑、破皮、虫蛀者较次。

(2) 剥皮

以皮薄易剥、肉色白净、粗纤维少、肉质柔软为佳。

(3) 尝味

以汁多、味甜、酸少、香浓为上等。

识别真假红富士苹果

(1) 辨色

红富士的颜色为红色，红色的深浅也因成熟程度的不同而异。但由于红香蕉、红星也都是红色的，所以，只看颜色还不能断定是否确为红富士。

(2) 观形

红富士的果形是圆形或椭圆形，上下平面大小相同，两边没有斜度或斜度较小，顶部肚脐眼没有突起的棱角；而红香蕉、红星的果形则是倒圆锥形的，即上大下小，两边有较大的斜度，顶部肚脐眼有突起的小棱角。

(3) 摸皮

红富士的果皮摸起来要比红香蕉、红星等光滑。

(4) 口尝

红富士含水分较多，品尝起来甜脆可口；而红香蕉、红星则质地松软，品尝起来有绵绵的感觉。

(5) 估算时间

红富士属晚熟品种，上市时间较晚，11 月份以后才陆续成熟上市。在此之前，虽然有少量早熟的红富士上市，但数量极为有限。

怎样选购葡萄干

优质白葡萄干色泽白绿鲜明，优质红葡萄干色泽紫红鲜明，葡萄干暗黄、黄褐色者质次。

葡萄干颗粒大而均匀，肉质饱满，无破粒，无梗籽，无僵粒，无嫩籽，无霉蛀者为优；粒细小干瘪者质次；有破粒、梗籽、杂质者质更次。

葡萄干肉质柔软、味甜、不酸、不涩者质好；肉质硬、甜中带酸者质差；有涩味或较重酸味者表明已变质。

用手攥紧一把葡萄干，松手后粒粒自然散开者身干，相互粘连者较潮。

鲜枣选购的小技巧

成熟、新鲜的枣，皮色紫红，颗粒饱满且有光泽。选购鲜枣，宜选八成熟的品尝，口感松脆香甜的为优质枣；皮色青绿且无光泽者多为生枣，口感不甜且涩；皮色红中带锈条、斑点的枣，存放时间较长。捂红的鲜枣，缺光泽且发暗，不够甜脆。表皮过湿或有大小不同的烂斑，属于浇过水的枣，不宜久存。缺少水分或有绵软感的枣属于次等枣。

巧妙选购哈密瓜

生哈密瓜水分多、味淡，如同黄瓜味。所以要挑选八成熟以上的熟瓜，其特征是：瓜皮有鲜明的色彩或花纹；瓜柄基部产生离层，自然落蒂柄，瓜皮网纹明显或产生裂纹；如果瓜体变软、香味浓郁，说明已充分成熟，食用最佳。

挑选柚子的窍门

同样是柚子，味道差别却很大，怎样能选到汁多味甜的柚子呢？

（1）长得匀称

上尖下宽是袖子的标准体型，中段形圆、颈短、底部较平，长得比较匀称的，是好柚子。颈长的柚子，皮比较厚。而长得不匀称的柚子，可能营养不良，吃起来口感可能会酸中带苦。

（2）分量较重

柚子可不是越大越好，要选择个头差不多但分量较重的柚子。因为分量重的柚子水分足，汁多味美。而看似个头很大但重量很轻的柚子，肉质则干涩无味。

（3）不易按下

还可以通过鼻闻、手摸来筛选优质柚子。熟透的柚子，味道芳香浓郁。表面光滑，用力按压时不易按下的柚子，囊内果肉紧实，质量更好。

（4）讲究颜色

柚子的“肤色”也大有讲究。若要马上食用，最好挑选表面颜色呈淡黄或橙黄色的，这说明柚子的成熟度高，汁多味甜。但是如果想放一段时间再吃的话，则最好选择颜色黄绿的柚子，在通风处可存放1个月左右。

慎选优质猕猴桃

猕猴桃含有丰富的维生素 C，营养价值特别高，所以很畅销。但是并非个头大的猕猴桃就好，相反，有关专家特别指出，猕猴桃小的比大的好，要慎食个头过大的猕猴桃，因为它们可能被添加了“膨大剂”。那么，我们应该如何来区别呢？

（1）重量

优质的猕猴桃一般只有80～120克重，而使用“膨大剂”后的猕猴桃，每个重量可达到150克以上，有的甚至达到250克。

（2）果形

优质猕猴桃果形规则，多为上大下小的长椭圆形，果脐小而圆并且向内收缩，果皮呈均匀的黄褐色，果毛细而不易脱落。果子切开后果心翠绿，酸甜可口。但使用了“膨大剂”的猕猴桃，果形就不大规则，果脐长而肥厚，并且向外凸出，果皮发绿，颜色不均匀，果毛粗硬容易脱落。果子切开后果心粗，果肉熟后发黄，味道变淡。

（3）触摸

一般捏上去柔软且剥皮容易的猕猴桃为成熟桃，而果肉坚硬的，无法轻易用手剥去皮的猕猴桃则还生，吃起来会涩口。

怎样挑选香甜的橘子

橘子富含大量的维生素C，具有暖胃、止咳、降血脂等作用。

在选购优质橘子时，表皮呈深黄色、闪亮有光泽的为比较新鲜成熟的果实；苍黄色或很涩的绿色，且表皮有孔的果实应避免挑选。还可把橘子拿在手中看其结实的程度，轻捏表皮会出一些芳香的油脂，可闻到扑鼻的清新香气，这样的橘子汁多味美。需要注意的是：橘子不宜一次食用过多，否则容易上火，使口腔内出现炎症。

用手摸出李子生熟

李子质量的好坏与成熟度和采摘后放置的时间长短有关。

在选购时，用手轻捏果实，捏不动的硬果子多半为味道青涩的生果子；手感略带弹性的，通常是脆甜的成熟度适中的李子；手感过软的，味道大多甘甜如蜜，这种李子已经熟透不宜储藏。此外，成熟的李子表面都有一层白霜，十分容易辨认。切忌过量食用李子，否则容易引起虚热、脑涨，损伤脾胃。

怎样选购草莓

草莓是一种营养丰富的水果，其果实颜色鲜艳，除鲜品外，也可制成果酱或酿酒，非常美味。

选购草莓时，应挑选果形整齐，粒大，果面洁净，色泽鲜艳，呈现红色或淡红色，汁液多，香气浓，甜酸适口的。要选八成熟的，甜中带酸最好吃。还有，果面要清洁，无伤烂，无虫蛀和压伤等现象。

怎样挑选水分充足的橙子

挑选水分充足的橙子，首先是果脐小而不凸起；个头不要太大，因为个头越大在果梗处越易失水，口感不佳；表皮密度高，有硬度，薄厚均匀的为好，水分充足，口味甘甜；此外，高身的橙子更甜。俗话说："高身橙，扁身柑，光身橘。""高身橙"就是这个意思。

选购营养丰富的椰子

椰子为热带椰树的果实，椰汁和椰肉均可食用。椰汁味道甜美芳香，营养丰富，有止血解毒的功效；椰肉香甜嫩脆，味道好像生花生仁。

选购时可以掂量椰子的重量。通常每个椰子的平均重量为1.5～2千克，过大或过轻的果汁较少，不宜购买；还可以拿起来使劲摇晃听其水声，水声清晰的通常就是品质好的果实。外皮枯干或有裂口的椰汁已经不新鲜，味道也不好，不宜购买。

怎样选购黑枣

优质黑枣枣皮乌亮有光，黑里泛红，干燥而坚实，颗粒圆整均匀，皮薄皱纹细浅，无虫洞，滋味甜而幽香。反之，手感潮湿，黏手，枣皮乌黑暗淡，或呈褐红色，颗粒不匀，皮纹粗而深陷，顶部有小洞，口感粗糙，味淡薄，有明显的酸味或苦味，则为质次黑枣，不要选购。

什么样的核桃质量好

优质核桃个大圆整，壳薄白净，

出仁率高，果身干燥，桃仁片张大，色泽白净，含油量高。具体鉴别以取仁观察为主。果仁丰满为上，干瘪为次；仁衣色泽以黄白为上，暗黄为次，褐黄更次，带深褐斑纹的“虎皮核桃”质量也不好；仁肉白净新鲜为上，有油迹“菊花心”为次；子仁全部泛油，黏手，色黑褐，有哈喇味的，已严重变质，不能食用。

如何识别瓜子的优劣

瓜子是西瓜子、南瓜子、葵花子等的总称。以不同地区的口味特点加工而成的瓜子品种极多。南方的瓜子以辅料多、用量大、口味甜咸香俱全为特点；北方的瓜子以辅料少、口味咸香为特点。瓜子的质量，以粒老仁足，板正平直，片粒均匀，口味香而鲜美，具有本品种的水分、色泽要求者为上等，反之，则为低劣。壳面鼓起的仁足，凹瘪的仁薄，皮壳发黄破裂者为次。用齿咬，壳易分裂，声音实而响的为干，反之为潮。子仁肥厚、用手掰仁松脆、色泽白者为佳。

栗子的质量鉴别

凡皮红、褐、紫、赭等各色鲜明，带有光泽的，品质一般较好；若外壳有蛀口、瘪印、变色或黑影的，则表明果实已被虫蛀或受热变质。用手捏果实感到坚实的，一般果肉较丰满；若感到空软，表明果肉已干瘪，或受热后果肉已酥软。如条件许可，将栗子浸在水中，凡下沉者，比较新鲜；若上浮或半浮的，则已干瘪或被虫蛀。

选购桂圆7法

（1）看

果体饱满、圆润，壳面黄褐醒目，肉质厚实，色泽红亮，有细微皱纹，果柄部位有一圈红色肉头为质佳；如果壳面不很平整，颜色不均匀，有油褐斑迹，说明肉质已受潮变质。

(2) 捏

手捏易碎，壳硬而脆者质优；手捏壳凹陷，不易碎，说明受潮或干燥度低，时间长易霉变。

(3) 称

不同的品种同一份量，粒少颗大为质好，反之质次。

(4) 滚

把桂圆放在桌上，用手滚动，不易滚动者质优，易滚动者质次。

(5) 咬

新桂圆的核咬时易碎而有声，陈货、变质桂圆的核咬时性韧，碎时无声。

(6) 尝

味甜、软糯、清香、嚼时无渣的质好；甜味不足、硬韧、嚼有残渣者质次；味带干苦，是烘焙过度或陈货，不可购买。

(7) 剥

质好的桂圆肉，核易分离，肉质软润不黏手；质次的肉，核不易分离，肉质干硬。

果酒的质量鉴别

◆观颜色。好的果酒，酒液应该是清亮、透明、没有沉淀物和悬浮物，给人一种清澈感。果酒的色泽要具有果实本身特有的色素。

如红葡萄酒，要以深红、琥珀色或红宝石色为好；白葡萄酒应该是无色或微黄色为好；苹果酒应为黄中带绿为好；梨酒以金黄色为佳。

◆嗅香味。各种果酒应该有自身独特的香味。如红葡萄酒，一般具有浓郁醇和而优雅的香气；白葡萄酒有果实的清香，给人以新鲜、柔和之感；苹果酒则有苹果香气和陈酒脂香。

◆目前市场出售的果酒大部分为配制品，即由果汁经酒精浸泡后取霜，再加入糖和其他配料，经调配色、香、味而制成。这种果酒一般酒色鲜艳，口味清爽，但缺乏醇厚柔和感，有时带有明显的酒精味。

◆汽酒是一种含有大量二氧化碳的果酒。好的汽酒泡沫应该均细而滋滋作响，酒液散发着水果清香，喝到嘴里可以隐约品出新鲜水果的味道，清凉爽口。酒液的色泽应接近原果实的色泽且清亮、透明、有光泽、无悬浮物，应带有果香和酒香。味依品种而异，干型葡萄酒应清快、爽口、丰富、和谐；甜型葡萄酒应醇厚浓郁，酸、涩、甘各味和谐，爽而不薄，醇而不烈，甜而不腻，馥而不艳。

◆葡萄酒一般为防止酒液发生光化学反应，大多用绿色玻璃瓶包装，故在选购时应注意瓶标的颜色和标注的糖、酸、酒精含量，明确酒的品种，一般白葡萄酒的瓶标主体颜色采用金黄色较多，而红葡萄酒则多用红色。酒度低于 9 度通常为大路货、普通酒。另外，葡萄酒没有保存期规定，出现适量的沉淀也是质量标准允许的，关键是要瓶口密封良好，酒精不能挥发，这样风味就能保持不变。

挑选粉丝

粉丝的品种有禾谷类粉丝、豆类粉丝、混合类粉丝和薯类粉丝，其中以豆类粉丝里面的绿豆粉丝质量最好，薯类粉丝的质量比较差。质量比较好的粉丝，应该粉条均匀、细长、白净、整齐、有光泽、透明度高、柔而韧、弹性足、不容易折断，且粉身干洁，无斑点黑迹，无污染，无霉变异味。

挑选花生仁

花生的种类很多，形状各异。但无论何种花生，都应挑选颗粒饱满均匀、果衣颜色为深桃红色的。质量差的花生仁干瘪不匀，有皱纹，潮湿没有光泽；变质的花生仁颜色黄而带褐色，有一股哈喇味，这样的花生仁会霉变出黄曲霉素，食用后容易致癌。

鉴别奶粉

鉴别奶粉质量的好坏，一般可以从闻香味、试手感、辨颜色、尝味道、看溶解速度 5 个方面辨别：

（1）闻香味

正常奶粉有清淡的乳香气，如闻到带有霉味、酸味、腥味或苦味，说明奶粉已变质。

（2）试手感

袋装奶粉，用手指捏住包装袋来回摩擦，好奶粉会发出“吱吱”声；而劣质奶粉由于掺有葡萄糖等成分，颗粒较粗，故发出“沙沙”

流动声。正常的奶粉应松散柔软。受潮结块、若未变色变味，手一捏就碎，则说明质量变化并不大，仍可食用，但应尽快喝掉；如果颜色已变深，结块较大，坚硬捏不碎，就不可食用了。

(3) 辨颜色

好奶粉呈天然乳黄色；劣质奶粉细看有结晶和光泽，或呈漂白色，或色深或带有焦黄色和灰白色。

(4) 尝味道

把少许奶粉放进嘴里品尝，好奶粉细腻发黏，易粘住牙齿、舌头，且无糖的甜味；劣质奶粉放入口中很快溶解，不黏牙，甜味浓。

(5) 看溶解速度

把奶粉放入杯中，溶解越快的越不好。用热开水冲时，好奶粉形成悬漂物上浮，搅拌之初会黏住调羹；劣质奶粉溶解迅速，没有天然乳汁的香味和颜色。或者奶粉用开水冲调并静置5分钟后，如无沉淀物，则说明质量正常；如有细粒沉淀，且表面有悬浮物，则说明质量稍有变化；如水奶分离，汤水不容，则已完全变质。

怎样鉴别新鲜牛奶

牛奶香浓清甜，呈乳白色，长期饮用有助于人体对钙的吸收。喝牛奶一定要新鲜的，变质的牛奶不宜饮用。鉴别牛奶是否新鲜，除了看其色泽，品其味道，还可以滴几滴到水中，如果牛奶凝结下沉即为新鲜牛奶，立即溶散则为不新鲜牛奶。若将奶煮沸以后，表面出现一层奶脂的是新鲜的，如果出现的是絮状奶块则说明牛奶已经变质。

鉴别含添加剂食品

选购食品时不能只看外观，有的食品看起来颜色非常好看，但有可能是添加了过量的添加剂，这样的食物对人体有害。在购买米、面、糕点制品等主食时，不要选择那些有颜色的，这些食物在生活中食用得很多，即使含有的添加剂很少，也容易导致中毒。有些腊肉制品的颜色特别鲜艳，有可能是用色素染成的，不宜食用。在购买黄鱼等水产品时，要是鱼体表面颜色很深，就很有可能是加入染色素了。

鉴别变质糕点

（1）走油

存放时间过长的糕点容易走油，产生油脂酸败味，色香味下降。

（2）干缩

糕点变干后会出现干缩现象，如皱皮、僵硬等，口感明显变差。

（3）霉变

糕点被霉菌污染后霉变，味道全变，会危害人的健康。

（4）回潮

糕点因吸收水分，会出现回潮现象，如软塌、变形、发韧等。

（5）变味

糕点长久存放，会散发陈腐味，霉变，酸，走油，有哈喇味。

（6）生虫

包装或原料不干净带有虫卵，或者糕点本身的香味吸引害虫，而令糕点变质。

香烟质量优劣鉴别有窍门

（1）看看

优质卷烟外观清洁，无油渍、黄斑等污点，烟支两端切口平整，接口整齐牢固，烟支上的商标、机号、月份清晰完整。

（2）闻闻

优质香烟香气充足、纯净，无异味、霉味。

（3）捏捏

优质卷烟的烟支松紧适度，有弹性，疲软易折为受潮烟。烟支卷得过紧，透气性差，抽吸费力，燃烧不良，会影响吸味。烟卷得过松会造成空头烟。用手轻捏烟支，烟丝不下陷的为过紧烟；若烟支一头空头面积超过烟支1/3，深度超过1毫米者，则为空头烟。

（4）听听

用手搓捏烟支，如有轻微的“沙沙”声，为正常卷烟；柔而无声的说明已受潮；“沙沙”作响的则过于干燥。优质卷烟的水分含量要适中，其标准含水量为12%。水分过多，烟味会变得平淡，并容易发霉；水分过少易造成空头烟。

怎样选购优质面包

优质面包表面呈黄褐色或金黄色，烤得匀，无斑点，色彩光艳，无烧焦或发白的现象；如面包黑红，有斑点、色暗为次品。

优质面包外形整齐光滑，清洁均匀，在边、角、面上无凹凸不平处，无气泡、裂纹、粘边和变形等；反之，皮厚而硬，外形不均匀，凹凸不平，有气泡、粘边的为次品。

观察面包断面，气孔细密均匀，气泡膜很薄，有乳白色光泽，无大孔洞，富有弹性则为优质面包；如气孔大小不一，气泡膜厚，呈灰白色，或变黄则为次品。

用手指按压面包切口，有像棉绒布感觉的质优；若手感黏或易散，无弹性的质次。

蜂蜜的选购技巧

（1）观色泽

上等蜜的颜色浅且光泽透亮；劣等蜜颜色呈黑红色或暗褐色，光泽暗淡并呈混浊状。新生产的蜂蜜半透明；储存时间长的蜂蜜透明性减弱，并出现砂粒状。

（2）品味道

入口柔绵细腻、清润爽口、甘甜清新、回味轻悠的为优质蜂蜜；入口绵润、喉感麻辣、味道甜腻、回味较重的为质次蜂蜜。

（3）测黏度

优质蜂蜜应为稠厚液体，还可用下列方法测试：①把蜂蜜滴在掌心，用手指搓揉，指感黏腻的质量为佳。②将蜂蜜滴在纸上，如凝结一处呈珠状且不渗透的为纯蜜；渗透散开的含有杂质。③用筷子挑起能拉成长丝状的为好蜜；不易挑起或丝断回缩成珠状的为差蜜。④将蜂蜜滴在烧红的铁丝上，起泡的是纯蜜；只冒烟并有异味的是伪劣货。

（4）闻气味

单一品种的花香气味明显，如紫云英蜜有青草气息，枇杷蜜有苦杏仁味，槐花蜜有槐花香味，气味纯正无杂味的为优质蜂蜜；花香味差的为掺假蜂蜜。

（5）试沉淀

①以1∶5的比例将蜂蜜与水混合稀释，静置24小时后无沉淀物者为佳。②取2克蜂蜜，加20克水，煮沸冷却，滴入几滴碘液，呈现蓝紫色的说明已掺入淀粉。

看瓶签标识鉴选矿泉水

生产日期、批号、容量、监制单位、品名、产地、厂名、注册商标、保质期等都是矿泉水必须标明的。从标识等外部细节来看，标识造假，标识简单，甚至破烂、脏污、陈旧等成为假劣矿泉水的特色。此外，矿泉水的保质期通常为1年，没有标明生产日期或者逾期的，不管是否真货，都不要购买饮用。

啤酒质量巧鉴定

优质的啤酒颜色呈浅黄或金黄，清澈透明，无悬浮物和沉淀物，起瓶盖时气体充足，并有泡沫迅速溢起，将啤酒倒入杯中随着泡沫的泛起，有沙沙声响，酒花香气浓郁，泡沫丰富、细腻、洁白，挂杯的时间长，入口舒适、爽口，苦味柔和，回味醇厚，无异味，饮后产生气体。

劣质啤酒或变质啤酒浑浊无光，甚者有悬浮物或沉淀物，几乎无泡沫，或泡沫呈黄色，有异味。

另外，啤酒度数也能说明啤酒质量。度数越高，表明麦芽汁中糖类的含量越高，其啤酒的质量也就越高。

怎样选购小磨香油

纯正的小磨香油呈红铜色，清澈，香味扑鼻。若掺了猪油，加热后就发白；如掺了棉油，加热会溢锅；如掺了菜子油，颜色会发青；如掺了冬瓜汤或米汤，颜色会发浑，且半小时后有沉淀。

（1）看小磨香油的颜色

小磨香油色泽红中带黄，机榨香油比小磨香油色泽浅淡，熟菜油色泽则深黄。

（2）闻小磨香油的气味

小磨香油是由芝麻经过火炒而成，所含芝麻醚变为具有香味的芝麻酚，香味醇厚浓郁，如掺上花生油或菜油，醇香味则差，并带有花生或油菜籽的气味。

（3）观小磨香油的形

香油在日光下呈透明，如掺入1.5%的水，在光照下便呈不透明的液体，如掺入3.5%的水，油就会分层，并容易沉淀。

鉴别新茶与陈茶

（1）外观

新茶绿润，有光泽，干爽，易用手捻碎，碎后成粉末状；陈茶外观色泽灰黄，无光泽，因吸收潮气，不易捏碎。

(2) 气味

新茶有清香气、板栗香、兰花香等，茶汤气味浓郁，爽口清纯，茶根部嫩绿明亮；陈茶则无清香气味，而是一股陈味，将陈茶用热气润湿，湿处会呈黄色。冲泡后，茶汤深黄，虽然醇厚，但是欠浓，茶根部陈黄不明亮。

(3) 滋味

氨基酸、维生素等构成茶中味道的酚类化合物在储藏过程中，有的会分解掉，有的则合成不溶水的物质，这样，茶汤的味道就会变淡。故此，但凡新茶总会不沉，茶味浓，爽口。

如何识别优劣白酒

看酒色是否清澈透亮。尤其是白酒，装在瓶内，必须是无色透明的。鉴别时，可将同一牌子的两瓶酒猛地同时倒置，气泡消失得慢的那瓶酒质量好。

看是否有悬浮物或沉淀。把酒瓶颠倒过来，朝着光亮处观察，可以清楚地看出，如果瓶内有杂物、沉淀物，酒质就有问题。

看包装封口是否整洁完好。现在，不少酒厂都用铝皮螺旋形“防盗盖”封口，这样比较保险；再查看酒瓶上的商标标识，一般真酒的商标标识印制比较精美，颜色也十分鲜明，并有一定的光泽，而假冒的却非常粗糙。

果汁的选购技巧

判断一种果汁饮料是否为真正的100%纯果汁，通常可以通过以下几个方面加以辨别：

(1) 标签

合格的产品包装上都配有成分说明，100%纯果汁的说明中一般注明为100%果汁，并清楚写明“绝不含任何防腐剂、糖及人造色素”。

(2) 色泽

100%纯果汁应具有近似新鲜水果的色泽。选购时可以将瓶子倒过来，对着阳光或灯光看，如果饮料颜色特别深，说明其中的色素过多，是加入了人工添加剂的伪劣品。若瓶底有杂质，则说明该饮料已经变质，不能再饮用。

(3) 气味

100%纯果汁具有水果的清香；

伪劣的果汁产品闻起来有酸味和涩味。

(4) 口感

100%纯果汁尝起来是新鲜水果的原味，入口酸甜适宜（橙汁入口偏酸）；劣质产品往往过甜，入口后回味不自然。

真正的100%纯果汁有着难以仿造的好品质，比如：苹果原汁呈淡黄色，汁液均匀，浓淡适中，闻起来有苹果的清香味；葡萄原汁呈淡紫色，有葡萄应有的风味，没有沉淀及分层现象。

真假洋酒的鉴别

(1) 看外包装

真洋酒不仅商标整齐、清晰，而且凹凸感强，印刷水平高。商标字迹、图案不会出现模糊、陈旧、凌乱现象。

(2) 看封口

洋酒有铝封，还有铅封。名贵洋酒集装箱外都有银封。一旦铅封打开，或者没铅封，这一集装箱酒等于报废。

(3) 看防伪标志

一般洋酒的瓶颈上都有商标，刮开商标，内有各式各样的防伪标志。

(4) 看数字

各洋酒行都有各自的密码数字，暗示酒的生产日期，何时进大陆。如果假酒编号不符合洋酒行编号程序，则较易识别。

(5) 看颜色

真酒颜色透明、发亮，假酒色彩暗淡。

(6) 品尝

这是鉴别真假洋酒最后的手段。洋酒也有它特有的色、香、味，不过，通过品尝识别真假，需有一定的专业水平才行。

鉴选豆浆

从外观看，优质豆浆为乳黄色或略带黄色，有稠密感，放冷时会结出一层豆皮，这是豆浆浓度高的表现。

从气味看，好豆浆有浓浓的豆香味，劣质的则有豆腥味，闻起来不舒服，食用这种豆浆容易拉肚子。

从味道看，好豆浆豆香浓郁，口感爽滑，略带淡淡甜味。而劣质豆浆味淡如水，口感差。

鉴选冰淇淋

冰淇淋有50%～80%的膨胀率，在常温下融化时，混合料会呈现均匀滑腻的状态，但是劣质冰淇淋则会产生泡沫状或是乳清分离。好的冰淇淋显得细腻、柔软、光滑、口感好，形状持久不融。质量不好的冰淇淋会有冰碴，甚至呈雪片状、砂状。

鉴选西洋参、沙参和白参

从外形上看，西洋参体短，圆锥形，土白色，有1～3个不等的支根或支根痕在下端，也有支根较粗；沙参比较长，长圆棍形或长圆锥形，白色，主根长，为圆柱形；白参表面淡白色，也有支根在下部，但是较长。

从表面看西洋参纵向皱纹多，横向皱纹稀且较细；沙参在加工时用细马尾缠绕，使得上端有较规整、深陷的横纹；白参上端有较密较细的环状纹，加工过程中还会在参体上留下针眼样的痕迹。

质地上，西洋参坚硬，不易折断，口感浓、苦；沙参显得质地疏松，重量轻，易折断，断面常有纵向裂隙，气味微香，口感甜，不带苦味；白参质地坚硬，较重。

怎样鉴别奶油的质量

（1）形状

包装开封后仍保持原形，没有油外溢，表面光滑的奶油质量较好；如果变形，且有油外溢、表面不平、偏斜和周围凹陷等情况则为劣质奶油。

（2）色泽

优质的奶油透明，呈淡黄色，否则为劣质奶油。

（3）嗅味

优质奶油具有特殊的芳香，如果有酸味、臭味则为变质奶油。

（4）光滑度

优质奶油用刀切时，切面光滑、不出水滴，否则为劣质奶油。

（5）温度

奶油必须保存于冷藏设备中，适宜温度为－5～5℃范围。所以购买时应看看冷藏商品陈列柜和其他冷藏设备的温度是否符合10℃以下的保存条件。

（6）日期

看生产年月日，一般奶油在10℃以下，保存6个月以内其风味不会改变。

二、食物清洗与加工

巧洗蘑菇

（1）洗干蘑

先用凉水冲洗一遍，再用温水发开褶皱，刷洗干净，不要攥挤，最后用少量开水浸泡。这样蘑菇吃起来不仅不牙碜，而且营养损失也少。

（2）洗鲜蘑

鲜蘑菇表面的泥沙不易洗净。如果洗蘑菇时在水里放点盐，搅拌均匀，泡一会儿再洗，泥沙就很容易被洗净。

鲜蘑菇海绵般的菌体能吸收大量水分，因此在清洗时，可先用流水冲洗一下，然后用湿布抹，最后用干布或洁净的纸拍干。这样清洗出来的蘑菇在烹制时，可以避免过多的水分溢出，保持其鲜味。

巧洗猪肠

（1）用醋、酒、葱、姜清洗猪肠法

先将猪肠用清水冲洗干净，然后将猪肠与醋、酒、葱、姜混合在一起，用手揉搓2～3分钟，再入锅内加水煮沸，取出用清水冲洗即可。

（2）翻肠清洗法

先除去猪肠子上的黏液，把肠子的小头用细绳扎紧后，放在水里，一边往里灌水，一边翻肠头，直至把肠内壁翻出来，除去肠壁上的污物。洗净以后，再用白矾（明矾）粉搓擦几下，最后用清水冲洗干净，即可除去臭味。

（3）干炒猪肠法

先将猪肠放在热锅里干炒一会儿，让臭味慢慢蒸发，然后取出，用清水冲洗即可。

怎样清洗蔬菜

（1）用淡盐水洗菜

在种植蔬菜的过程中常常使用化学农药和肥料。为了消除蔬菜表皮残留的农药，使用1%～3%的淡盐水洗涤蔬菜可以取得良好的效果。另外，秋季收割的蔬菜，往往在菜根部位或菜叶背面的褶纹里躲藏着各种小瓢虫。用淡盐水洗菜，可以轻而易举地将其除去。

（2）用淡醋水洗菜

电冰箱并不是保鲜箱，若是冰箱中的蔬菜因储存时间较长而显得发蔫，可以向洗菜盆内的清水中滴3～5滴食醋，5～6分钟后再将菜洗净，洗好的蔬菜将鲜亮如初。

（3）清洗法

①冲洗：农药一般都不耐冲洗，对菠菜、小白菜等，可泡在水槽中冲洗，边冲洗，边排水，反复冲洗几次，然后放入盐水中洗1次，即可有效地将农药残毒冲洗掉。

②碱水浸泡：先用清水洗泡蔬菜，然后在1盆清水中加入1粒黄豆大的纯碱，溶解后搅拌均匀，将已冲洗过泥沙和杂物的蔬菜放入碱水中浸泡一下。这样附着在蔬菜上的有机磷农药绝大部分能变成无毒物质，然后再用清水冲洗干净，即可烹调食用。

（4）削皮法

对马铃薯、胡萝卜、丝瓜、冬瓜、黄瓜等蔬菜，应先削去皮，再用清水洗，可基本上除掉农药残毒。

（5）洗洁精消毒法

在1000克清水中滴入几滴洗洁精，搅匀后将洗净的蔬菜放入浸泡几分钟，再用清水（生吃的蔬菜要用冷开水）冲洗干净，这样清除农药残毒及各种寄生虫、病菌的效果也甚佳。

（6）煮沸法

烹调前，可将芹菜、花菜、青椒等蔬菜，先放在沸水中略煮一下，倒掉所煮的水，然后再烹调食用。这样可以清除蔬菜中90%以上的农药残毒。

瓜果清洗的窍门

(1) 开水烫泡

把准备生吃的水果（荸荠、苹果、梨、李等）洗净后，在沸水中浸烫 2～3 分钟，可杀死大肠杆菌、痢疾杆菌、伤寒杆菌和姜片虫卵。

(2) 盐水消毒

葡萄、草莓、樱桃、杨梅等水果，用清水洗净后，在盐水中浸 10 分钟左右，取出再用凉开水冲洗。

(3) 高锰酸钾液浸洗

以 1% ～2% 的高锰酸钾液（显淡红色）浸泡 5～10 分钟，可杀死瓜果上的伤寒杆菌、痢疾杆菌及金黄色葡萄球菌等，取出后再用凉开水冲洗干净。

(4) 漂白粉液消毒

以 2% 的漂白粉浸泡 5 分钟，可以杀死水果上的一般肠道杆菌，取出后用凉开水冲去氯味。

(5) 乳酸消毒

将 80% 的乳酸液用凉开水对成 30% 的乳酸溶液，瓜果放入浸泡 5～6 分钟，取出后用凉开水冲洗，要注意乳酸溶液不可用金属器具盛装，以免腐蚀。

正确淘米法

米的营养成分比较丰富，但许多营养物质在淘米过程中特别容易失掉。米中的维生素和无机盐很易溶于水，如果淘米时间长，或用力搓，则使米的表层营养丧失。另外，淘完米要马上下锅煮，米浸泡过久，大部分的核黄素等营养成分会损失掉，蛋白质、脂肪等也有不同程度的损失。因此，淘米时一定要注意：不要用流水和热水淘洗，不要用力搓或用力搅拌，淘米前也不要用水浸泡米，淘米时只要去掉泥沙就可以了，也不要用大量的水冲洗米粒。

猪肉如何清洗效果好

在清洗猪肉时，最好使用淘米水浸泡 10～15 分钟后再洗，这样可将附着在肉上的泥土和污物清洗干净。但在清洗猪肉时，不要用热水浸洗，这样不仅很难去除猪肉的腥味，同时还会影响口感。最好先用干净的纸将猪肉擦干净，然后用凉水快速冲洗干净。

除猪腰子腥臊妙法3则

方法1：把猪腰表面的薄膜去除，从中间剖为两半，腰子内的腰臊味可以去除。

方法2：取约15粒花椒放入锅内水中，待水烧沸后，放入腰花，水再沸，即可捞出腰花，沥去水，便可加工各式菜肴了。经这样处理过的猪腰，成菜后味道鲜美，毫无异味。

方法3：将腰子剥去薄膜，剖开，剔除污物筋络，切成所需的片或花状，先用清水漂洗一遍，捞出沥干，按500克猪腰50克白酒的比例拌匀揉搓，然后用水漂洗两三遍，最后用开水烫一遍即可。

蹄筋的几种泡发方法

常见的蹄筋主要是猪蹄筋和牛蹄筋，其泡发方法有如下几种：

(1) 油发

先将蹄筋洗净控干，温油下勺，约五六成热时，端离火位，慢慢浸煨，待油稍凉时再上火加热，油热再放下待凉，这样反复三四次，漂出碱质，洗净，即可使用。

(2) 盐发

将大粒盐下锅炒干，出净水分，待成散落状时，下蹄筋迅速翻动拌炒，待原料涨大鼓起时，将其埋在盐下焖透，然后继续翻炒，如能捏断时取出，用温水浸泡，反复在水中漂洗干净即可。

(3) 水发

先将原料用温水洗一遍，下凉水锅中烧开，慢煮约两三个小时后，取出，撕去外层筋皮，换新水下锅，用小火慢煮，待煮透回软成透明状时，捞出，用新水泡上，即可备用。

如何清洗鱼贝类

◆将活泥鳅放入清水中，滴入几滴菜油，1分钟后，泥鳅即可将体内的泥土排除干净。

◆洗黄鱼的时候，不一定非要剖腹，只要用两根筷子从鱼嘴插入鱼腹，夹住肠子后搅数下，便可以往外拉出肠肚，然后洗净即可。

◆剖鱼前，用食盐涂抹鱼身，再用水冲洗，可去掉鱼身上的黏液。

◆买回来的海螺、香螺、文蛤、青蛤、扇贝、鲍鱼等贝类先别急着做，放在清水中，再放入一把菜刀或其他铁器，两三个小时后，贝类体内的泥沙、污染物质就会吐出来。

怎样让海带柔软

（1）淘米水发干菜效果好

海带营养丰富，但因为它的主要成分褐藻胶不易溶于水，所以不易煮软。然而褐藻胶易溶于碱，当水中含有碱性时，褐藻胶会吸水膨胀而变软。根据这一特点，可用淘米水泡发海带，既易发、易洗，烧煮时也易酥软。在清洗海带时还应注意浸泡水量不宜过多，一般每500克海带用水量不宜超过2500毫升。

（2）浸泡海带时加点醋

可在煮海带时加少许食用醋或小苏打，但注意加醋不可过多，煮的时间也不可过长，煮时可用手试掐软硬，一旦煮软，立即停火。

（3）干蒸

把成团的干海带打开放在笼屉里隔水干蒸半小时左右，然后用清水浸泡两三个小时即可。用这种方法处理后的海带不但又脆又嫩，用它来炖、炒、凉拌，都柔软可口。但要注意浸泡时间不可过长，因为浸泡时间过长，海带中的营养物质，如水溶性维生素、无机盐也会溶解于水，营养价值就会降低。

泡发木耳3窍门

鲜木耳中含有一种叫卟啉的光感物质，食用后若被太阳照射，可引起皮肤瘙痒、水肿，严重者可致皮肤坏死。若水肿出现在咽喉黏膜，会出现呼吸困难。干木耳是经暴晒处理的成品，在暴晒过程中会分解大部分卟啉，在食用前又经水浸泡，剩余毒素会溶于水，所以水发后的干木耳无毒。

◆木耳泥沙的清洗。黑木耳易黏上木渣和泥沙，可用盐水（盐约为干木耳重量的1/10）清洗，轻轻揉匀，待水变浑，即可用清水淘洗。

◆用烧开的米汤泡发木耳，能使木耳肥大、松软，味道鲜美。

◆用凉水浸木耳，每千克可出3.5～4.5千克，而且吃起来爽口、脆嫩，也便于存放；如用热水发木耳每千克只能发2～4千克，且口感软、发黏，不易保存。如果不是急用，用凉水将木耳浸泡在干净的碗中，泡三四个小时即成。因此，一般情况下，不宜用热水发木耳。

用淘米水去除蔬菜农药

呈碱性的淘米水，对解除有机磷农药的毒有显著作用，可将蔬菜在淘米水中浸泡10～20分钟，再用清水将其冲洗干净，就可以有效地除去残留在蔬菜上的有机磷农药；另外，也可将2匙小苏打水中加入盆水中，再把蔬菜放入水中浸泡5～10分钟，再用清水将其冲洗干净即可。

发笋干小技巧

涨发笋干的时间较长，程序较为复杂。涨发的具体方法是：将笋干放入加满水的锅中，煮大约20分钟后，用小火焖数分钟，然后取出，洗净，弃除老根，再泡于清水或者石灰水中备用，吃不完剩下的涨发笋干，可每隔2～3天换一次水。由竹笋制成的玉兰片泡发时可将玉兰片投入淘米水中，浸泡约10小时，每小时换一次水，直至横切开无白茬。淘米水泡发的玉兰片色泽鲜白，质感非常好。

水中切洋葱不流泪

洋葱内含有丙硫醛氧化硫，这种物质能在人眼内生成低浓度的亚硫酸，对人眼造成刺激而催人泪下。由于丙硫醛氧化硫易溶于水，切洋葱时，放一盆水在身边，丙硫醛氧化硫刚挥发出来便溶解在水中，这样可相对减少进入眼内的丙硫醛氧化硫，减轻对眼睛的刺激。若将洋葱放入水中切，则不会刺激眼睛。

另外，洋葱冷冻后再切，丙硫醛氧化硫的挥发性降低，也可减少对眼睛的刺激。

巧洗桃子

将桃子用水淋湿，先不要泡在水中，抓一撮细盐涂在桃子表面，轻轻搓几下，注意要将桃子整个搓，接着将沾有盐的桃子放进水中浸泡片刻，此时可随时翻动，最后用清水冲洗，桃毛即可全部去除。

桃子不沾水，用干净的刷子在桃子的表面刷一遍，再清洗也能达到同样的效果。

葡萄清洗小窍门

吃葡萄时，先拿剪刀减到根蒂部分，使其保留完整颗粒，并浸泡稀释过的盐水，起到杀菌的作用。冲洗干净表面还残留一层白膜，可挤些牙膏，把葡萄置于手掌间，轻加搓揉，过清水之后，便能完全晶莹剔透，吃起来更安心。

洗葡萄的过程一定要快，免得葡萄吸水涨破，容易烂掉。用清水冲洗至没有泡沫即可，再用筛子沥干水分，随吃随拿。

巧洗豆腐

豆腐上有了污物不太好洗，若将豆腐放在碗中，上覆以蒸盘（如饭锅中蒸馒头用的铝盘），再放到自来水龙头下冲洗，即可保持豆腐在完整情况下被洗净。或者将脏豆腐放在一只塑料漏盆里，然后在自来水龙头下轻轻冲洗，既能洗干净，又能使豆腐保持完整。

洗芋头止手痒的窍门

◆手可放在炉火上烤一下，当手上沾着的皂角甙被破坏后，手就不痒了。

◆取 1 匙白糖放在手心，然后将其抹于双手，并反复搓手掌、手背，手痒的感觉便可以逐渐消失。

◆如果你想在洗、剥芋头时一开始手就不痒，那不妨买一双乳胶手套戴上。

除海参苦涩的方法

将泡发好的海参（无论什么方法发制皆适用）切成所需用的形状。每 500 克发好的海参，用 25 克醋精加 50 毫升开水倒在海参内，拌匀。海参沾醋后即收缩变硬。海参中的灰粒（碱性物质）和醋中和，并溶于水中。随后放入自来水中，漂浸 2～3小时，至海参还原变软，无酸味和苦涩味即可。沥尽水分，即可烹制。

带鱼去鳞的方法

◆带鱼在温热碱水中浸泡一会儿，然后用清水冲洗，鱼鳞就会洗得很干净。

◆带鱼放入80℃左右的热水中，烫10～15秒，然后立即移入冷水里，这时用刷子刷或用手刮，便能很快去掉鱼鳞。

◆带鱼在温水中浸泡一下，然后用脱粒后的玉米棒，来回擦，鳞易除又不伤肉质。

如何清洗螃蟹

（1）除蟹胃

蟹胃位于蟹壳的前半部，即“蟹斗”中一个类似三棱锥形的骨质小包，紧连蟹嘴。蟹胃内有污泥，是致病细菌生长繁衍的地方。

（2）除蟹肠

蟹只有一根独肠，位于蟹脐中间，呈条状，从底脐通腹至胃。空腹时不明显，饱后呈一条黑线。

（3）除蟹心

蟹心俗称“六脚板”，位于蟹黄中间，并紧连蟹胃。

（4）除蟹鳃

鳃长在蟹体两侧，形如眉毛，呈条状排列，两边对称。鳃是蟹的呼吸器官，故带有较多的致病菌和污物。

巧剥蒜皮三法

（1）浸泡法

将大蒜分成单独的蒜瓣，然后放入热水中浸泡3～5分钟；从水中捞出后把蒜放在手心用双手揉搓几下，然后再剥蒜皮时就会容易得多了。

（2）微波加热法

也可以借用微波炉将蒜瓣加热，只需40～50秒，将大蒜取出待其晾凉就可以轻松地剥皮了。

（3）刀拍法

将蒜瓣先简单冲洗一下，然后放在砧板上，用刀身适度拍击两下，蒜瓣呈轻微的裂开状，蒜皮也非常好剥了。

处理冷冻羊肉 4 步骤

（1）冲洗

用净水冲洗一次，去掉表面浮土，再用净布擦干。

（2）化冻

放在室内慢慢化冻，如反复翻动羊肉位置，可缩短化冻时间。注意千万不要用热水泡，更不要用火烤。

（3）整理

待肉化至似冻不冻（俗称麻冻）时，选出适于爆、炒的部位，如前后腿中的瘦嫩部分，根据自己所需加工成片或丝，其余部位可做别用，如腱子可炖，腰窝可做馅等等。

（4）浸泡

将加工好的羊肉放入净水中浸泡，待其完全化透后捞出，控去多余水分，但不要挤干。这样既保持了羊肉原有的水分，也去掉了残留在羊肉中的血污，常常见到各副食商场加工羊肉时，须经水泡，就是这个道理。

经过上述简易处理，用冷冻羊肉做出的家常菜便会细嫩适口。

加工鱼有妙法

（1）宰杀活鱼后的洗涤

一般人们都能顺利地除去鱼的苦胆，问题不大。现在人们多是请卖鱼人帮助宰杀活鱼，他们不一定收拾得很干净，拿回来后的彻底清洗很重要，避免成菜后有很大的腥味。

（2）鱼鳃

一定要彻底地抠除全部鳃片，避免成菜后鱼头夹沙，难吃。

（3）颔鳞

即鱼下巴到肚档连接处的鳞。这部分的鳞因为要保护鱼的心脏，所以牢固地紧贴皮肉，鳞片碎小，不易被发现，却是导致成菜后鱼腥的主要原因。尤其在加工鲫鱼和大部分的海洋鱼类时，须用刀削除颔鳞。

（4）腹内黑衣

鲢鱼、鲫鱼、鲤鱼等鱼的腹腔内有一层黑衣，它是脏物，且产生腥味，洗涤时一定要将其刮洗干净。

（5）腹内血筋

有的鱼腹内深处、脊椎骨下方隐藏有一条血筋，加工时要用尖刀将其挑破，冲洗干净。

(6) 鱼鳍

保留鱼鳍是为了成菜后的美观，若鱼鳍零乱松散就适得其反，应适当修剪或全部剪去。

黄花菜的清洗

鲜黄花菜，又名金针菜，未经加工的鲜品含有秋水仙碱。秋水仙碱本身无毒，但吃后在体内会氧化成毒性很大的三秋水仙碱。预防食用鲜黄花菜中毒，要求买回的黄花菜先用清水浸泡 2 小时，炒熟煮透即可食用，每次以少吃为好。干黄花菜已经过蒸熟晒干，菜中的秋水仙碱受热破坏，所以食用干黄花菜不会引起中毒。

怎样快速剥蚕豆皮

先把干蚕豆放在陶瓷或搪瓷器皿内，再加入适量的食用碱。轻轻搅拌使其溶化；与此同时，烧一锅清水，等水煮沸后即倒入容器之中，盖上盖闷上 4 ~ 5 分钟，待温度降低将蚕豆取出就可以很轻易地将皮剥去了。最后，将剥好皮的蚕豆放到凉水里面反复冲洗，以去除碱味。

巧手剥掉鸡蛋壳

◆将生鸡蛋轻轻磕出一个小坑，然后放入水中煮。这样，煮熟的鸡蛋就会很容易剥得干干净净了。注意：磕鸡蛋别太用力，否则裂口太大，煮的时候蛋白会溢出。

◆松花蛋只需将蛋的大头剥去泥和壳，再往小的一头敲一个小孔，然后用嘴从小头吹，整个不碎的蛋会自然脱落。

◆先将鸡蛋放在冷水中浸泡一会儿，然后再放进热水里煮，这样煮出的鸡蛋壳不会破裂，也容易剥取。但应注意别把煮熟的鸡蛋捞后置于冷水中冷却，这是因为鸡蛋的蛋壳内有一层保护膜，当煮熟的蛋放入冷水中，蛋白与蛋壳之间就形成一真空空隙，水中的细菌、病毒很容易被负压吸收到蛋内这层空隙中。

◆如果你在煮蛋时放入少许食盐，煮熟的蛋壳就很容易剥掉。

剥莲子衣的妙招

莲子衣是非常好的补品，但要剥下莲子衣是件很麻烦的事。在锅中盛上溶有食用碱的沸水，放入干莲子（1000 克水，25 克食用碱，250 克干莲子），盖上锅盖，焖数分钟，然后用刷子反复推擦锅中的莲子，要恒速进行（动作要快，若时间太长，莲子发涨，皮就较难脱掉）。剥完后用凉水冲洗，直至洗净，莲子心可用牙签或细针捅掉。

巧用日光消毒蔬菜

利用阳光中多光谱效应照射蔬菜会使蔬菜中部分残留农药被分解、破坏。据测定，蔬菜、水果在阳光下照射 5 分钟，有机氯、有机汞农药的残留量清除达 60%。对方便储藏的蔬菜，最好先放置一段时间，空气中的氧对残留农药有一定的分解作用。所以购买蔬菜后，应在室温下放 24 小时左右，这样残留化学农药平均消失率为 5%。

西红柿剥皮绝招

先把西红柿放在开水碗内浸泡一会，或把西红柿放在碗内，以开水均匀冲浇，取出后用手轻轻地撕，就可将皮撕掉。

先用刀在西红柿顶部画个十字，可深入西红柿肉内。开火煲水，把西红柿放在热水中浸 10～30 秒，放西红柿前要用有洞的圆勺盛着西红柿，一旦发现西红柿皮呈现松开现象，便要及时捞起。最后把西红柿浸泡在水中，慢慢剥除西红柿皮即可。

用食盐巧宰鳝鱼

鳝鱼营养丰富，吃起来油嫩滑口，是老幼皆宜的美味佳肴，但宰杀鳝鱼却比较麻烦。这里介绍一种非常简便的宰杀方法。

在宰杀鳝鱼之前，把鳝鱼放到容器内，撒上一点食盐，然后盖上盖子，不到 2 分钟，鳝鱼便死了。

然后把鳝鱼一条条取出剖洗干净，用这种方法剖杀的鳝鱼，味道格外鲜美。

土豆去皮的3则妙法

方法1：用刷锅用的金属丝球刷土豆皮，效果理想，既省时又省力。

方法2：将洗净的土豆用开水烫上3~5分钟（水淹过土豆为宜），再用小刀或手指甲轻轻地刮，土豆皮就可剥落，有的甚至用手轻轻一捋，土豆就像脱去衣服一样光洁干净。

方法3：把新鲜土豆用水浸湿，粗略洗一下以去泥土。然后用丝瓜络（丝瓜瓤）搓土豆的皮，皮即可大片除去。这种去皮方法不伤土豆肉，省时省力。

大枣去皮与核

（1）大枣巧去皮

将干的大枣用清水浸泡3小时，然后放入锅中煮沸，待大枣完全泡开发胖时，将其捞起剥皮，很容易就能剥掉。

（2）挖除大枣核的技法

选一块小木头（约10厘米见方，4厘米厚，越结实越好），在正中挖出约与大枣核直径差不多的孔，1厘米深即可；再用左手竖拿大枣对准小眼，右手拿一把小木槌在大枣的顶部向下敲一下；然后再用一根竹筷头在大枣的一端向另一端顶一下，枣核就轻易地顶出了。

核桃去皮妙法

◆核桃去壳后，肉的表面有一层衣（皮），这层衣带有苦味，应该去掉。去衣的最简便方法是将核桃肉放开水中浸泡，随后用竹签剔，这样能轻易地将衣成片揭下。若在开水中放些盐，效果更好。

◆先把核桃放在蒸屉内大火蒸上5分钟，取出后立即放入冷水中浸泡3分钟。捞出来用锤子在核桃四周轻轻敲打，破壳后就能取出完整桃仁。或者将核桃放在糖水中浸泡一晚，也便于去壳。

◆吃核桃时，如一时找不到东西敲开壳，可用一把螺丝刀插进核桃凹进去的地方，顺势一扭，壳就开了。

除虾中污物

虾的味道鲜美，但必须洗净其

污物。虾背上有一条黑线，里面是黑褐色的消化残渣，清洗时，剪去头的前部，将胃中的残留物挤出（对虾的肝脏味美，可以保留）。然后将虾煮到半熟，剥去外壳，翻出背肌，抽去黑线便可烹调。或者用刀切开清洗过的大虾背部，直接把黑线取出，再用清水洗净后烹调。

温糖水泡干蘑菇妙法

干蘑菇在烹调前最好先用60～80℃的热水浸泡一会儿，使干蘑菇中的核糖核酸水解成为具有鲜味的乌苷酸，味美可口。如果用冷水浸泡，鲜味出不来，吃起来就乏味了。

也可将干蘑菇泡入40℃左右的糖水中，这样泡开的蘑菇不但保留了原有的香味，而且因为浸进了糖液，烧好后味道更加鲜美。

快速切火腿的窍门

火腿鲜美好吃，但整只火腿要想切开很不容易。若能以锯代刀，便可获得理想效果。方法是：取钢锯一把，将火腿置于小木凳上，一脚踏住火腿，一手持锯，按需要的大小取，约1分钟便可锯下一段，且断面平整。

以此类推，鲜猪腿、咸猪腿及带骨肉、大条的鱼等，都可用锯破开，以便加工烹调。

切辣椒不会辣手的方法

◆切辣椒后，手指常有疼痛感。其实，切辣椒时，切记应以手指按住辣椒皮，不要用指甲嵌住辣椒，如果指甲碰到辣椒，就容易使皮肉有灼热感。

◆白酒擦洗可止手上辣痛：切辣椒时，往往辣得手发热，用肥皂或洗涤灵等清洗不易消除。先用白酒擦洗，再用清水冲洗，手马上就不痛了。

让熟肉整齐美观的切法

熟肉的肥瘦软硬程度不同，切的时候也有所不同，否则，很容易将肉切烂或切碎。由于用直刀切较为紧密的瘦肉能切得整齐，用锯刀切软的肥肉能切得光滑，所以切熟肉必须用组合刀法，先用锯刀法下刀，切开表面的软肥肉，再用直刀法切瘦肉，用力均匀直切下去。这样切出来的熟肉就能不碎不烂、整齐美观。

片鸭片的方法

将整只烤鸭平放在干净的砧板上，先割下鸭头，然后以左手轻握鸭颈下弯部位，先一刀将前脯皮肉片下，改切成若干薄片。随后片右上脯和左上脯肉，片四五刀即可。最后用刀尖顺鸭脯中线骨靠右边剔一刀，使骨肉分离，即可由上半脯顺序往下片，经过片腿、剔腿直至尾部。再用同样方法片左半侧即可。

巧用妙法除猪肉异味

（1）猪肉

存放时间过长很容易产生臭味。在烹调时，放上3～5根稻草，煮熟后，再滴几滴白酒，捞出沥干，切成片回锅炒，同鲜肉一样，味美可口。

（2）猪肺

取白酒50克，慢慢倒入肺管，然后用手拍打双肺，让酒液渗透。半小时后灌入清水拍洗，即可去除腥味。

将肺管套在水龙头上，使水灌入肺内，让肺涨开，待大小血管都充满水后，再将水倒出。如此反复多次，见肺叶变白，然后放入锅中加水烧开，浸出肺管中的残物，再洗一遍。

（3）猪肠

翻转猪肠，均匀地滴上少量花生油，搓揉后用清水洗净，可去异味；取1汤匙明矾粉末，擦抹猪大肠，再翻擦几次，用水过清，即可去除猪肠中的异味。

（4）猪肝

猪肝常常有一种特殊异味，烹制前，将洗净的猪肝置于适量牛奶中浸泡3～5分钟，就可消除猪肝异味。

鸡鸭肉如何去腥味

（1）整鸡

把整只鸡或鸡块放入用啤酒、精盐、白胡椒粉调制的汁中，浸泡1小时后再烹调，可除去鸡腥味。投料标准：啤酒以浸过鸡肉为度，精盐占啤酒的1%，胡椒粉以每千克鸡肉1克为宜。

(2) 鸡内脏

鸡内脏包括鸡的心、肝、胗、腰、肠等。把鸡内脏洗净放盆中，撒上适量精盐拌匀腌渍20分钟，再用清水反复洗净盐分，便可除掉腥味。

(3) 冻鸡

在烧煮前先用姜汁浸3～5分钟，能起到返鲜、除异味的作用。

(4) 肥鸭肉

将肥鸭肉中的脂肪取出，炼成鸭油；再把鸭肉剁成大块，放入鸭油中炒炸至半熟，然后将鸭肉捞入开水锅中焯透，可除掉腥味。

除鱼腥味10法

◆加工鱼时，手上会有腥味。若用少量牙膏或白酒洗手，再用水清洗，腥味即可去掉。

◆鲤鱼脊背两侧各有一条白筋，它是造成特殊腥气的东西。剖鱼时，在靠鳃和鱼尾的地方各切开一小口，白筋就显露出来了，用镊子夹住，轻轻用力，即可抽掉，烹制时就没有腥味了。

◆炸制河鱼时，先将鱼在米酒中浸泡一下，然后裹面粉入锅炸，可去掉土腥味。

◆鱼剖肚洗净后，用红葡萄酒腌一下，酒中的鞣质及香味可将腥味消除。

◆一条重500～1000克的鱼，用一杯浓茶兑成淡茶水，浸泡5～10分钟，腥味会消失。

◆在炸鱼前，先将鱼放在牛奶中浸泡片刻，既能除去腥味，又可增加鲜味。

◆河鱼有土腥味，烹时影响味道。可先把鱼剖肚洗净置于冷水中，水里滴入少量食醋，或放入少量胡椒粉或月桂叶，然后再烧制，土腥味就消失了。

◆把半两盐加入一盆5升左右的水中，将活鱼泡在盐水里1小时，盐水通过两鳃浸入血液，土腥味就会消失。即使是死鱼，在盐水里泡2小时也可去掉土腥味。

◆菜刀切过有腥味的肉、鱼以后，擦点醋或姜汁，腥味即可除去。

◆将河鱼宰杀后放入盆中，加入冷水没过鱼，再加水量10%的食醋、适量胡椒粉及几片香叶泡一两个小时，可除去土腥味。

怎样挤出虾肉

做虾丸或虾仁时，需要将虾肉取出，这道程序做起来费时又费力。个头比较大的虾，可以剥除虾皮；如果是较小的虾，可以一手捏住虾的头部，另外一只手捏住虾的尾部，两手同时向虾的背颈部位施力，这样就可以将整个虾肉从虾壳中挤出。

巧切牛肉

牛肉因筋腱较多，并且是顺着肉纤维纹路夹杂其间，如不仔细观察操刀顺切，许多筋就会整条地保留在肉丝内，用这样的肉丝炒出菜来，就难以嚼烂，显得“老”。所以切牛肉时不要顺着纤维组织的脉络切，而应当横切，将纤维组织切断。

巧切鱼片

鱼片一般是用作熘、炒菜肴的。选择新鲜的活鱼是前提，否则鱼肉质地松软，无弹性，切片后容易碎，味道也不好。

买回鱼后要及时活杀，洗净，切下鱼头鱼尾，沿脊椎骨平刀剖开，去除鱼皮和鱼骨。

然后将鱼肉横摊在砧板上，斜刀自上而下地切成3厘米长的鱼片，放在容器里，上浆挂糊待用。

巧去山药皮

山药营养丰富，常吃对身体非常有益，但是在刮削山药皮时，黏液容易黏到手上，使人感到发痒难受。如把洗净的山药先煮或蒸4～5分钟，凉后再去皮，就不会那么黏了。但是应注意蒸煮时间不能过长，以免山药变烂。

巧切松花蛋

剥好的松花蛋用刀一切，蛋黄就会粘在刀上，既不好擦刀，又影响蛋的完整美观。在没有专用工具的情况下，若用细尼龙线、细钢丝在松花蛋上绕上一圈，相向一拉，松花蛋就被均匀地割开了，蛋黄完整无损。也可用这些材料自制切割器，2股线十字交叉，一次可切4瓣；3股线交叉，一次可切6瓣。

如何分蛋清蛋黄

◆将蛋打在漏斗里，蛋清可顺着漏斗流出，蛋黄则留在漏斗中。

◆将鸡蛋打碎，备一个洗净的空矿泉水瓶，用手将其捏瘪，瓶口对准蛋黄，一松手，蛋黄便与蛋清分离，被吸进瓶中。

如何去除豆制品异味

◆豆腐、豆腐干等豆制品，往往有一股泔水味。在烹制前，将豆腐浸泡在凉盐开水中（一般500克豆腐用50克盐），不仅能除异味，而且可保存数日不坏，做菜时也不易碎。

◆黄酒可除豆腥味：炒黄豆芽时，在没放盐之前，加入少许黄酒可除掉豆腥味。

柿子脱涩6法

◆把柿子放入容器中，用酒或酒精喷果面，密封3～5日，即可脱涩。

◆在柿子堆中混入梨、山楂等，密封3～5日，可脱涩。

◆把柿子放进35℃的温水中，2天便可脱涩。

◆把柿子装进塑料袋中，里面再放一两个苹果，把口扎紧，两三日即可脱涩。

◆把柿子蘸一些白葡萄酒，涩味很快就消失。在涩柿上喷65°左右的白酒，密封两三天后即色红、味甜。

◆把柿子放在电冰箱的冷冻室里一两天，取出来解冻后食用，可使柿子迅速脱涩，并且又软又甜。

巧切番茄不流汁

切番茄时，如果处理不当，大量的番茄汁会流淌出来，导致水分和营养成分流失。切番茄时，只要仔细观察好表面的纹路，把番茄的蒂放正，依照纹路小心切下去，就能使番茄的种子与果肉不分离，而且不会流汁。如果不着急下锅烹制，也可以先将番茄放入冰箱里冷冻10分钟左右，拿出后再切成片或者块，番茄汁也不会流出。

羊肉巧去膻

（1）漂洗去膻法

把羊肉肥瘦分离，剔去肌肉间的

脂肪膜，把肥瘦肉分开漂洗。冬天用45℃的温水，夏天可用凉水，漂洗30分钟左右一般可以清除膻味。

(2) 米醋去膻法

将500克羊肉切成块，放入500克开水锅中，加25克米醋，煮沸后将羊肉捞出，再烹调就没有膻味了。

(3) 绿豆去膻法

在煮羊肉时，先不放辅料，每500克羊肉放入5克绿豆，煮沸10分钟后，把水和绿豆倒掉，重新加水和辅料，可去除膻味。

(4) 胡椒去膻法

先将羊肉用温水洗净，切成大块，将适量的胡椒与羊肉同时下锅煮，煮沸后捞出羊肉，可去除膻味。

巧切竹笋

竹笋上既有老的部分又有嫩的部分，老的部分全都丢弃太可惜，如果统一切块或切片，老嫩混合在一起烹制出来不是有脆有软，就是全熟过了，影响口感。其实，只要在切笋的时候，将老、嫩部分分开来切，老的部分切成片状，嫩的部分切成块状，就可以在烹制时避免上述情况发生了。

三、食物保鲜与储存

香蕉巧储存

香蕉成熟后极难保存。香蕉的成熟程度与储存环境的温度、氧气、二氧化碳、乙烯浓度有很大关系。若买回的香蕉尚未软熟，需要保存，可采取塑料袋储存法：即把青香蕉装入双层塑料袋中，再把干燥的粉状或颗粒状过氧化钙用透气吸湿性好的布袋包好置于香蕉中，将塑料袋密封，可保存3个月。每2.5千克香蕉用过氧化钙1~2克。

将待熟的香蕉放入冰箱内储存，能使香蕉在较长时间内保鲜，即使外皮变色，也不会影响食用。

巧存苹果3法

先将中等大小、无病斑、无机械损伤的成熟苹果选出来，在3%～5%的食盐水中浸泡5分钟，然后捞出来晒干，再用柔软的白纸包好，按下述方法储存：

（1）水缸储存法

先将水缸洗净晾干，然后放在阴凉处，在缸底放一个盛满干净水的罐头瓶；瓶口要开着，低温时将包好的苹果层层装入缸内，装满后用一张塑料膜封闭缸口。这种存放法可储存苹果4～5个月，好果率达90%以上。

（2）纸箱或木箱储存法

首先箱子应清洁无味，并在箱底和四周放上两层纸。将包好的苹果5～10个装入一个小塑料口袋中，乘早晨低温时，将装满苹果的口袋两袋对口挤放在箱子里，一层一层地将箱子装满，上面先盖2～3层纸，再盖一层塑料布，然后封盖，放在阴凉处。这种存放法一般可储存苹果达半年以上。

（3）使苹果保持较长的时间而不发绵

必须掌握储藏环境的温度和湿度，一般湿度应保持在85%～90%之间，同时应通风换气。这样就能使苹果保存较长时间而不发绵。

巧妙保存红枣2法

红枣受风吹后易干缩，皮色由红变黑，高温、潮湿会使红枣出浆，容易生虫、发霉，其保存方法有2种。

方法1：放在阳光下晒几天。为防止枣发黑，可在枣上遮一层篾席，或者在阴凉通风处摊晾几天，然后放入缸中，盖上木盖。也可在枣中拌上草木灰，放在桶中盖好。

方法2：用30～40克盐，炒后

分层撒在红枣上，然后放入缸中封好，红枣就不会坏，也不会变咸。枣多时就按比例增加盐。

西瓜储存法

将西瓜用清水洗净，放在浓度为15%的盐水中浸泡几小时，再放入聚乙烯塑料袋内密封，放在菜窖中，这样可存放1年。用此方法还可储存葡萄、黄瓜、白菜、苹果等。

家庭短期储藏西瓜，可挑选成熟适中的无损伤带瓜蒂的西瓜，放在阴凉通风的房间，把瓜蒂弯曲用线绳扎起来，每天用干净毛巾擦瓜皮1次。

橘子保鲜妙法

◆选用细河沙，湿度掌握在可用手捏成团、齐胸口高丢下即散的程度，用缸或其他瓦具做盛器，撒一层河沙，摆一层橘子，直至放满，最上面覆盖一层稍厚的河沙，每隔15天左右翻查1次。

◆挖1米深、0.5米宽的一条沟，沟底铺上高粱秆，再放鲜橘，用砖盖顶，上面再封10厘米厚的湿土，但不能让顶和壁上的土漏下去。用此法储存的鲜橘，橘皮不干，水分不减，可放至第二年新橘上市，橘味保持甜酸可口。

◆将锯木屑晒干到含水量为5%~10%，用洗净晾干的木箱或纸箱，在箱子底垫上2厘米厚的锯末，再摆好橘子。橘子的果蒂向上，撒一层锯末，摆一层橘子，依次放满全箱，最后覆盖3厘米厚的锯末屑，加上箱盖但不可盖得太严，然后将箱子放在阴凉通风、离地面20~30厘米的架子上。用此法保鲜，百日后好果率达90%以上。

鲜荔枝储存的技巧

鲜荔枝宜于在比较密封的容器内储存。因为荔枝本身的呼吸作用，吸收氧气，放出二氧化碳，容器内氧气少而二氧化碳多，就会形成一个自发氧气含量低、二氧化碳含量高的储藏环境，这种用较密封的容器储存鲜荔枝的方法，在1～5℃的低温下，能使荔枝保鲜30天，在常温下能保存6天，品质变化不大，其中维生素C略有减少，但不影响风味。家庭如果没有冷藏设备，也可用食品袋将荔枝密封置于阴凉处，这样也可使荔枝保鲜6天左右。

木瓜储存方法

购买木瓜时如果不打算马上食用，可以选择颜色稍微发青的木瓜，放置在通风阴凉处，等木瓜的蒂连接处逐渐变软即可食用。如果希望能存放较长的时间，可用旧报纸把木瓜包裹起来，注意不要让木瓜沾到水，否则沾水的地方会很容易长出斑点，并很快发霉变质。

如果情况相反，买回青绿、未成熟的木瓜想尽快食用，可将其埋在大米中。

水果保鲜的适宜温度

并非所有的水果都适合放入冰箱保存，这是因为各种水果适宜保鲜的温度是不同的。热带水果一般不宜放入冰箱冷藏，如香蕉、芒果、椰子、菠萝、木瓜、榴莲、桂圆、荔枝等，这些水果存放的适宜温度大多在10℃以上。除此之外，苹果适合储存的温度为-1～4℃；橙子适合储存的温度为4～5℃；柠檬适合储存的温度为13～15℃。

用塑料袋保存栗子

将栗子装进塑料袋里，放于气温稳定、通风好的地下室内。当气温在10℃以上的时候，要打开塑料袋口；在气温低于10℃时，要扎紧塑料袋口来保存。刚开始的时候，每隔7～10天就要翻动1次，待1个月后，翻动的次数可以适当减少。

葡萄的保存方法

冻葡萄的酸度会减少些许，不但味道好，保存也容易。可用塑料袋将洗净的葡萄放在冰箱冷冻室里冷藏，食用时只要取出立刻用自来水冲洗干净便可，此时葡萄特容易剥皮，吃起来比较省事，还可以在去皮的葡萄上加白糖搅拌均匀做成凉菜，味道也不错的。

柠檬如何储存

(1) 埋盐储存法

将柠檬埋在食盐中，可以保存数日不变质。

(2) 取汁储存法

榨好的柠檬汁一次喝不完，可把口封紧放入冰中保存，但时间限制在3天内，时间长维生素会挥发。另外，也可将榨好的柠檬汁倒入冰格中，冷冻保存，需要时直接取用柠檬冰块即可。

(3) 滴醋储存法

在托盘上滴几滴醋，把切开的柠檬倒扣在托盘上，这样柠檬就可留作下次再用。

(4) 撒盐储存法

在柠檬的切口处撒少许精盐，就可以留作下次使用。

白菜的储存窍门

家庭储存大白菜要注意以下几个问题：

◆刚买来的白菜水分大，容易腐烂。应该先撕去残破黄叶，放在向阳地方晒3~5天，让它失去一些水分。

◆储存白菜的前期要防热，后期要防冻，在未上冻以前可以堆放在屋外，晚上用东西苫盖一下即可。在天气寒冷后，可将白菜搬入室内，尽量离开火炉、暖气片。

码垛时要留空隙。勤倒动、勤检查。

白菜除鲜储外，还可以采用腌菜、晒干菜、泡菜、渍酸菜等办法储存。

香菜存放3窍门

◆将香菜根去掉，烂叶、黄叶择去，然后编结成1根长辫子，挂在阴凉通风处，干后可长期食用。食用时，将干了的香菜用温水浸泡一下，香菜依然鲜绿，香味不减。

◆把新鲜香菜的根部浸入食盐沸水中，半分钟后全部浸入，约10秒钟，待叶迅速变成翠绿时取出，挂起来阴干，然后剪成1厘米长的小段，装入带盖的玻璃瓶或瓷罐中。食用时可以直接撒入汤锅，或先用少量开水泡一下，其味芳香，与鲜菜几乎无异。

◆将新鲜香菜捆成小捆，包上一层报纸，把菜根部插入塑料袋中，稍捆扎留出一定空隙，以防根部腐烂，然后将根部朝下，置于阴凉处。采用这种方法，香菜一星期内仍然鲜嫩如初。

保存葱头的窍门

葱头（洋葱）保存时要晾透、晒干，并放在干燥通风的地方，不然就会发芽、发软变质，降低食用价值。

为防止葱头发芽，必须进行晾晒，使其水分减少，但这样只能延缓发芽期，不能阻止其生根发芽。

同时应注意是否有返潮现象，如有返潮就要重晒，以防腐烂。

鲜蛋巧保存

鲜蛋的蛋白浓稠，能够有效地固定蛋黄位置。随着存放时间的延长，蛋白中的黏液素就会在蛋白酶的作用下慢慢变稀，失去固定蛋黄的作用。如果把蛋横放，由于蛋黄的比重比蛋白小，蛋黄就会上浮，靠近蛋壳，变成贴黄蛋或靠黄蛋。如果把蛋头朝上竖放，蛋头有一个气室，里面的气体就会使蛋黄无法贴近蛋壳，因此，不容易形成贴壳蛋或靠黄蛋。

怎样防止土豆发芽

发芽的土豆含有大量毒素，食用后会造成人体中毒。因此，在储存土豆时，要避免土豆发芽变质。可把土豆装入竹筐、麻袋或纸箱中，上面撒上一层干燥的沙土，放在阴凉、干燥处保存，这样能避免达到使土豆发芽所需要的适当温度和湿度，延长土豆的保鲜期。此外，存放土豆时，也可以挑选几个生苹果和土豆一起放入袋子或箱子里，这样能使土豆存放更长的时间而不变坏。这是因为苹果在成熟的过程中所释放出的乙烯气体能使土豆保鲜。

新鲜菌类的保存方法

先将蘑菇洗净，去除根部的杂质，然后将新鲜的蘑菇放入盐水中浸泡 15 分钟，捞出后沥干水分，装入保鲜袋内，在 10 ~ 25℃条件下放置4～6小时，蘑菇的外表会变得色泽鲜亮，能保鲜3～5天。如果打算存放更长的时间，可先将蘑菇放在阳光下晾晒，然后装入合适的容器中，一层层地码放起来，每层都撒上一层薄薄的盐，这样可存放1年以上不会变质。注意容器不能使用铁质的。

怎样保存鲜姜

（1）沙埋法

选择质量好的大块姜埋入潮而不湿的细沙土或黄土中，冬季要放在较暖的干燥通风处。如无空地，也可埋入花盆或装了沙土的水盆中。

（2）袋装法

可装入纸袋或塑料袋内，放在11～14℃的低温环境中存放。

（3）酒封法

将鲜姜洗净晾干，放入盐罐中，或将姜去皮，放一点白酒或黄酒密封起来，不但能保鲜，浸姜的酒也可以饮用。

萝卜越冬保鲜法

取一张无毒的聚乙烯塑料薄膜，将要储存的萝卜用水浸一下，拿起后控干水，用薄膜包好（注意萝卜须事先切去尖头，掰尽叶子，这样可减少其呼吸作用及养分散失），最后用玻璃胶纸彻底密封至不进气，然后将包好的萝卜放在地窖或略潮湿的地方，温度控制在0～5℃为宜。这样，一个冬天都可吃上鲜美的萝卜了。

巧妙存放干豆角

挑选个大、肉厚、籽粒小的豆角品种，摘去筋蒂，用清水洗净，上锅略蒸一下，然后用剪子或菜刀按“之”字形剪切成长条，挂到绳子上或摊在木板上晒，至干透为止。

然后把晒好的干豆角拌少量精盐，装在塑料袋里，放在室外通风处。吃时，用开水洗净，再用温水浸泡1～2小时，捞出，控干水分，与各种肉类食品同炒，其鲜味不减。

韭菜保鲜法

◆用菜刀将大白菜的根部切道口子，掏出菜心。将韭菜、蒜黄、青蒜等择好，不洗，放入白菜内部，包住，捆好，放在阴凉处，不要着水，能保存两周之久，不霉，不烂，不失其鲜味。若菜量少，用新鲜大菜叶帮，将韭菜裹住，也有同样的效果。一段时间，不萎不烂。圆白菜也可。

◆用陶瓷盆，盛适量清水，将韭菜用绳捆好，根朝下，泡在水盆中（1厘米深），可保持几天不烂不干。蒜黄、青蒜等都可用此法保鲜。

◆将择好的鲜韭菜捆好，放进稍大一点的塑料袋中，袋口不要封得太牢，留点缝隙。将整袋韭菜立放在地上，根部朝下。这样可存放一段时间，不干，不烂，鲜嫩持久。

菠菜储存的技巧

（1）纸包储存法

将菠菜用报纸包好后，放进有小孔的塑料袋里，放入冰箱下层，可保存5天左右。枯萎的菠菜，浸泡在水里，可恢复原样。

（2）煮熟冷冻法

可将菠菜用水煮热，然后根据每次的食用量，分别装入保鲜袋内，再放进容器里，最后放到冰箱里冷冻起来。

（3）埋土储存法

在背风处挖一个不到半米深的沟，将无烂叶和虫害的新鲜菠菜扎成小捆，根部朝下放入沟中，上面覆以少许细土，就能保存1个月以上。

红薯巧储存

最好把储存红薯的房屋温度掌握在15℃左右，不要使温度忽高忽低。红薯受了潮湿，很容易引起病菌侵害，造成腐烂，尤其是那些表面有机械性损伤的红薯。因此，在储存前，应将红薯在阳光下晾晒几小时，以减少伤口水分，促进愈合。储存时，最好把红薯放在透气的木板箱内。如没有木箱，在堆放红薯的地方和靠墙处，应垫上木板，薯堆上再盖些东西，以防受潮变湿。在温暖的白天里，要适当打开窗口通风换气，以保持室内空气新鲜，但要防止冷风吹入。

红薯还可用脱水法储存。即把红薯蒸熟后，每块切成3～4片，放到房顶或向阳、干燥、通风的地方晾晒。红薯蒸熟后，水分蒸发慢，需较长时间才能晒干。晾晒时注意不要让红薯片受雨淋。晒干后，把红薯片放在室内干燥地方保存起来，吃前用水洗泡后蒸食。

巧存黄瓜

夏季天热时，把黄瓜尾巴朝上浸在冷水里，入水3/4，每天换1次水，可存储7～20天。也可在水里加一些食盐，使水成为淡盐水，再把黄瓜放在其中，这时就会从水底喷出许多小水泡，使液体摇动，水中含氧量增加，利于黄瓜保鲜。

将新鲜黄瓜装在塑料袋内，把口扎紧，放在阴凉通风的地方，每天打开袋口一次，通风换气，可保鲜5～6天。

在黄瓜表面涂抹一层食用油，形成一层薄薄的油封层，食用时先用洗洁剂洗去油层，再用清水洗净即可，可保鲜1个月左右，在夏天也能保鲜1个星期以上。

将黄瓜存放在冰箱冷藏室中，可保鲜1个月左右。

储存绿豆窍门

将拣去杂物的绿豆晒干后，以1.5～2.5千克为单位装入塑料袋中，再放入一些剪碎的干辣椒，密封起来，并将密封好的塑料袋放置干燥、通风处。此方法可以起到防潮、防霉、防虫的作用，能使绿豆保持1年不坏。还可将绿豆放在开水中浸泡十几分钟，然后捞出晒干，放入缸里收藏起来，可保存很长时间，也不会生虫。

鲜藕巧保鲜

将鲜藕清洗干净，自节处用刀切开，使其藕孔相通，再放入清水，藕便立即沉入水底。把盛藕的水盆放在低温避光的地方保存，夏季1~2天换1次水，冬季5~6天换1次水。用此方法存放鲜藕，夏季能存放7~10天，冬季可保存30~40天。

西红柿巧储存

（1）西红柿食品袋储存法

西红柿大量上市时，挑选半熟或半红的放进食品袋，扎紧袋口，放在阴凉通风处，每隔一天打开袋口一次，并揩去袋内的水和泥，5分钟后再重新扎紧袋口。以后可陆续把红熟的取出食用。待全部转红后，就不要再扎紧袋口。此法可储存1个月左右。如秋西红柿用此法储藏效果更好，可使整个冬天有鲜西红柿吃，但要隔3~7天换气一次。

（2）西红柿篮子储存法

将西红柿装入篮子里，在篮子的下面垫上一层旧报纸，把稍青的放在下面，红的放在上面，以3层为宜。上面盖一块布，放在阴凉的地方，一般可储存7~10天。

（3）西红柿缸内储存法

将西红柿洗净放入缸内，放上竹片，压上干净的小石块，再倒入浓度为10%的食盐水，放在低温阴凉处，可保存1个月。

（4）西红柿箱内储存法

秋天，可选择一些青的西红柿码入小筐或木箱内，放一层糠码一层西红柿，这样可以储存到冬天。

（5）西红柿冰箱储存法

将西红柿装入冰箱的蔬菜储藏箱里（青的在下，熟的在上），将温度调至4~5℃。

（6）西红柿冷冻储存法

将西红柿洗净，揩干表面的水分，放在冷冻室内，可储存2个月以上。不过在吃的时候，要趁还没完全解冻时食用。

冬天怎样保存大葱

（1）清水法

选葱白粗大、不烂的大葱，葱根朝下竖直插在有水盆中，不仅不会烂空，还会继续生长。

（2）晾晒法

将大葱的叶子晒蔫，不要去掉，捆好把，根朝下垂直放在阳台的暗阴处，切忌沾水受潮，以免腐烂，太干燥也不好，会干瘪、空。

用冷冻法保存鲜豌豆

◆将豌豆剥出来，装入干净的塑料袋里，将口扎紧，放在冰箱的冷冻室里，每次食用的时候再用开水煮熟，其味即可跟新鲜豌豆完全一样。

◆将剥皮的豌豆放进容器中，加入适量自来水，水高以刚没过豌豆为宜，然后将容器放进冰箱冷冻，待结成冰后便可取出，稍放一会，便成豌豆冰块了，将其取出后，用塑料袋装好后放进冰箱里冷藏。用此法保存即使在冬天也可以尝到新鲜的豌豆。

防米生虫妙法

将大米放入干净的容器内，用一酒瓶装 50 ~ 100 克白酒，开口埋入米中，瓶口略高出米面，将容器密封，可防止大米生虫，但大米的储藏时间不能晚于春末夏初，容器口一定要封严。

在米缸内放一粒用布包起来的蒜头或辣椒，分别放在米缸的底部、中间和米面上。米缸的米就不会生蛀虫了。

干海带吸湿能力强，还有抑制霉菌和杀虫的作用，将海带和大米按重量 1∶100 的比例混装，每隔 1 周取出海带晒干，然后再放入米中，就可以保持大米干燥不霉变，并能杀死虫卵。

将花椒和大米按 1∶100 的比例取花椒，用纱布包成若干小包，分别放在米袋的上、中、下部分，扎紧口袋，放置阴凉通风处，花椒散发出的气味会使大米里的虫子跑出来，外面的虫子也不会再进去。

将晾晒干的大米先装入布袋内，然后再装入聚乙烯塑料袋里，用手挤出袋内空气，用绳扎紧，不留缝隙，放在阴凉干燥处，可防止霉变虫蛀。

面粉巧储存

面粉在装缸之前一定要晾晒干，最好放在有盖的缸或木箱里，要储藏在通风干燥、不易潮湿的地方，而且还要经常筛和翻动，可保证少长或不长虫。如果已经生虫，最好先用细筛的办法把虫子、虫卵剔除。

鲜酵母巧存放

鲜酵母是高蛋白的微生物，和鱼肉一样，如果存放的温度太高，就会腐烂发臭；如果温度太低，发酵力就会下降。适宜存放的温度是4℃左右，这样的温度可以使鲜酵母保存1个月。

因此，家庭存放鲜酵母，可以密封在塑料袋里，浸在15℃的凉水中，这样能存放2～3天。如果把鲜酵母晾干，能存放3～5天。最好用多少买多少，如果鲜酵母已经有臭味，就千万不要再用了。

巧防食盐受潮变苦

食盐易受潮变苦，原因是由于食盐中含有一些氯化镁，氯化镁易吸潮，食盐受热后，氯化镁分解成氯化氢气体和氧化镁，氯化氢气体气随即放出；氧化镁呈白色粉末，不易溶于水，会使食盐变苦。要使食盐不受潮，可将食盐放在锅里炒一会，也可将1小茶匙淀粉倒进盐罐里与盐混合在一起，这样，食盐就不会受潮了，味道也不会变苦。

怎样保存面包

面包在烘烤过程中，面粉中的直链淀粉部分已经老化，这就是面包产生弹性和柔软结构的原因。随着时间的延长，面包中的直链淀粉部分的直链慢慢缔合，而使柔软的面包逐渐变硬，这种现象叫做“变陈”。变陈的速度与温度有关。在低温室中变硬较快，面包放在冰箱中要比放在室温变硬的速度来得快，所以，如果短时间存放应将面包放在室温下，防止面包变硬。

鲜鱼保鲜法

不水洗，不刮鳞，将内脏掏空，放在10%的盐水中浸泡，可保存数日不会变质。

将鱼开膛、洗净，取芥末适量，涂抹于鱼体表面和内腔，或均匀地撒在盛鱼的容器中，密封保存，3天内可不变质。

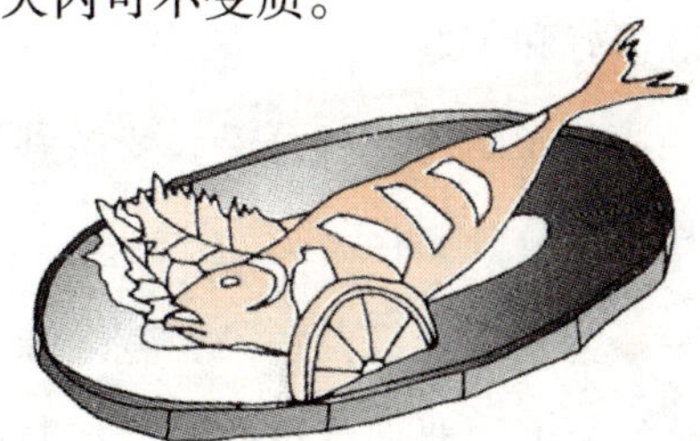

将鲜鱼开膛、洗净，放在80～90℃的热水中稍浸片刻，以清除鱼体表面的细菌和杂质。捞出，晾凉后，放在冰上储藏。

腌制食品储存妙法

腌制食品储存的最佳温度为3～8℃（不宜超过10℃），如果放在冰箱的冷冻室，腌制食品中的水分就极容易冻结而凝成小冰晶，从而促进了食品内脂肪的氧化作用，大大加快了脂肪类物质氧化反应的速度，造成腌制食品质量下降。腌制食品一般放在阴凉通风处，避免阳光直接照射或高温烘烤，就能达到防止脂肪氧化的目的，如需放在冰箱里，应用塑料袋包扎密封后放在冷藏室内。

冰箱里存取食品法则

◆在购回食物后，要尽快拆开食物包装袋，同时即时食用的食物也要注意包好和盖好。

◆为了防止互相污染，要做到生食与熟食分开储存。

◆为了防止细菌污染，减慢细菌繁殖的速度，要把冰箱的温度控制在1～4℃之间。

◆须定期清理冷藏格，且不能存放太多食物。

◆时常留意食用日期和酸性罐头食品，比如西红柿和菠萝可存放12～18个月，酸度较低的罐头可以保存2～5年等。

◆放进冰箱的熟食品必须是凉透的食品。否则其带入的热气引起水蒸气凝聚，促使霉菌生长，会导致整个冰箱内食品霉变。

◆熟食品取出冰箱后，应该再加热后才能食用，因为冰箱内的温度不能彻底杀灭微生物，只能抑制微生物的繁殖。

◆反复冷冻会造成食品组织受到破坏和营养成分流失，因此解冻后的食物不宜再进冰箱。

◆急速解冻，冰品会很快融化，会造成营养汁液外溢而不能被纤维和细胞吸收，导致食品质量下降，因此冷冻食品不宜采用自来水冲淋、热水浇等方式解冻，应在室温中自然解冻。

冷藏各种食物的技巧

为了更好地发挥冰箱的作用，

在进行食物储存前，了解一些用冰箱储存食物的常识，会提高冰箱的利用率。

◆用喷雾器将要保存的芹菜和菠菜上水，然后装进塑料袋中，再在塑料袋的底部剪出几个洞，便可以放进冰箱里了。

◆用塑料袋包好姜，然后放在冰箱的架上吊挂，如此放置生姜可防腐。

◆用塑料袋装好豆腐，然后放在冰箱的货架上吊挂，如此放置可防腐。

◆浇点水在可口可乐瓶子和啤酒瓶上，置于冰箱中只需冷藏 40 分钟便可以冰好，如果不浇水的话，需要 2 个小时才能冰好。

◆切成两半的瓜果在其切面上用薄纸贴敷上，再放置于冰箱里冷藏，不用过多长时间便会冷却，而瓜果的香味不会受到影响。

◆如果用冰箱储存面包，面包很容易变干，可以用洁净的塑料纸将面包包起来再用冰箱冷藏即可保持水分不散失。

◆剩余的食物切忌放在开启的罐头中，这是由于铅会外泄，污染食物。

◆最好用容器将果汁盛装起来，以此来保存维生素 C 不受破坏。

◆用纸盒盛装鸡蛋，可防止冰箱中的臭味被蛋壳上的孔吸收。

存养活蟹 3 法

◆买来的活蟹如想暂放几天再吃，可用大口瓮、坛等器皿，底部铺一层泥，稍放一些水，将蟹放入其中，然后移放在阴凉处。注意，如果器皿较浅，上面要加透气的盖压住，以防蟹逃走。

◆如买来的蟹较瘦，想使它肥一点再吃，或暂时贮养着怕瘦下去，可喂些芝麻或打碎的鸡蛋（并加些黄酒），这样能够催肥。但不能放得太多，以防蟹吃得太多而涨死。

◆有人怕蟹咬，往往洗刷活蟹时，常把蟹弄死或将其两只大螯剪去，这样会使大量的营养物质外流，有损外形美观和肉味，如果用小竹签插入蟹的可动指与掌部接合的软组织内，蟹就无法咬人了。

复活泥鳅的方法

冷冻储藏的泥鳅，可以复活。

办法是：把活泥鳅用清水漂洗一下，捞入一个不漏气的塑料袋里（袋内先装一点水），将袋口用橡皮筋或细绳扎紧，放进冰箱的冷冻室里冷冻。长时间存放，泥鳅都不会死掉，只是呈冬眠状态。烹制时，取出泥鳅，放进一盆干净的冷水里，待冰块融化后，泥鳅又很快复活，将其烹制成菜，鲜香味美。

茶叶的保存法

◆长期保存茶叶，最好放在锡制罐中。尽量不用铁制或木制茶罐。若用不锈钢容器装茶叶时，先用火在容器外面烤一下。若用纸罐，应先放少量茶叶，吸收一下罐内气味。

◆不要靠近门窗和墙壁。应置于干燥、通风处保管，避免阳光直射。否则，影响茶叶的外形与内质，造成质量下降。即使受潮，也只可用文火烘烤。

◆储存茶叶，温度在5℃最佳。

◆茶叶千万不要与有异味的物品混放。特别是不要与海味、烟、酒、肥皂、药品、香水、化肥、农药等混放在一起。否则，容易串味，导致质量下降，甚至不能饮用。

豆类的存放

红小豆、绿豆、豌豆、蚕豆等各种豆类在存放时很容易生虫或发霉变质，存放时可以采用一些小窍门，来延长保鲜的时间。将豆子先放入沸水中焯烫一下，杀死表面的虫卵，然后立即放入凉水中降温，最后，在阳光下晒干后再放入密封罐或保鲜袋中即可。此外，也可以在装有豆类的塑料袋或容器内喷少许白酒，或放入几瓣大蒜。

蜂蜜的保存方法

蜂蜜有清热解毒、润肠消炎的功效，是一种极好的保健品。由于蜂蜜是一种弱酸性的物质，所以，买回来后最好不要用金属容器存放，以防止产生化学反应。尽量选用玻璃瓶或无毒塑料瓶保存为好。此外，一定要将蜂蜜放到阴凉干燥的地方。

啤酒存放方法

◆把啤酒存放在阴凉、低温的地方，啤酒中泡沫会稳定下来，如果把啤酒用杯子盛着，泡沫会快速消失。

◆为了减少二氧化碳在啤酒中的溶解度，不宜振荡啤酒。

◆用清洁的杯子盛啤酒，这样就可以不影响啤酒表面的张力，从而使啤酒的泡沫量降低，加快泡沫消失。

◆为防止二氧化碳逸散，不可以过早把啤酒倒在杯子里，鲜啤酒应该随喝、随开瓶，同时不能来回倾倒啤酒，否则，啤酒中的气体会很快散泄出去，影响啤酒口味。啤酒开盖后的几分钟内要用清洁的橡胶翻口瓶塞盖好啤酒瓶口。

药酒储存

◆用清水将容器洗净，然后用开水将容器煮沸消毒，方可用来配制药酒。

◆家庭配好的药酒应及时装进颈口较细的玻璃瓶中（也可装进其他有盖的容器中），并将口密封。

◆家庭自制好的药酒应贴上标签，并注明药酒的名称、配制时间，作用及用量等内容。

◆药酒应存放在 10～25℃ 的常温下，不能与煤油、汽油及有刺激性气味的物品存放在一起。

◆夏季不能把药酒储存在阳光直射的地方。

存放牛奶的窍门

鲜牛奶应该尽快把它安置在阴凉的地方，最好是放在冰箱里。牛奶放在冰箱里，瓶盖要盖好，以避免其他各种气味混入牛奶里面。

过冷对牛奶亦有不良影响，牛奶冷冻成冰则会损坏其品质。不要让牛奶暴晒于阳光或灯光下，日光会破坏牛奶中的数种维生素，同时也会使其失去芳香。

牛奶一经倒进杯子、茶壶等容器中，若没喝完，应盖好盖子放回冰箱，千万不可倒回原来的瓶子。

家庭储存葡萄酒的方法

储存葡萄酒最重要的是找一个适当的场所，在专业酒窖中，温度需控制在 10～14℃，湿度维持在 70%。

而在一般家庭中，先将酒封存在具有隔热、隔光效果的瓦楞纸箱或保丽龙箱（泡沫塑料箱）内，再放置于阴凉通风且温度变化不大的地方，也可保存较长时间。

塑料桶不宜存酒

大多数塑料桶是以聚乙烯为原料制成的，聚乙烯无毒无味，在食品卫生学上属于安全的塑料。可聚乙烯塑料桶有一定的透气性，装酒时间一长，会使酒香散逸。

另一方面，由于长期装酒，塑料中有些物质溶解到酒中，饮用后对身体有损害，所以不宜用聚乙烯塑料桶长期存酒。

此外，现在有些工厂用回收的聚乙烯再制成塑料桶，由于回收来源复杂，容器上往往附着残留物，甚至是有毒物质，又难以洗刷干净，所以回收后制成的塑料桶更不能用来装酒。

四、食物烹饪与调味

夹生米饭补救4法

方法1：米饭全部夹生，可用筷子在饭内扎些直通锅底的眼，适当加些温水重新焖一次。

方法2：局部夹生，可在夹生处扎眼，加点温水接着再焖。

方法3：表面夹生，可将表层翻到中间再焖。

方法4：如果米饭做得夹生了，还可在饭中加两三勺米酒拌匀再蒸，即可消除夹生。

焖好米饭3窍门

焖米饭时要掌握好以下要点：

（1）水量多少

一般为米的1.4倍（容积比）。也可以根据米的种类、新旧及个人口味不同而适当调整，有老人或小孩胃口不好的，可多加点水，使米饭软些。

（2）火候大小

开始时火要大，使水尽快沸腾，水沸后将火略减小点，待米将水吸干后，再减小火苗，把锅盖盖紧。

（3）时间长短

从开始到水开锅这段时间是不固定的，它随着米量、水量、火力、气温等条件而变化。从开锅到水分吸干大约需要5～7分钟，从水分吸干到饭熟时间大约为20分钟，这段时间最好是火苗弱些，时间长些，这样不易焦锅，饭又好吃。

蒸面食抹油省去屉布

在家蒸面食，按常理会在锅屉上铺一层屉布，然后将馒头、包子之类的面食码放好，但蒸好后屉布上会粘许多面食残渣，难以清洗。如果在面食上锅蒸之前，在锅屉上面均匀涂抹一层花生油，再直接把面食放上去蒸，蒸熟的面食就不会粘在锅屉上，也省去了屉布。

怎样和饺子面

包饺子时用500克面粉加50%～60%的温水，放2%的精盐，充分揉和，醒面30分钟开始操作。面中放盐不仅会增加面筋，出锅的饺子也不粘皮。

3招教你辨别发面的酸碱度

（1）拍听法

用手拍打面团，如果发出“嘭嘭”的声音，说明酸碱度合适；如果发出“空空”的声音，说明碱放少了；如果发出“吧嗒，吧嗒”的声音，说明碱放多了。

（2）尝味法

将揉好碱液的面团放入嘴中少许，如果感觉有酸味，可再放入一些碱液；如果感到一种碱涩味，说明碱放多了；如果觉得有甜味，就是碱放得合适。

（3）剖看法

将面团切开，如果剖面出现有小米粒大小的孔洞，且分布均匀，说明碱合适；如果剖面孔洞大，且不均匀，面团色泽发暗，说明碱少了；如果剖面出现的孔洞小，面团色泽发黄，说明碱放多了。

剩饭的妙用

剩饭除了做成粥或炒饭，还可以怎样利用呢？只要多费点工夫，即可将其做成富含钙质的米饼。将剩饭依个人喜好加入小鱼干、虾米、柴鱼或切细的腌渍物等材料，再加入鸡蛋和少许酱油。鸡蛋的量要适当，太少会使饭太干硬而做不成米饼，太多又会做成烤蛋。材料混合均匀后，将其压薄，放在已烧热油的平底锅上，两面煎熟，即成脆酥酥的营养米饼。

巧去米饭焦糊味

在米饭中间用筷子捅几个洞出来，将葱白洗净切成较长的段插进去，一会儿糊味就不见了。

将电饭锅内锅取出放入凉水盆中浸泡，几分钟后糊味就会减轻。

盛一碗凉水倒入糊米饭中间，再盖上盖子闷上两三分钟，糊味即可消除。

如果家中有面包，揭下面包皮盖在糊饭上也可去除米饭的糊味。

煮出美味粥的秘诀

（1）浸泡

煮粥前先将米用凉水浸泡30分钟，使米粒膨胀。

（2）沸水下锅

沸水煮粥不会糊底，且比凉水熬粥更省时。

（3）火候

先用大火煮沸，再转小火熬煮约30分钟。

（4）搅拌

沸水下锅搅拌，大火熬20分钟后，开始不停地搅动，持续约10分钟，直到呈黏稠状即可。

（5）点油

改小火后约10分钟时，滴入少许植物油。

（6）底料分煮

煮花式粥时，底料要分开煮。这样熬出的粥品清爽不浑浊，每样东西的味道都能熬出来。

2法水饺煮不破

（1）和面

先在面粉中加少许食盐，然后将面粉和好。也可加入适量鸡蛋清（1000克面粉加2只鸡蛋），以增加蛋白质含量，提高面筋质量，饺子起锅后“收水”快，不易粘连。

（2）煮饺子

煮饺子时要水多火旺，开锅前锅内放几段大葱，开锅后放入饺子，用勺子顺一个方向轻轻推动一下，以防粘锅，然后盖上锅盖，当锅再开时少量加入2～3次冷水，再开锅饺子即熟。

还有一妙招，在高压锅中放入半锅水，烧开，放入一勺食盐，再滴入1～2滴食用油，将水饺放入，锅盖盖上，记住不要放限压阀。5分钟之后，当听到高压锅的喷气声，这说明饺子开锅了，再等半分钟左右关火，打开锅盖，饺子浮上来了，没有破皮的。

怎样使饺子馅不出水

◆菜切碎先浇上食油。菜末被一层油膜包裹，遇到盐就不出水。再倒入肉馅放足盐。馅嫩又有汁水，味道鲜美可口。

◆把葱、肉剁碎，加调料拌匀。将剁好的白菜（勿放盐）一点一点地加入肉馅，边加边搅，肉馅能够均匀地吸收菜里的水分。这样拌成的馅，湿润，有黏性。饺子味道好，也不会流水。

◆如果饺子馅出了水，只要放进冰箱冷冻室速冻一会儿，水就吃进馅里了，而且好包。

◆用自来水打肉馅容易出水。如果用白开水打馅，就不会出水。

炒面条不黏结窍门

很多人都喜欢吃炒面条，但是炒面条如果炒法不当，就会使面条黏结在一起，既不美观，又影响口感。为避免这一点，可以将面条放入一个大的漏勺中，放入装有沸水的锅中，轻轻抖动漏勺，用不了一会儿，面条就会自然分开。这时，在锅中加油加热，放入面条炒就可以了，这样炒出来的面条既美味又不黏结。

巧煮挂面

大多数人在煮挂面时习惯先将水烧开，再放进挂面去煮，这种方法是不对的，既费时又不易熟。因为挂面进入沸水的短时间内，面条表面迅速软熟，形成一层“隔膜”保护层，阻止沸水再渗入挂面内部，造成了“硬心”面。

正确的煮法是，在水沸腾前2～3分钟将挂面放进锅里，使挂面有一个被水渗透的机会，待水渗透挂面后，水也沸腾起来，挂面很快就会被煮熟了，这样煮又省时又容易熟。

怎样煮粥不溢锅

煮粥时稍不注意米汤就会溢出来。如果在锅里滴上几滴芝麻油，开锅后用中、小火煮，那么再沸也不会溢出来了，同时煮出的米粥更加香甜可口。

煮粥时，先淘好米，待锅半开时（水温 50～60℃）再下米，即可防止米汤溢出来。

在煮粥的锅上加一层金属的笼屉后再加盖，便可放心地煮粥，无须揭盖，米汤也不会溢出来。因为米汤升温沸腾上涌时，遇到温度较低的笼屉及其上方较冷的空气便会自行回落，米汤如此反复升降而不溢出锅外。用此法煮粥时，还可顺便在笼屉上热些馒头和菜等食物。

蒸馒头要诀

冬季蒸馒头，和酵面要比夏季提前一两个小时，和面时要尽量多揉几遍，使面粉内的淀粉和蛋白质充分吸收水分。和好的面要保持 8～30℃的温度，使面团充分发酵。制馒头坯时，要先行揉制，然后再成形；馒头坯上屉前，要把笼屉预热一下。馒头在蒸制前要先饧一会儿，冬季约一刻钟，夏季可短些。要使馒头坯保持一定的温度和湿度，锅底火旺，锅内水多，笼屉与锅口相接处不能漏气。

制作糖馅怎样防外溢

制作糖三角、糖包等糖馅时，只用白糖或红糖加些辅料，是不妥的，这样的糖馅在蒸时会破皮外溢，吃的时候也容易烫嘴，正确的制法是：在制糖馅时，拌入适量的熟面粉，这样不仅可避免汤汁外溢，吃起来也适口。

馒头碱大了怎么办

蒸馒头时，如果碱放得稍多一点，可以放一会再蒸，让其“缓醒”，以便让多余的碱跑掉。如果缓醒已不及，可以增加温度到 28℃，因为面里的酵母在此温度下能迅速繁殖，分泌出大量酵素和乳酸，当与碱发生化学反应后，能生成一种中性盐，这就使面团既无酸味又无碱味。

如果馒头上笼时发现碱多了，要向锅里水中倒3～4两醋，再将蒸黄的馒头用大火蒸10多分钟，碱遇酸逐渐挥发后，馒头就会变白，而且不会有酸味。

让粽子黏软的窍门

江米中的黏性储存于细胞当中，如果用水淘过后立即包粽子，即使上等江米也不会很黏，有人以为是江米不好，其实是一种误解。

正确的做法是用清水浸没江米，每天换2～3次水，浸泡几天后再包粽子，由于细胞吸水将细胞壁胀破，黏性成分释放出来，可使粽子异常黏软。注意要每天坚持换水，水量要足，否则米吸足水分暴露于空气中，米粒就会粉化。

氽丸子如何能不散

◆不要开锅后再下丸子，当水温在30～40℃时，即可用小勺把肉馅一次次舀放到锅里，舀一次将勺子蘸一次凉水。

◆每250克肉馅放入一个鸡蛋，加入葱末、姜末、味精、食盐和化开的淀粉，把100毫升水分3次倒入，同时，用筷子朝一个方向搅动，使之混为一体。

◆用新鲜肉做馅，肉的肥瘦比例为三七开，瘦肉多些，并要剁得细一点儿。

平底锅炒肉片的诀窍

传统的炒锅是兜底的，锅壁受热均匀，因而采用旺火热油，肉下锅后迅速翻炒。而平底锅热量全集中在底部，如果按照老经验的话，肉一下锅就糊的糊、生的生，等生的都熟了，肉就老了。所以，用平底锅时不能让油太热，肉下锅后用筷子散开、摊平，再用铲子翻面，就像老外煎猪排一样，等两面都变色后盛起待用。其他菜该怎么炒就怎么炒，最后肉片入锅，充分混合后即可。

掌握炒菜科学程序的技巧

炒菜，首先应了解其整个程序，

通常来讲，应先用大火把锅烧热。倒入今天要炒的几道菜的总油量，将油熬熟后盛入1只不带水的碗中。炒菜时在热锅内加1匙油，晃锅，使锅壁均匀地布上一层油。然后倒入第一个要炒的菜，炒好后再浇1匙浮油，颠翻几下盛入盘中；接下去再倒入适量油开大火炒第二个菜……炒菜过程中应掌握以下关键：

(1) 热锅冷油

就是说，锅应先热。炒菜时关键要控制好油温，只要加入制熟的油后摇匀，就可以放菜炒。根据炒菜内容的不同调整火力。

(2) 原料排队

一道菜中一般都有几种原料，如有肉丝、青菜，这时应先炒一下肉丝捞出，再烧青菜，然后再重新倒入肉丝……原料下锅的顺序要有讲究。

(3) 调料预配

炒菜前应将要用的调味品先配好，不至于做时手忙脚乱，既影响速度，又影响质量。

滑炒肉片有窍门

滑炒肉片时，一般用五成热的温油。如果想少放油，则可将油烧至八九成热，快速滑炒。选择猪肋条肉或猪后腿肉，切成不超过3毫米厚的肉片，放在碗里加少许酱油、料酒、淀粉、鸡蛋液搅拌均匀腌渍备用；将油烧热，放入腌渍的肉片，轻轻滑散，直到肉片伸展，再加配料蔬菜等，翻炒片刻即可。如肉粘锅，可把锅移开火，待冷却后，即可轻易将肉片翻动。

猪肝怎么炒才好吃

买回的猪肝整块用自来水顺着筋冲洗15分钟，用手挤掉脏水，然后切片，炒猪肝前，可用一点点硼砂和白醋腌渍一下，再用清水冲洗干净。硼砂能使猪肝脆爽，而白醋能使猪肝不渗血水，并去除腥味。也可以将猪肝置于适量牛奶中浸泡3~5分钟，这样也可以去除猪肝的异味。另外，炒猪肝的火要大、油要热，这样炒出来的猪肝脆嫩好吃，且没有腥味。

晾干水分后炒菜

不少人习惯刚洗好菜就炒，其

实最好把菜洗完后晾干再炒。如果蔬菜带有很多水分，放入热油锅时就会迅速降低油温，会延长炒菜时间，从而损耗更多的维生素，而且食油会随水蒸气而挥发，污染空气。晾干后再炒，不仅没有以上的问题，还能使蔬菜色泽得到保持，成品味道也更为鲜美。

4种方法教你炒茄子

（1）浸水法

茄子去皮或切块后，肉质会由白变褐，这是氧化作用的结果。可将切好的茄子立即浸入冷水中，炒时现捞下锅，炒出来的茄子就不黑了。

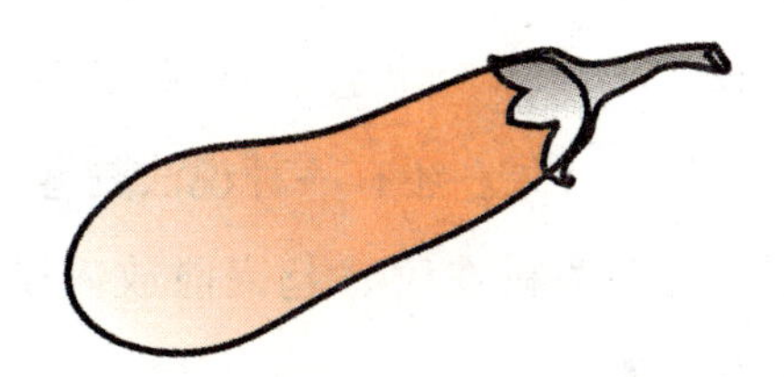

（2）滴柠檬汁法

炒茄子时，加入几滴柠檬汁，可使茄子肉质变白。

（3）加醋法

炒茄子时，加点醋，可使炒出来的茄子不黑。

（4）撒盐法

炒茄子时，先将切好的茄子撒点盐，拌匀，腌15分钟左右，挤去渗出的黑水，炒时不加汤，这样炒出的茄子既省油又好吃。

巧做馅鲜味美的饺子

饺子是大众化食物，要想使饺子馅鲜美，馅中肉与菜的比例一般以1∶1或1∶0.5为宜，韭菜、大葱、白菜、萝卜、茴香、芹菜等随自己口味选用。

肉要剁成碎茸，剁好后加少量水或菜汁用力搅匀，使水吸入肉馅内，瘦肉馅可多加水，肥肉多的馅应少加。

再按个人喜好加入适量花椒粉、五香粉、鲜姜末、味精、食盐、香油等，然后朝一个方向搅拌，并一点一滴地加入酱油，边滴边搅，搅拌均匀，然后加菜馅拌匀即可。

若在调馅时加入少量白糖，吃起来会感到有一种鲜香的味道。

怎样炖牛肉熟得快

先将切好的牛肉用凉水浸泡

1小时，使肉变松，然后把牛肉放入沸水中略煮，撇去浮沫，这样肉汤就会清澈鲜美。随后，放入葱段、姜片、花椒、大料，但不要过早放酱油和盐。炖牛肉一定要用小火，使汤水保持微沸，这样汤面的浮油起焖的作用，锅底的火起炖的作用，牛肉热得快，而且肉质松软。待炖到九成熟时，再放盐和酱油，这样不会影响汤汁的味道。

海蟹宜蒸不宜煮

海蟹富含蛋白质及人体所需的各种维生素和钙、铁。烹制海蟹时宜蒸不宜煮，因海蟹在海底生活，以海菜、小虾、昆虫为食，其肋条内存着少量的污泥及其他杂质，不易洗净。若用水煮，肋条内的污泥会随水进到腹腔，影响其鲜味，而且蛋白质等营养成分也会随水散失。蒸海蟹不仅可保存营养，也可保持其原有鲜味。应在水开后上笼，用旺火蒸10分钟左右即熟。在食用时可去掉肋条，蘸上食醋和姜末等调料，不仅肉质细嫩，且味道鲜美。蟹肉还可用来拌、炒、制馅，与原先一样味道鲜美。若将蟹肉制干，它的营养也不会受到破坏。

妙用温油爆锅

炒菜做汤都少不了爆锅。油烧开了，把葱、姜、蒜往锅里一扔，闻着还挺香，可是做出的菜却不见得香。这是什么原因呢？原来，葱、姜、蒜的香味儿已经在爆锅时挥发掉了。

所以用温凉油爆锅才是科学的，但应注意，没烧开的油不仅有生味儿，而且还残留着“苯”，对人身体有害。所以要把油烧开后，晾凉了再用。

另外，做菜时，油入炒勺马上放葱、姜、蒜，让它们逐渐受热，香味就会持久。还有一种说法是葱、姜、蒜等调料在菜熟起锅前放入是最有味的。

炒煮蔬菜如何保持漂亮色泽

炒菜时，加少许小苏打可增加菜的色泽，同时还可保持菜的叶绿素不被破坏；炒藕丝时，一边炒一边加适量清水，能防止藕丝变黑；

煮菜花时，可添加一勺牛奶，菜花会显得白嫩；煮豆角前，先把豆角用沸水烫一下，捞出后再撒上少许盐可保持其鲜绿的颜色，绿叶蔬菜如果有些变黄，焯烫时放少许盐，颜色就可以转绿。

如何烧肉

先把水烧开，再下肉，这样就使得在肉表面上的蛋白质可以迅速地凝固，而大部分的蛋白质和油则会留在肉内，烧出来的肉块味道会更加鲜美。

也可以把肉和冷水同时下锅。这时，要用文火来慢煮，让肉汁、蛋白质、脂肪慢慢地从肉里渗出来，这样烧出来的肉汤就会香味扑鼻。在烧煮的过程中，要注意：不能够在中途添加生水，否则蛋白质在受冷后骤凝，会使得肉或骨头当中的成分不容易渗出。

如果是烧冷冻肉，则必须先用冷水化开冻肉。忌用热水，不然不仅会让肉中的维生素遭到破坏，还会使肉细胞受到损坏，从而失去应有的鲜味。

如果想要使肉烂得快，则可以在锅中放入几片萝卜或几个山楂。注意：放盐的时间要晚一些，否则肉不容易烂。

蒸鱼有诀窍

鱼放入蒸锅前一定要先将水烧开，用大火蒸6～8分钟，中途不可掀盖，否则不容易蒸熟。在鱼下面垫上筷子或几根葱，可加速蒸锅内的空气对流，缩短蒸鱼的时间，保持鱼肉鲜嫩，而且葱也可去鱼腥味。

蒸鱼时一定要先用大火再转中火，大火可让鱼肉迅速收缩，减少水分流失，并保留鱼肉的鲜味，转中火是为了避免加热过急，造成鱼肉碎裂，不美观。用蒸锅蒸鱼的时间不宜超过10分钟。

加醋可使鸡肉色佳味美

有人炖鸡时，常因制法不当而带有一股腥气味，有时炖煮好长时间仍不软烂，如先用香醋爆炒鸡块，再行炖制，不仅使鸡块味道鲜美，色泽红润，并能快速使鸡块软烂。

制作时，先把鸡整理干净，切

成红烧肉大小的块，倒入热油锅内翻炒，待水分炒干时，倒入山西陈醋或熏醋 50～100 克迅速翻炒，3～5 分钟后，当鸡块在锅内发出劈劈啪啪的爆响时，即刻加热水，用旺火烧 10 分钟后，就可放酱油、盐、葱、姜和白糖了。

再用小火炖半小时到 1 小时，鸡软烂后淋上香油就可出锅了。

怎么吃火锅不上火

（1）适量放些豆腐

能补充多种微量元素的摄入，还可清热消火、除烦、止渴。

（2）加些莲子

莲子不仅富含多种营养素，而且还是人体调补的良药，最好不要去掉莲子心。

（3）多放些蔬菜

蔬菜含大量维生素及叶绿素，能消除油腻，补充人体维生素的不足，还有清凉、解毒、去火的作用，但蔬菜不要煮太长时间，开锅后放入即可。

（4）可以放点生姜

火锅内可放点不去皮的生姜，有散火除热的作用。

（5）调味料要清淡

使用酱油、香油等较清淡的作料，可避免对肠胃的刺激，减少“热气”。

（6）餐后多吃些水果

一般来说，吃完火锅半小时后可吃些水果。

使汤鲜香可口的方法

一般家中做汤的原料是用牛羊骨、蹄爪、猪骨之类。若想使之鲜香可口有以下方法：

骨头类原料须在冷水时下锅，且烧制中途不要加水。因为猪骨等骨类原料，除骨头外，还多少带些肉，若为了熟得快，在一开始就将开水或热水往锅内倒，会使肉骨头表面突然受到高温，这样外层肉类中的蛋白质就会突然凝固，而使得内层蛋白质不能再充分溶于汤中，汤的味道就自然比不上放冷水而烧出的汤味鲜。

切勿早放盐。因为盐具有渗透作用，最易渗入作料，析出其内部的水分，加剧凝固蛋白质，影响到汤的鲜味。也不宜早加酱油，所加的姜、料酒、葱等作料的量也须适宜，不应多加，不然会影响到汤本身的鲜味。

要使汤清须用文火烧，且加热时间可长些，使汤处于沸且不腾的状态，注意要撇尽汤面的浮沫浮油。若使汤汁太滚太沸，汤内的蛋白质分子会加剧运动，造成频繁的碰撞，会凝成很多白色颗粒，这样汤汁就会浑浊不清。

羊肉巧去膻

将萝卜块和羊肉一起下锅，半小时后取出萝卜块；放几块橘子皮更佳；

每公斤羊肉放绿豆 5 克，煮沸 10 分钟后，将水和绿豆一起倒出；

将带壳的核桃两三个洗净打孔放入，去膻效果也不错；

1 公斤羊肉加咖喱粉 10 克，也可除去膻气；

1 公斤羊肉加剖开的甘蔗 200 克；1 公斤水烧开，加羊肉 1 公斤、醋 50 克，煮沸后捞出，再重新加水加调料。

肥鸭去膻解腻烹制妙法

肥鸭肉肥味膻，烹制不当则不好吃。

烹制时，应先将鸭子杀死，入 75～85℃的热水内烫毛。将毛褪光，用刀尖从鸭背开口，取出内脏，冲洗干净后将鸭身剁成 4 大块，鸭油脂放一边。

将鸭脂放热锅内炼油，然后把鸭块入热鸭油内炸一次，将油温升高，再复炸一次，至鸭肉表皮呈金黄色即可。鸭块经过油炸，本身油脂溶入油中一部分，油腻大减。

把炸好的鸭块及鸭头等放入净锅内，烹入料酒，加上适量的葱、姜、大料、桂皮、酱油、白糖和少许水，加大火烧开后，改小火炖至熟烂即可出锅。

这时锅内还有些汤汁，可在火上熬至粘稠，浇在鸭块上，凉后即可上席食用。

用此法制成的鸭肉，味道浓香，肉质鲜嫩，肥而不腻，且简单易行，节省原料。

怎样使山药脆爽不黏稠

山药黏液里含有植物碱，接触皮肤会造成皮肤发痒，切山药的时候可以在手上抹适量醋，可使酸碱中和；同时，动作要快，迅速将已切好的山药放入凉水中，以防止山药在切的过程中被氧化。待山药都切好后迅速从凉水中捞出放入沸水中焯煮，再捞入凉水中淘洗，沥干水分，然后再烹饪，这样做出的山药就会脆爽不黏稠了。

菜肴配料的搭配

烹调时使用搭配原料，应注意从数量、质地、颜色、味道等方面互相配合，做到层次分明，不能喧宾夺主，要主次有序。

(1) 数量配合

要突出主料，衬以辅料。在分量比例上视菜肴而定。如有的菜只有一种原料组成，就都是主料，也就不存在主辅料配合问题。

(2) 质地配合

应根据原料的性质和烹调方法配合。如主辅料质地相同时，即应脆配脆，软配软。主辅料质地不同，如肉丝炒冬笋，成菜后肉丝是软的，冬笋则应是脆嫩的。

(3) 颜色的配合

要求美观大方，赏心悦目。配合的方法通常有两种，一种是顺色配，即主辅料用同一颜色。另一种是逆色配，即主辅料颜色不同。

菜色配置巧妙合理，装盘上桌后就是一幅美丽图案，令人赏心悦目。

(4) 味的配合

应以主料口味为主，辅料应突出主料，主料口味过浓或过淡者，可用辅料冲淡或弥补，做到相得益彰或互相制约，如羊肉与萝卜、土豆与牛肉等，如同时几个菜还应注意浓、淡、甜、酸、辣、咸的区分，防止满席一味。

此外，还应注意形的区分，块、片、丝、丁等配合。

巧煮老鸡易熟易烂

(1) 活鸡灌醋法

老母鸡肉不易煮烂，如将老母鸡灌点醋再杀，肉就容易煮烂了。

(2) 煮鸡加生木瓜法

用几块生木瓜煮老鸡或老鸭、老鹅，就容易熟烂了。

(3) 煮鸡加黄豆法

如果在煮鸡的汤里加一把黄豆，鸡肉就容易烂。

(4) 煮整鸡拍骨法

煮整鸡前，如平着用刀把鸡的胸脯拍塌，腿骨拍断，这样煮出来的鸡易于脱骨。

烹调土豆窍门5则

土豆是家常菜，用它能做出许多菜肴，在烹调土豆时应注意什么呢?

◆做土豆菜削皮时，只应该削掉薄薄的一层，因为土豆皮下面的汁液有丰富的蛋白质。

◆土豆要用文火煮烧，才能均匀地熟烂，若急火煮烧，会使外层熟烂甚至开裂，而里面却是生的。

◆存放过久的土豆表面往往有蓝青色的斑点，配菜时不美观。

◆粉质土豆一煮就烂，即使带皮煮也难保持完整，如果用于冷拌或做土豆丁，可以在煮土豆的水里加些腌菜的盐水或醋，土豆煮后就能保持完整。

◆去皮的土豆应存放在冷水中，再向水中加少许醋，可使土豆不变色。

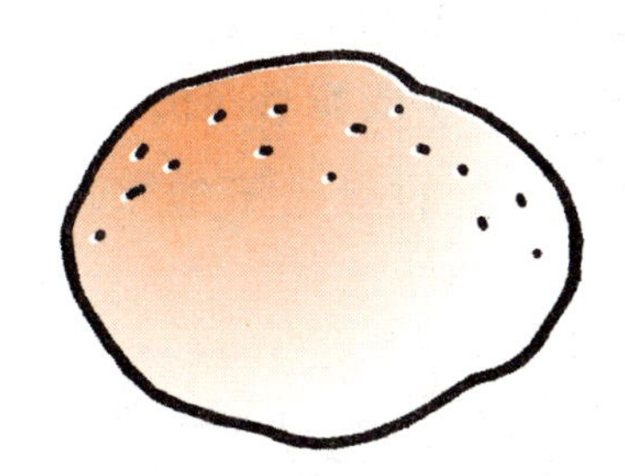

怎样炖鱼味道更鲜美

选好器具。不能用铁锅，因为会出现腥味；也不能用铝锅，会产生有毒物质；最好使用砂锅或陶瓷锅。

选好锅具后，将鱼清洗干净，等锅烧热以后，倒入植物油烧热，再放入葱花、花椒、辣椒和味精，然后放鱼，接着倒酱油，放少许醋，切忌放水。

用小火炖，等闻到鱼香味，再加少许醋，如果高汤比较少，可以放酱油，食盐要少放，这样炖出的鱼才美味可口。

菜肴烹调用水的窍门

（1）烹炒肉丝、肉片

除往切好的肉片里加入酱油、盐、葱、姜、淀粉等辅料以外，如果适量加点水拌均匀，效果会更理想。炒时，待锅内油热时倒入并迅速翻炒，再加少量水翻炒，并加入其他菜炒熟就可以了。这样，可以控制和弥补大火爆炒时肉内水分的损失，炒出的肉比不加水的柔嫩鲜美。

（2）炸花生仁

在炸之前用水泡涨花生仁，比直接干炸好。将泡涨的花生仁控净水分，放入烧热的油锅（油量以没过花生仁为宜），炸至快硬时减小火力用慢火炸至硬脆，立即捞出，再放上盐或糖就可以了。这样炸出的花生仁，入口香脆，而且粒大、皮全、色泽油亮。

用这种方法还可以炸酥脆黄豆。

巧煮猪蹄

（1）加山楂煮

煮猪蹄时，按 1000 克猪蹄加 50 克山楂，可使猪蹄易烂，且味道鲜美可口。

（2）加醋煮

煮猪蹄时，如加适量醋，不仅能使骨头中的胶质分解出钙和磷，提高其营养价值，而且猪蹄中的蛋白质也便于人体吸收。

（3）水晶蹄膏的做法

将蹄爪和生姜、葱和水烧开，加适量去皮花生米或黄豆，用文火煨烂，使皮肉分离，骨髓溶化，取出蹄爪，剔去骨头，将皮肉放入汤内，捞去葱姜，适量放盐、糖、味精、酒等调料，煮成糊状，淋上麻油，盛入器内，冷却凝成冻状，倒出切片即成。

（4）八戒踢球的做法

猪蹄爪入锅煮烂，加上酱油、糖、酒、姜、葱等调料烹制，猪蹄爪装盘后，用事先做好的肉丸摆四周即成。

怎么炒虾仁才会又大又鲜脆

在虾仁洗净以后，用干净的纱布或是厨房用纸包裹住，充分吸干水分，这样可以避免炒的过程中虾仁缩水。另外，虾仁属于易熟食材，烹调时间不宜太长，时间过长容易将虾仁炒得又老又小。炒虾仁一般都采用滑炒的方式，这样炒出来的虾仁才能保持鲜嫩。

烧豆腐巧放菠菜

有不少人认为，菠菜不可与豆腐同食，理由是：菠菜中的草酸与豆腐中的钙质结合，形成不溶性的草酸钙，从而使豆腐中的钙白白流失。实际上，此说并非科学。钙是人体必需的重要元素之一，它存在于许多食物中，如鱼、肉、蛋等。如果单吃菠菜的话，菠菜会将体内的钙质转化为草酸钙，这样就会造成体内钙质的损失。

另外，菠菜中的草酸对身体健康有害，如过量摄取，可腐蚀胃黏膜，破坏肾功能。所以食用菠菜时应将草酸除去。钙质正是征服草酸的天然物质，因此将等量的菠菜与等量的豆腐共煮，就可使菠菜中的草酸全部被结合，这就是菠菜煮豆腐的科学依据。

巧使肉嫩法

（1）山楂法

煮老牛肉时，加几个山楂（山楂片），肉易烂，质不老。

（2）食用油法

牛肉质老，炒时，先在切好的肉片、丝、丁中下好作料，再加入适量的花生油（没有花生油，可用豆油、菜籽油）拌和均匀，腌制半小时，热油下锅，炒出来的肉片金黄玉润，肉质不老。

（3）小苏打法

切好的牛肉片，放入5%～10%浓度的小苏打水溶液中浸一下，捞出沥干，10分钟后用急火炒至仅熟，能使牛肉纤维疏松，肉质嫩滑。

（4）淀粉法

肉片、肉丝切好后，加入适量干淀粉拌匀，20分钟后下锅急火炒至仅熟，能使肉质嫩滑，入口不腻。

（5）啤酒淀粉法

切好的肉片，用淀粉加啤酒调糊挂浆后，炒出来的肉片格外鲜嫩，风味特佳。

（6）鸡蛋清法

在肉片、肉丝、肉丁中加入适量的鸡蛋清，搅匀，静置15～20分钟，可使肉嫩味美。

（7）盐水处理法

对冻肉，可用高浓度的食盐水解冻，成菜后肉质格外爽嫩。

掌握调味步骤的窍门

根据原料、菜肴和烹调方法的不同，调味的方法步骤可分为加热前的调味、加热过程中的调味和加热后的调味。

◆加热前的调味。又称基本调味，可使调味品深入到肉里，同时除去某些原料的腥、膻味。方法是在加热前将备好的原料先用盐、酒、糖、醋、酱油等调味品浸渍或调拌一下，然后再加热。

◆加热过程中调味。又称正式调味，它是调味的最佳时机，是调味的决定性阶段。其方法是待原料下锅后，根据菜肴的要求和口味，投入各种调味品。

◆加热后的调味。是调味的最后一步，实际上是整个调味过程的补充，其目的是提高菜肴的鲜美价值，突出其风味特色。方法是待菜肴烹好起锅后，再补以调味品。凡遇热易挥发或破坏的调味品如芥末、香油、胡椒粉以及味精等，均宜此时加入。

炖肉除异味

炖肉时，将大料、陈皮、胡椒、桂皮、花椒、杏仁、甘草、孜然、小茴香等香料或调味品按适当比例搭配好，放进纱布口袋中和肉一起炖，可以遮掩或除掉肉的异味，如牛羊肉及内脏等动物性原料的腥、臊、臭等难闻异味，这样不仅能去除异味，也可使香气渗进菜肴。

用茶盐水去松花蛋苦味

用清水将松花蛋洗净，放进茶盐水里浸泡10～30天。盐与茶水的比例为：茶叶15克对食盐300克。茶叶加水500毫升，熬浓后晾一会儿，滤去茶叶，倒进泡菜坛里。在盐中加入3000克水，待搅拌溶化后跟茶水混合，然后浸入松花蛋，以完全淹没蛋为宜。这样泡制过的松花蛋，不仅可去掉苦涩味，而且色鲜，味道更美。

豆腐煮汤不碎的方法

将豆腐在盐水中浸泡半小时。从盐水中取出后，应静置5分钟，让水分沥掉一些，再用干净的纸巾擦干，并吸出多余的水分，这样豆腐就可以保持原有的形状，避免豆腐会越煮水越多，最后变成稀稀糊糊的。豆腐切好后要等到其他材料煮匀之后再加入，用小火慢烧才能入味，如果先放豆腐，容易因为翻动其他材料而让豆腐破碎。

何时放味精好

味精投放的最佳时机是在菜肴将要出锅的时候。

若菜肴需勾芡的话，味精投放应在勾芡之前。

烹制含碱食物时不要放味精，以免产生不好闻的气味。

甜味菜、酸味菜中不要放味精。

鸡精与味精的区别

在众多的调味品中，鸡精作为一种复合型、营养型的基础调味品脱颖而出。鸡精是一种以新鲜鸡肉、鸡骨、鲜鸡蛋为基料，通过蒸煮、减压、提汁后，配以盐、糖、味精(谷氨酸钠)、鸡肉粉、香辛料、肌苷酸、鸟苷酸、鸡味香料等物质复合而成的，具有鲜味、鸡肉味的复合增鲜、增香调味料。

有人认为鸡精是味精的升级换代产品，其实这样理解不确切。味精的主要成分是谷氨酸钠，鲜味比较单纯，而鸡精因含多种调味剂，其味道比较综合。

因此，在烹饪使用中，消费者完全可以根据自己的味觉偏好进行选择，比如在烹制肉食品时，有人喜欢比较单纯的口味，就可以加入味精；如果喜欢多种味道调和的口味，则可以加入鸡精。但鸡精中含盐，调味时应注意少加盐。

另外，味精易溶于水，所以在烹饪时，一般在起锅之前加入味精效果好，菜肴的味道会更加鲜美。因为味精若在水溶液中长时间加热，会少部分失水生成焦谷氨酸钠，焦谷氨酸钠虽无害，但没有鲜味。鸡精的用量用法则相对宽松得多。

料酒不可用白酒代替

许多主妇烹调菜肴时常用白酒作为作料，认为白酒、料酒都是酒，同样能烹制出可口的佳肴，其实不然。酒类中的乙醇有很高的渗透性，挥发性强，但若乙醇含量过高，烹调菜肴时滋味不佳，还会破坏菜肴的原味。

料酒的乙醇含量跟白酒相比更

适宜，用它腌渍鸡鱼等腥味较重的原料，能迅速渗透到原料内部，并对其他调味品的渗透也有引导作用，使菜肴味道浓香，同时去除腥臭和异味。

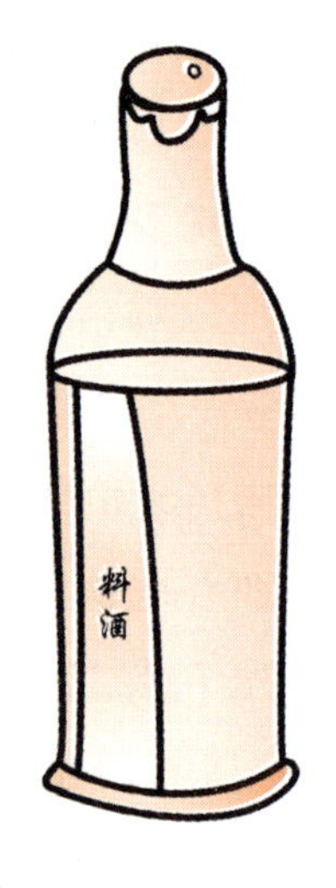

烹调中用大葱 3 法

大葱有去腥膻油腻的效能，一般可有 3 种用法：

（1）炝锅

多在炒荤菜时使用，如炒肉时加入适量的葱花或葱丝，做炖、煨、红烧肉菜和海味、鱼、鸭时用的葱段。如将大葱与羊肉混炒，可去除羊肉的腥膻之感，使肉味变得鲜美。

（2）拌馅

氽丸子、包饺子、做馄饨时，在馅中拌入葱花，味道会更加醇美。

（3）调味

如吃烤鸭时，在荷叶饼中夹上蘸了甜面酱的葱段和鸭片，格外可口好吃。在做酸辣汤和热清汤时，最后撒上葱花，浇上明油（香油），引人食欲。

烹调中妙用大蒜

大蒜做配料能起调味和杀菌的作用，其用法有 5 种：

（1）去腥提鲜

如炖鱼、炒肉时，投入蒜片或拍碎的蒜瓣可使菜肴鲜美可口。

（2）明放

多在做咸味带汁菜时加入，如烧茄子、炒猪肝或其他烩菜时，放入几瓣蒜可使菜散发香味。

（3）浸泡蘸吃风味独特

如吃饺子时，蘸小磨香油、酱油、辣椒油浸泡的蒜汁，夏天也可用馒头蘸蒜汁吃，既开胃利口，又可以防肠道疾病。

（4）拌凉菜

用拍碎的蒜瓣或捣碎的蒜泥拌黄瓜、调凉粉，在蒸熟的茄子上泼蒜汁，菜味更浓。

(5) 兑汁

把蒜末与葱段、姜末、料酒、淀粉等兑成汁，可以做出各种风味炒菜。

肉皮的各种健康吃法

肉皮的营养价值高，含有磷、铁等人体不可缺少的无机盐类，多吃肉皮能补精益血，滋润肌肤，润泽头发，减缓衰老。

(1) 油炸肉皮

肉皮晒干后放锅里用菜油炸，炸到发黄时取出，切成小块，加入少量盐，用水煮烧，蘸醋食用，味美可口。

(2) 肉皮冻

将肉皮洗净切成小块，加入盐、酱油、花椒等调料用水煮熟，冷却后凝固即成。

(3) 肉皮辣酱

肉皮煮熟后切成碎块，与黄豆、辣椒、酱油等一起烹炒即成。

(4) 肉皮馅

肉皮煮熟剁碎，加入切碎的蔬菜、调料等，包饺子、馄饨，味道鲜美。

炸花生米保脆的诀窍

大家都有这样的体会，油炸花生米过了一夜后，第二天再吃就不酥脆了。其实，有办法让油炸后的花生米保持几天不回潮。

其方法是：当花生米用油炸熟，盛入盘中后，趁热洒上少许白酒，并搅拌均匀，这同时可听到花生米“啪啪”的爆裂声，稍凉后即可撒上少许食盐。经过这样处理的花生米，放上几天再吃都酥脆如初，不回潮。

脆嫩清爽土豆丝

炒土豆丝是道很普通的菜，但炒不好往往会炒成黏糊糊、软塌塌的，没有吃头。为了将土豆丝炒得脆嫩清爽，可以尝试这种方法：将切好的土豆丝放在清水中浸洗两三遍，直到把土豆表面的淀粉质洗净，洗白为止；同时，炒时火要旺，油要热，翻炒快而匀，及时出锅，炒前最好先用葱花炝锅（或炸花椒），再放土豆丝，急速翻炒至白色，并边淋水边加盐、醋、味精等调料，淋水是关键，它是防止炒干、炒老、炒软的重要措施，炒好后，马上盛入盘内。

五、食物自制

腊肉自制法

把500克五花肉切成1.6厘米厚的长条，洗净晾干，拌入15克白酒、15克酱油、35克精盐、20克白糖以及大小茴香、桂皮、花椒、胡椒等碾成的细末，腌3天后翻一次，再腌4天后取出晒干，挂在通风处即成。

自制辣椒油

将辣椒面烘干，盛在碗内待用，然后将豆油（花生油、菜籽油、葵花籽油也可）放进锅，等油烧开后，立即倒入盛辣椒面的碗里，同时用筷子搅拌几下，以防炸糊。用这种方法炸出的辣椒油味正色好，喷香可口。

教你炸美味薯条

将土豆去皮，洗净后切成0.5厘米见方的长条，放入冰箱的冷冻室冻起来，等其彻底冻透后取出，在炒锅内加入植物油，深度为1～2厘米，也可以略多一些，待油烧至七八分热，出现油从中间向上翻动即可放入薯条，用小火炸约1分钟，直至薯条膨松变软，颜色呈金黄色时为止，用漏勺捞出薯条，沥油，根据个人口味加入适量的盐，也可蘸食番茄酱。

怎样制作牛肉干

将剔去骨的新鲜牛肉切成大块，放入锅中加少许盐煮至七八成熟，捞出晾凉后切为厚0.2～0.3厘米的大薄片。汤锅中加适量料酒、酱油、红糖以及用纱布包好的桂皮、花椒、大小茴香、姜片等调料，烧沸后放入切好的牛肉片，旺火煮30分钟，捞出沥去水分，用电烤箱（或炭火）烘干即可食用，如煮肉时味不佳，烘烤时可撒些五香粉、味精等调料。用此法制牛肉干，香味浓郁，口感良好。

自制西红柿酱

选择真正熟透的西红柿，挖去虫眼、果蒂、黑斑，用清水洗干净，放入盒内用水烫2~3分钟，然后剥去西红柿外皮，将果肉捣碎装入瓶内，装至距瓶口1~2厘米处，盖上胶皮盖，然后在盖上插一根针，再把瓶子放入锅中煮20分钟，等凉后拔去针，用蜡把针眼封住，以免空气和细菌侵入。

西红柿酱制好后放置阴凉处，储藏期可达半年以上。

腌酸白菜

准备食盐150克，白菜3000克。挑选白菜时宜选高脚白菜（也叫箭杆白菜），将白菜的老帮及黄叶去掉，用清水洗净，晾晒2天后收回。

把食盐逐层撒在晾晒好的白菜上，装入缸内，边装边用木棒揉压，使菜汁渗出，白菜变软，等全部装完后，用石块压上腌渍。在制作过程中不能让油污和生水进入，以免变质。

隔天继续揉压，使缸内的菜体更加紧实。几天后，当缸内水分超出菜体时，可停止揉压，压上石块，把盖盖好，放在空气流通的地方使其自然发酵。发酵初期，若盐水表面泛起一层白水泡，不要紧张，这是正常发酵状态，几天后便会消失。1月左右即可食用。若白菜在缸内不动，则可保存4个月左右，一旦开缸，在1周内应处理完。

腌大蒜的3种方法

（1）盐腌

剥去大蒜外面的老皮，带内皮泡在盐、酱油、花椒、大料配制的汁液里（要经常搅动），30天左右就可以吃了。

（2）糖腌

把大蒜去老皮和毛根，先在清水中泡五六天，每天换一次水，使大蒜开口，然后将蒜头腌在10%的盐水中泡四五天，再放进糖水里（每公斤蒜用红糖300克，用醋50

克，加水300克）腌制十几天，就成糖醋蒜了。

(3) 醋腌

把蒜分瓣剥皮，泡在食醋里，一段时间后，蒜呈翡翠色，酸辣爽口，北方农村一般在腊八前后腌制，所以又叫“腊八蒜”。

自制粉皮

准备若干个直径为20厘米左右的金属圆盘。取500克淀粉，加水拌成稀糊状的粉浆，再把2克明矾溶解于水后调入拌匀。再准备一锅沸水，在圆盘中擦油后，使其浮在沸水上，待圆盘烫热后，倒一汤匙粉浆于圆盘内，摇摆摊平粉浆，盖上锅盖。

待粉皮表面干燥后，取出圆盘放进冷水盆，浮于水面，冷却后揭下就是一张粉皮。粉皮薄而均匀为好。

自制哈尔滨红肠

哈尔滨红肠最早起源于俄罗斯，具有西餐的风味。

选用优质猪瘦肉，用盐和食用硝揉搓并腌渍2~3天（为防变质要放在低温环境中）；将腌好的肉绞成肉末，放入水淀粉搅拌均匀，灌进肠衣内，用绳扎实；将灌好的红肠放入烤箱，用65~80℃的低温火烘烤30~60分钟，肠衣干燥即可。食用时将烤好的红肠放入水中煮沸，取出放凉后切成片或段即可。

自制甜面酱

将1000克白面发面后像蒸馒头一样，上屉蒸熟。下锅后放入缸或锅里并用塑料布盖严，以保持温度。再放到阴暗、不透风的地方发酵，约3天左右便长出白毛。刷去部分白毛后掰碎放在两个干净的容器里。按每1000克白面配300克水、120克盐的比例倒入容器里并用木棍搅拌溶解。放在日光下暴晒，每天搅拌三四次，约晒20多天就能制成甜面酱。酱晒成后，放入味精和白糖少量，上锅蒸10分钟。这样处理后的面酱，色、香、味俱佳，风味独特，可长期保存。

怎样腌制鸭蛋出油最多

(1) 白酒浸制法

将新鲜的鸭蛋洗净，晾干（不能放在阳光下晒干），放入坛罐内。

然后在锅中，按每50只鸭蛋用4公斤水的比例，把适量的生姜、八角、花椒放入水中煮。待煮出香味后，加粗盐1公斤、少许白糖及白酒50克。待卤水完全冷却后，倒入摆放鲜鸭蛋的坛内，以没过蛋面为宜。将坛加盖，密封，存放10天左右即可启封食用。

其中放白酒是咸蛋多出油的关键，千万不可忘记。因为白酒可以加速蛋内的蛋白质凝固，使蛋黄内的油被挤出。

（2）饱和食盐水腌制法

水和盐的用量按鸭蛋的多少来定。腌制时先将食盐溶于烧开的水中，达到饱和状态（浓度约为20%）。待盐水冷却后倒入坛中，并将洗净晾干的鸭蛋，逐个放进盐水中，密封坛口，置通风处，25天左右即可开坛取蛋煮食。此法腌制的咸鸭蛋，蛋黄出油多，味道特别香。

自制腌蛋2法

（1）咸卤浸法

以500克盐1000克水的比例，先将水烧开，加入盐使其全部溶解，配成咸卤，然后将完好的鲜蛋放入盛器中，上面用竹蔑再加重物压住，将冷却的咸卤倒入，使蛋全部漫没为止。

（2）涂咸泥法

干黏黄泥1000克，盐450克，用冷开水调成泥浆。将完好的鲜蛋滚上咸泥放坛中，密封储存。夏季20天，春秋季30天左右，冬季50天右右即可成咸蛋。

家庭自制韭菜花

◆取新鲜大朵的韭菜花3000克，加盐腌上半天。将100克鲜姜、一个苹果（约100克）洗净，切碎待用。用小石磨或擀面杖把腌过的韭菜花、碎姜、苹果块擀压成浆，盛在小瓦罐里，盖好罐口，置干燥阴凉处。过一周就可以食用。

◆买些韭菜，摘下小花（因用量少，约500克），备好大蒜、鲜姜、苹果、盐、香油或熟菜油待用。把韭菜花、蒜、姜、苹果块放在小石臼内猛舂，直至舂细烂为止，然后放上盐和油，拌匀装入无色的小瓶内，约半小时后，油就浮在韭菜花酱上面来。只要温度不超过30℃，保存一年没有问题。吃时用干净筷子撬点放在小碟里，滴上点香油，其香味扑鼻，引人食欲。

腌制韩国泡菜

选无病虫危害、色泽鲜艳、嫩绿的新鲜白菜，去根后把白菜平均切成3份，用手轻轻将白菜分开(2～5千克的分成2半，5千克以上分成4份)。然后放入容器中均匀地撒上海盐（上面用平板压住，使其盐渍均匀)。6小时后上下翻动1次，再过6小时，用清水冲洗，冲净的白菜倒放在晾菜网上自然控水4小时备用。

去掉生姜皮，把大蒜捣碎成泥，将小葱斜切成丝状，洋葱切成丝状，韭菜切成1～2厘米的小段，白萝卜擦成细丝。将切好的调料混匀放入容器中，把稀糊状的熟面粉加入，然后放入适量的虾油、辣椒粉、虾酱，搅匀压实3～5分钟。把控好水的白菜放在菜板上，用配好的调料从里到外均匀地抹入每层菜叶中，用白菜的外叶将整个白菜包紧放入坛中，封好，发酵3～5天后即成。

酱黄瓜的腌制

鲜黄瓜5000克，粗盐400克，甜面酱700克。将黄瓜洗净，沥干水分，长剖开成两条（也可不切开)，加粗盐拌匀压实，上面用干净大石块压住。腌制三四天后，将黄瓜捞出，沥干盐水；将腌缸洗净擦干，倒入沥干的黄瓜加甜面酱拌匀，盖好缸盖酱制10天即可食用。

自制葡萄酒

白露过后选择晴天将葡萄的青、烂粒及梗去除后，用清水洗净，晾干后，碾碎放入杀过菌的小缸中（留出1/3的容量)，再蒙上两层纱布后放置于25℃的温度中，3～4日就会自然发酵。每天上下翻搅3～4次，等皮渣下沉后吸出上浮的酒液并放入大瓶中再发酵，吸出的澄清部分去掉沉淀后就是天然原汁红葡萄酒，饮时若加糖则酒质浓郁醇香。

自制牛皮糖的诀窍

制作时先将面粉用凉水搅拌均匀，调制成浆糊状；然后，将白砂糖用猪板油略炒，加入沸水和面粉浆熬煮30分钟左右，再加入饴糖继续熬煮，1小时之后再加入少许猪板油熬煮30分钟，前后共需在火上熬煮2小时左右，所以一定要控制好火候，并且要不时搅拌以免粘锅或熬糊。最后，将炒熟的白芝麻均匀地撒在铁盘中，再淋上一层薄薄的糖浆，将熬好的糖泥平铺在芝麻上，擀成薄片再卷起来，切成大小均匀的块即可。

怎样自制健康酸奶

准备一瓶酸奶和几袋牛奶，把牛奶倒入适用于微波炉加热的容器中加热40秒，拿出后再将酸奶倒入温热的牛奶中，搅拌均匀，将容器盖盖上，并用较厚的毛巾把容器包裹起来，放置10～12小时即可完成发酵。如果将制成的酸奶放到冰箱里冷藏则口味更佳。此外，还可以准备一些苹果、黄桃、菠萝等果粒放入酸奶中做成果粒酸奶。

做肉松

将精选的瘦肉切成寸方块放入锅中，加入开水，用猛火将其煮沸，撇去浮沫，加入姜、葱、花椒、料酒、大料等，用文火焖煮4小时左右，滤出汤汁，然后再加入酱油、盐煮1小时左右，直至汤汁被全部吸干。然后将肉搅碎后放入锅中用文火翻炒，直至炒到没有水蒸气为止，再加些白糖，炒成绒状即可。

自制水果蛋挞的窍门

◆加入高面筋粉和低面筋粉后，用植物油、黄油和温水揉和成面团放入保鲜袋内；

◆用少量低面筋粉混合鲜奶油、牛奶、砂糖、炼乳（可使蛋挞的奶香更浓郁）和蛋黄调成糊状，放入保鲜袋饧发20分钟。

◆把和好的面团擀成薄薄的长方形面片，裹入黄油，像叠被子那样折四折，擀平后再折一次，再擀成面片卷起来，放入冰箱冷藏30分钟。

◆取出面卷切成均匀的小块，蘸点面粉即可放入挞模里，捏好形状后在中间放入调好的奶糊大约五分满即可，还可以根据个人的口味加入桃子、苹果或香橙的果粒。

◆最后放进烤箱用220℃火烤15分钟即可。

自制冰淇凌

将300克鸡蛋打成泡沫状，再将500克白糖、200克奶粉、50克淀粉、1克香草粉香精、1克海藻酸钠用2千克清水分别溶解，过滤后一起调匀，加热至55～80℃并保持半小时，冷却后放入电冰箱中冷冻，过15分钟搅拌1次，反复搅拌，可减少冰碴，细腻润滑，10小时左右便凝结成形，冰凉美味的冰激凌即成。

家庭自制蛋糕

将鸡蛋9个搅拌至乳状后加入100～500克白糖再搅拌。

再加入400克面粉和1克食用苏打粉搅成稀面糊，倒入有少量花生油的烤盘上。

当烤箱温度达300℃时，把烤盘放入烤箱上层，用旺火烤10分钟再取出，并在上面抹食用油，加点金糕条和瓜子仁。再放入烤箱下层，用微火烤5分钟，蛋糕就制成了。

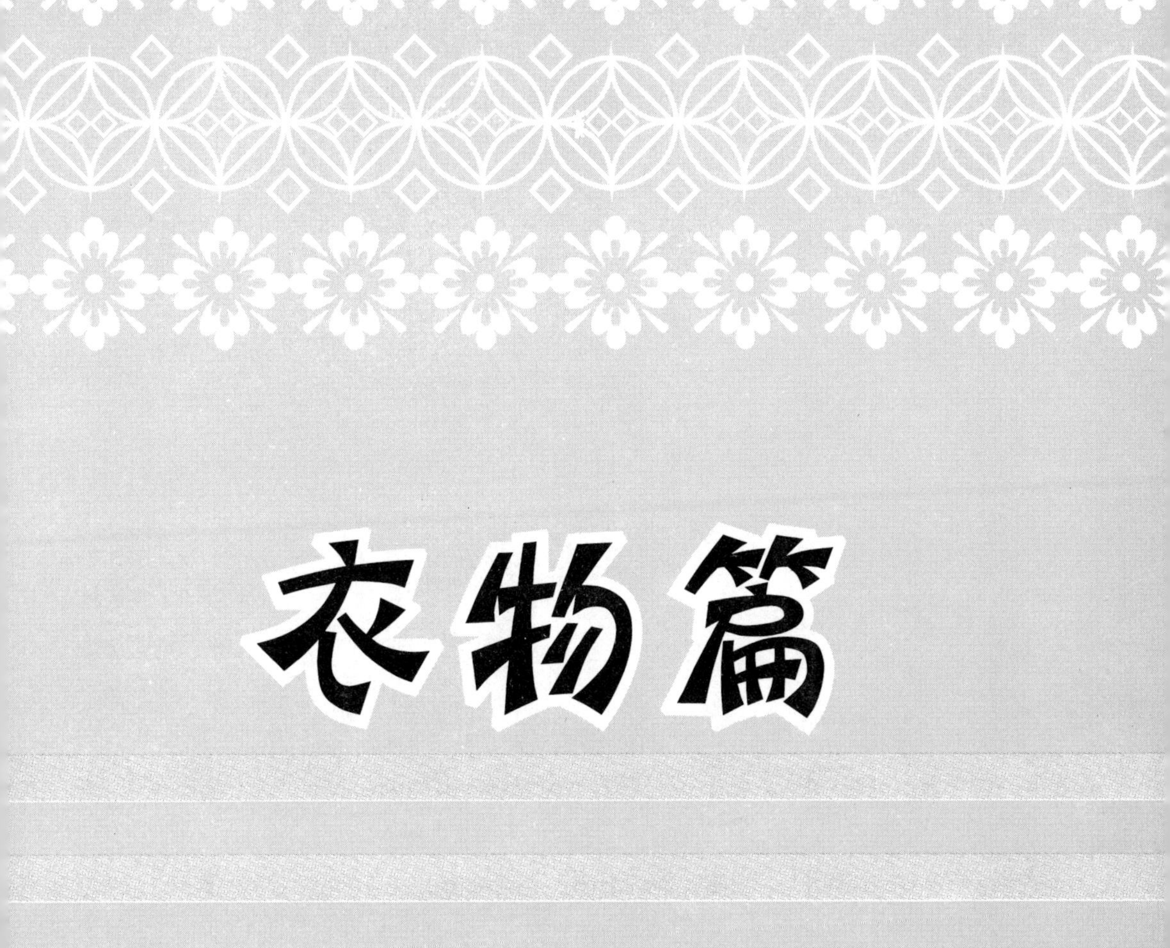

衣物篇

一、衣物选购

购衣小技巧

购衣时只要从以下几个方面综合考虑，并结合自己的年龄、职业、爱好来挑选，就可购得称心如意的服装。

（1）服装的造型设计

服装造型应轮廓清晰，线条流畅，挺括服帖。

（2）服装的整体结构

服装的整体和局部结构应合乎体型规律，各部位比例恰当，给人一种舒适匀称的感觉。

（3）服装的色彩运用

服装的配色要注意整体的协调，富有节奏和韵律感；面料色彩一致，衬里与面料同色或近色，整体感较强。

（4）服装的缝制质量

行线顺道、平整，线色和面料相一致；缝接处应对合整齐、平顺，无跳针、漏针现象；垫肩不可太高、太大、太厚或太重；如有拉链，应看其位置是否适当，拉合时是否服帖、利索。

新衣试穿的窍门

试穿新衣时，最好穿着它多走几步，坐、站、蹲各种姿势都试试，感觉一下行动是否方便。

要注意衣服的尺寸，即便尺寸合适，也要上身试穿一下，因为单看规格是不一定准的。

试穿衣服时，要查看背面和侧面的整体效果。为了得到最佳印象，务必要穿着式样简单、没有什么复杂修饰的内衣；珠宝首饰戴得越少越好，同时也要有与之相搭的鞋子。

怎样选购胸罩

胸罩是女性的必备用品。如果选购胸罩尺寸不当，不但起不到对乳房的支托、保护作用，还会影响胸部的发育，使乳房血液循环发生障碍。因此，在购买胸罩时要先量好自己的净胸围。方法是：用皮尺从后背围到前胸，然后在乳房底部勒紧，注意后背不要高于前胸，这就是自己胸罩所需的尺寸，要根据这个尺寸，按乳房大小选择不同式样的胸罩。

男性西装的选购

（1）衣袖

衣袖不要过长，最好是在手臂向前伸时，衬衣袖子露出2～4厘米长。

（2）衣领

衣领不要过高，一般在伸直脖子时，衬衣领口外露2厘米左右为宜。

（3）纽扣

纽扣一般不要系上。较精制的西装在设计裁剪时，两块衣襟的重叠尺寸少于纽扣系结时的重叠尺寸，如果系纽扣，纽扣部位容易出现皱折，影响服装原有形状。

（4）袖口

服装买回时，要拆掉缀在袖口上的布条。因为这类布条是服装公司的广告标签，如不拆就穿会显得很不雅观。

（5）穿着

衣服的纤维有弹性。衣服穿在身上，纤维伸拉适体，衣服脱下会回缩恢复原状，但这也需要一个较长的时间。因此，穿西装最好准备两套，穿一天，存放一天，两套轮流穿着。这不仅能保持西装原有的式样不变，而且可以大大减少衣服的磨损程度。

牛仔裤的选购

（1）腰肥者

不适合穿腰部有装饰的牛仔裤。在穿着牛仔裤时，最好不要将衬衣塞在裤腰内，衬衣的下摆最好放在裤外，上身穿一件牛仔上装或背心。

（2）细腰者

宜穿腰部有装饰物的牛仔裤，如在腰部束一条宽腰带效果就会更好。

（3）短腰身者

短腰的人上身比较短，适宜穿低腰的牛仔裤。这种牛仔裤穿在身上，腰部约比自然腰低 3 厘米左右，上身便显得修长。

（4）臀部肥大者

宜选择暗色的牛仔裤，而且最好穿合身而光滑的牛仔裤，并注意不要买臀部有口袋、横线或绣花的牛仔裤。不过，选择裤前有口袋的，可以显得比较苗条。另外，裤管窄而紧的也不适宜。

（5）臀部瘦小者

这种人可以穿任何一种牛仔裤，但如果想使臀部看起来比较丰满，可选择一些后面有大口袋、绣花或漂亮缝线的牛仔裤。

（6）粗腿者

应穿直筒或裤管较宽大的牛仔裤。为了减少别人对粗腿的注意力，要避免穿脚踝部分缩小裤口的牛仔裤和裤管上有双缝线的牛仔裤。

（7）短腿者

宜选择直筒式牛仔裤，上面不要有横线，否则会使腿看起来更短。前面若有口袋则必须是斜口袋，臀后不要有口袋。并可以利用适度的高跟鞋，使腿显得更长一些。

（8）长腿者

这种身材的人穿任何服装都很好看，尤其是穿牛仔裤。贴身的牛仔裤更可显出这种身材的修长和秀气。

挑选毛料妙法

（1）观察是否有疵点

用手把料子托起，表面平整、没有长毛和疵点的毛料就是好毛料。

（2）观察料子的光泽度

好毛料拥有自然柔和的光泽，看起来让人觉得很舒服，给人一种很高档的感觉。

(3) 手感要好

好的毛料摸到手里，感觉比较细腻、滑溜，挺括但不觉得硬。另外，用手抓紧料子再放开，料子应不失原样、不起皱，这说明料子的弹性好，是好料子。

(4) 观察料子的纹路是否清晰

应挑选那些斜道、斜纹清晰的毛料。

挑选羽绒服要诀

(1) 含绒量

羽绒服一般以含绒量越多越好。可将羽绒服放在案子上，用手拍打，蓬松度越高说明绒质越好，含绒量也越多。

(2) 看绒色

羽绒有纯白绒和花绒两种。若选购浅色面料的羽绒服，应选内装纯白绒的，以免影响料子的清洁感。

(3) 看面料

羽绒服有多种面料。全棉防绒布料表面有一层蜡质，耐热性强，但耐磨性差；防绒尼龙绸面料耐磨耐穿，防绒性好，但怕烫怕晒。

(4) 看做工

选购羽绒服时，要看缝合处是否结实，有无漏绒现象；拉锁、铜扣是否完整、顺畅；羽绒是否平整等。

常见衣料鉴别法

(1) 棉

易燃，燃烧很快，火焰黄色，有烧纸的气味，灰末细软，呈灰黑或灰白色。

(2) 麻

燃烧快，火焰黄色，有蓝烟，有烧枯草的气味，灰烬呈灰色或白色。

(3) 毛

遇火先卷缩后冒烟，有烧头发的臭辣，离火燃烧停止，灰烬黑褐色块状，稍压即成细末。

(4) 粘胶

比棉燃烧快，火焰黄色，有烧纸夹杂化学品的气味，灰烬呈深灰色或浅灰色，量极少。

(5) 丝绸

真丝服饰有珍珠般天然光泽，明亮而柔和。手感光滑柔软，一抓即有皱纹。真丝纤维在火中缓缓燃烧，有毛发臭味，离开火焰时会继续燃烧，灰烬是黑褐色小球，一捻即碎。

名牌服装选购常识

有些人认为选购名牌服装比较困难，一不留神就容易买到假货。其实只要掌握识别名牌服装的常识，加以认真识别，基本上就可以买到正宗称心的名牌服装了。

（1）看包装

名牌服装采用一条龙包装。商标、吊牌、备用料及备用扣齐备，同时外包装如包、袋、盒等上面生产厂家的地址等均标示齐全。

（2）看外观

名牌服装做工精细，用料考究，无卷折、压皱，外观挺括耐看。

（3）看袋口

为了防止服装在陈列时口袋变形，名牌服装多在袋口用明线、大针脚进行封口，穿着时再拆开。

（4）看商标

名牌服装除在衣服里面钉有商标，在右袖口也钉有一只临时商标，商标系织造而成，不应是印刷的。

（5）看衣里

名牌服装的衣里与面料同色，高档名牌里料上织有本商标标志。

（6）看配件

名牌服装的纽扣、拉链头或其他小配件上，均有商标标志。

真假皮革辨别法

（1）手感

用手触摸皮革表面，如有滑爽、柔软、丰满、弹性的感觉就是真皮；而一般人造合成革面摸起来感觉发涩，柔软性差。

（2）眼看

观察真皮革面有较清晰的毛孔、花纹，黄牛皮有较匀称的细毛孔，牦牛皮有较粗而稀疏的毛孔，山羊皮有鱼鳞状的毛孔，猪皮有三角粗毛孔，而人造革，尽管也仿制了毛孔，但不清晰。

（3）嗅味

凡是真皮革都有皮革的气味；而人造革都具有刺激性较强的塑料气味。

（4）点燃

从真皮革和人造革背面撕下一

点纤维，点燃后，凡发出刺鼻的气味、结成疙瘩的是人造革；凡是发出毛发气味，不结硬疙瘩的是真皮。

怎样选购羊绒衫

（1）查看产品配件

查看羊绒衫的商标、品牌、尺码标识、合格证、备扣、备线、包装盒（袋）等是否齐全。

（2）眼观产品质量

质量上乘的羊绒衫外观光泽柔和，绒面丰满，毛型感强，其表面有一层细绒。横向纵向线圈密度均匀，如果在亮光下看就更明显。

（3）用手摸

羊绒衫手感柔软轻暖，富有弹性、丰厚性、柔和性，贴身穿皮肤没有刺痒的感觉。

（4）保暖性好，质地优良

羊绒取自山羊在严冬时为抵御寒冷而在毛根处生长的一层细密、丰厚的绒毛。天气愈寒冷，细绒愈丰厚，纤维生长愈长。

（5）吸湿性强，穿着舒适

羊绒的吸湿能力是所有纤维中最强的，回潮率在15%左右。在外界气温多变的条件下，羊绒衫能够自动吸湿，具有良好的排汗作用，并与人体皮肤快速调节出适合的温度。

泳衣的选购技巧

体型好的女性可以选购任何样式和质料的泳衣。

腿短的人可以穿腿两侧裁高的一件式泳装，这样会使你的腿看起来长些，垂直线条的花纹也会有些帮助。避免穿横过大腿顶端的一件式泳装或比基尼短裤。

胸部过于肥大的女性，无论是比基尼或一件式，在胸下部位都需要有良好的撑托效果，靠灵巧的缝织或加进质轻的钢骨都可以，不一定要靠罩杯，因为罩杯容易显得胸部更大。找有宽条支撑带的一件式泳装，最好胸下部分能裁得高些。泳装胸前最好不要有繁琐装饰的款式，剪裁线条简单利落，下半身有条纹花样或者扣一条腰带更好。

胸部小的女性，可以选购胸前有漂亮装饰的一件式泳装或比基尼泳装。一件颜色上半身浅、下半身深的比基尼泳装也有助于使你的身材看来匀称有致。胸前有细花图案，可使人产生丰满的感觉。尽量不要穿无肩带的泳衣。

臀部过大、大腿较粗的女性，最好选择腿部裁高的“V”形一件式泳装，最好采用单一的深色，这样可以给人腿部修长的感觉。避免穿带有显眼的图案或裙子款式的泳装，它们只会使臀部或腿部看起来更胖。

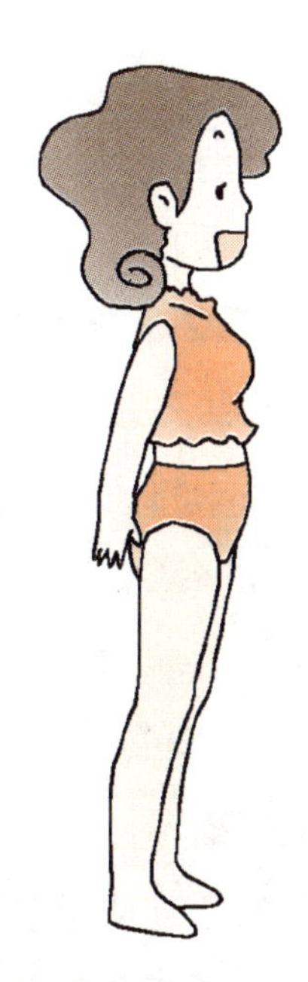

消瘦型的女性可以选用能给人丰满感的一件式泳衣，新奇印花图案或水平条纹都可以。腿型瘦长的女性，可以选择平脚裤式的泳衣，千万不要穿腿部裁高的比基尼短裤，那会暴露你骨瘦如柴的盆骨。

腹部松垂的女性，选择单件式泳衣可以遮掩肥胖的腹部。性感的三点式就别去考虑了。

一般说来，皮肤白皙者可选择冷色系泳装，如绿、蓝等色；皮肤棕色者可选择暖色系泳装，如红、橘等色；黑色泳装则适合任何肤色。

怎样选购保暖内衣

（1）查看保暖内衣的材料

现在市场上保暖内衣的材料大致分为两种：一种是使用纯棉的面料，把真丝、羊毛（高档的用羊绒）通过现代先进工艺加工成保温效果好、透气性强、质地细密的絮片，作为内胆；另一种是在粘胶、腈纶、涤纶等基体上涂上陶瓷分子，或用远红外线处理来取得保暖作用，用这种合成材料作内胆，保暖效果相对更好。

（2）查看保暖内衣的工艺

保暖内衣的工艺大致也分为两种：一种是多层高压成型，其优点是外观看上去很紧密结合，但不耐水洗，容易出现脱层、起皱、起泡、变厚的毛病，既影响美观，又影响保暖效果。另一种则采用编织成型，不但较好地解决了前者的弊端，而且还有弹力塑身的效果。

(3) 查看保暖内衣的透气性和导湿性

由于保暖内衣需贴身穿着，其透气性和导湿性非常重要，可将手臂伸入保暖内衣中 5～10 分钟，亲自体验一下其性能。化学黏合剂常被不法商人用于保暖内衣，如保暖内衣上有化学原料刺鼻味，不可盲目购买。

(4) 查看保暖内衣的款式

好的保暖内衣应该具有良好保暖性，同时兼顾美观轻薄的特质，如果将一件很厚的保暖内衣穿在身上，就显得非常臃肿，就失去了它本来的意义。

怎样根据体型择装

人的体型大致可分为 6 种，不同的体型适合穿不同款式的服装。

(1) 标准型

身高与身体的各个部位都呈匀称而完美的比例，这种体型的人选择衣服的范围很宽，基本上什么服装都适合。

(2) 葫芦型

即身材像葫芦一样，这种体型的人适合穿低领、紧腰身的窄裙，或 A 字裙西服，质料以柔软贴身为佳。

(3) 运动员型

适合穿舒适飘逸的罩衫，宽松的西装或打褶裙。

(4) 梨子型

穿宽松的西装或伞状服装比较适合，目的在于避免腰部引起别人的注意。

(5) 腿袋型

这种体型的人臀部和大腿赘肉

较多，因此绝对不要穿紧身裤，应穿式样比较简单的打褶裙或长裤，尽量选择较深的颜色。

(6) 娇小型

最佳穿着是整洁、简明，从头到脚穿同色系或素色的衣服，显得轻松自然。

婴儿服装的选购

婴儿服装的面料应柔软、舒适、保暖、耐洗，可用棉布、绒布、棉针织品等天然纤维织品，使婴儿更好地调节体温。色彩以本色、白色、浅色为好。婴儿服装的式样以宽大、方便、牢固、轻巧为好，一般可做成和尚服。还要注意不要有硬的或粗糙的缝缀，以免使婴儿的肌肤受到伤害，当然更不能有花边、纽扣、拉链等过多的装饰物。

进口服装尺寸识别

国外服装的规格标志与我国服装型号的表示有所区别，国外服装的型号规格常用英文字母和一个数字表示。

具体体型标志是：Y 型表示胸围、腰围差 16 厘米；YA 型表示胸围、腰围差 14 厘米；A 型表示胸围、腰围差 12 厘米；AB 型表示胸围、腰围差 10 厘米；B 型表示胸围、腰围差 8 厘米；BE 型表示胸围、腰围差 4 厘米；E 型表示胸围、腰围差 2 厘米或相差很小。

身高标志是：1 表示身高 150 厘米；2 表示身高 155 厘米；3 代表身高 160 厘米，以此类推，数字每增大一位代表身高增加 5 厘米，身高最大的代表数是 8，代表身高 185 厘米，例如 5 则表示服装适合身高 170 厘米，胸围、腰围相差 10 厘米的人穿用。

国外服装的号型规格也有用简化的英文字母表示的，英文标志是：L 表示大号服装；M 表示中号服装；S 表示小号服装。

巧选孕妇装

选购孕妇装时，上装可以参照少打褶，多斜裁，腰身松的原则。斜裁的宽摆上衣可以遮盖凸起的腹部，产后也可以日常穿用，看上去舒适而浪漫。

裤装的裤腿以合身的松紧度为好，大腿和腰部应该比较宽松。裙装可选用倒梯形的贴体式长裙，再套上宽松的外衣，几乎不露痕迹。产后可以把腰部收褶，成为郁金香式裙。

如何选购饰品

选购饰品，除了要挑选适合自己体态风格的款式外，还要注意检查饰品整体是否完好，外观有无可辨的缺陷、瑕疵，表面处理是否细致，有无划伤或质变，链条的部位接合是否结实，活动是否灵活等方面。

如果买的是耳环或胸针，要注意插针的部位是否牢靠，更要亲自试戴，看戴起来的感觉是否舒适，重心及设计是否合适。如果做工精细，戴起来又舒服漂亮，便是值得你投资的美丽伴侣。

识别真丝绸和化纤丝绸

(1) 观察光泽

真丝绸的光泽柔和而均匀，虽明亮但不刺目。人造丝织品光泽虽也明亮，但不柔和顺目。涤纶丝的光泽虽均匀，但有闪光或亮丝。锦纶丝织品光泽较差，如同涂上了一层蜡质的感觉。

(2) 手摸感觉

手摸真丝织品时有拉手感觉，而其他化纤品则没有这种感觉。人造丝织品滑爽柔软，但不挺括。棉丝织品手感较硬而不柔和。

(3) 细察折痕

当手捏紧丝织品后再放开时，因其弹性好而无折痕。人造丝织品松手后有明显折痕，且折痕难以恢复原状。锦纶丝绢则虽有折痕，但也能缓缓地恢复原状，故切莫被其假象所迷惑。

(4) 试纤拉力

在织品边缘处抽出几根纤维，用舌头将其润湿，若在润湿处容易拉断，说明是人造丝，如果不在润湿处被拉断，则是真丝，如纤维在干湿状态下强度都很好，不容易拉断则是锦纶丝或涤纶丝。

(5) 听摩擦声

由于蚕丝外表有丝胶保护而耐摩擦，故干燥的真丝织品在相互摩擦时会发出一种声响，俗称“丝鸣”或“绢鸣”，而其他化纤品则无声响出现。

二、穿着搭配

服饰配色小窍门

（1）同类色相配

指深浅、明暗不同的两种同一类颜色相配，比如青色配天蓝，墨绿配浅绿，咖啡配米色，深红配浅红等，同类色配合的服装显得柔和文雅。

（2）近似色相配

指两个比较接近的颜色相配，如红色与橙红或紫红相配，黄色与草绿色或橙黄色相配等。近似色的配合效果也比较柔和。

（3）强烈色配合

指两个相隔较远的颜色相配，如黄色与紫色，红色与青绿色，这种配色比较强烈。强烈色的配合会给人青春活泼的感觉。

（4）补色配合

指两个相对的颜色的配合，如红与绿，青与橙，黑与白等，补色相配能形成鲜明的对比，有时会收到较好的效果。

靴子与服装的搭配技巧

平底靴最好搭配薄裙子，高跟靴最好配上裹得很紧或有开叉的裙子。这有一个比例问题，裙子越宽大，靴跟应该越平。裙子越窄，靴跟应该越高，裙子越长，靴跟也越平。一般穿靴子最好不穿袜子。理想的是裙子和靴子中间留出一段皮肤，穿中筒靴时，可穿中长袜，或不透明的长统袜。

西装的搭配之道

（1）领带

首先，领带长度要合适，打好的领带尖端应恰好触及皮带扣，领带的宽度应该与西装翻领的宽度和谐。

（2）衬衫

领型、质地、款式都要与西装

协调，色彩上注意和个人特点相符合。

(3) 皮带

一般来说，穿单排扣西服套装时，应该配戴窄一些的皮带；穿双排扣西服套装时，则配戴稍宽的皮带较好；深色西装应配深色腰带；浅色西装配腰带在色彩上没什么限制，但别系嬉皮风格的。

(4) 鞋子

黑色或深棕色系的皮鞋是不变的经典，浅色鞋子只可配浅色西装，如果配深色西装会给人头重脚轻的感觉，休闲风格的皮鞋最好配单件休闲西装，注意鞋子一定要干净。

(5) 袜子

宁长勿短，袜子颜色要和西装协调，深色袜子比较安全，浅色袜子只能配浅色西装。

男西装的正确穿着法

穿单排纽扣的单件西装，可以不系领带；穿成套西装，最好系上领带；穿双排扣西装则必须系上领带。

系领带时领结必须抽紧，卡住衬衫领口，不要吊在领角下面。领带的内页应短于外页。

打领带时，衬衫领口纽扣应扣上，不打领带时，衬衫领口应敞开。

穿背心或毛衣时，领带必须放在里面。

单排纽扣西装，一般不扣纽扣或只扣上面一粒纽扣，扣上内侧一粒也可。双排扣西装，应两粒纽扣都扣上，至少扣合下面一粒纽扣。

西装的上口袋，不宜插钢笔、圆珠笔及眼镜。

证章及纪念章不可别在西装的口袋上方。

西装的口袋一般不放东西，最多放一块手帕，不可放得鼓鼓囊囊的；走路时，也不要把双手插在西装上衣或裤子口袋内。

衬衫的袖口应露出在西装袖口外面，且衬衫袖口一定要扣上。

穿西装时应穿皮鞋。

女西装的正确穿着法

◆女子着西服，比较正规的场合，宜穿成套西装以示庄重；比较随便的场合，则西装与不同质地、颜色的裙子、裤子搭配更显潇洒、亲切。

◆与其他女时装追求宽松或紧身的着装效果不同，西装十分强调合体，过小了显得拘谨、局促，过大了则松垮、呆板，毫无风度。

◆要讲究服饰搭配效果。不打领带时，可选择领口带有花边点缀或飘带领的衬衫；内穿素色羊毛衫时，还可在领口或西装驳头上配戴精巧的水钻饰件。

◆不能因为内衣好看就将领子层层叠叠地翻出来，穿西装时鞋袜、包袋要配套，要有主题，不凌乱。

秋冬针织衫如何与风衣混搭

简约的灰色低领毛衫，腰带装饰，外套紧身合体的风衣，显露出曲线身材，缠绕的围巾增添时尚气息。

镂空毛衫内衬衬衫装扮出时尚的女性，精致的饰品点缀出女性的个性风格，驼色的风衣更显成熟稳重。

白色低领毛衫，复古腰带装饰，搭配黑色风衣装扮出成熟时尚的现代美女。

黑色针织连身裙，突出女性的优美身姿，驼色风衣装扮出优雅的女性形象。

灰色短款针织衫搭配直筒裙，彰显职业女性的形象，合体的黑色风衣装扮出飒爽英姿的形象。

中老年人的服饰搭配

中老年人着装应力求大方、简单、高雅、健康。

服装款式不宜太复杂、烦琐，不宜选用褶子、口袋过多的服装，否则反而显老气，且与中老年人稳重端庄的风度和喜静的性格也不甚相符。

中老年人的体质相对较差，动作也有些迟缓，所以在选择服装时，不要选择会对身体产生束缚感的，应力求宽松舒适、柔软轻便、利于活动。

中老年人选择服饰在色彩上要

尽力跳出灰、黑、蓝的框框，既要求素雅、深沉，又应该富于时代感。尤其是中老年女性，更应大胆选穿色彩雅致、花型新颖的服装。

中老年人服装的面料要柔软，以棉布为最佳，棉布的透气性强，穿着柔软舒适。

巧用服饰掩盖缺憾

脸盘太大的女性通常脖子也比较粗，这种人适合穿“V”字领的服装，使面部和脖子有一体的感觉，造成纤细的效果。相反，如果脸形太窄，则应选穿能强调面部和脖子的衣服。

胸部太大的女性可选用没有光泽而又具有弹性的布料，光泽容易引人注目，应避免丝质衣料服装。

胸部太大的女性也可选择深色系装束。万一服装色调太亮，可利用饰品转移别人的视线。剪裁宽松的衣服特别能掩盖胸部过于丰满的缺点。

手臂太粗的女性，只要衣服袖子宽度够，尽管放心穿，唯一要避免的是布料和袖口都极贴身的衣服。

宽肩的女性特别适合穿外套，夏天试试穿削肩设计的服装，效果应当不错。

腰粗的女性，应选择宽松的腰部设计，把上衣放在外面。不要穿有松紧带的裙子，以免看起来更胖。

臀部太大的女性，应选择柔软的面料，避免裁剪夸张的样式，颜色以深色为宜。如果衣料本身有图案，使用斜裁效果为佳。

小腹突出的女性，可以尝试直线条的、在小腹一带裁开的西装。裙腰使用松紧带，造成腰部蓬松的感觉。用弹性良好的麻质布料比较合适，应避免柔软的布料。

腿粗的女性，应选择有蓬松感的裙子，宽大的裤子效果也不错。最好避免百褶裙，以免显露腿粗。

外衣与内衣的搭配

（1）杯罩无痕

杯罩是整体压制成形的，无破缝拼接，最适合轻薄的外衣或裙装，不会有外露出内衣形状和结构的尴尬。

（2）肩带靠外

肩带位置靠外的胸罩，最适合穿开领较大的外衣，不会在领口处露出肩带。胸罩的内收作用让双乳集中，可在领口处显现出迷人的乳沟。

（3）无肩带

可穿肩胸袒露的晚礼服。

（4）真丝的感觉

外衣下的内衣如果化纤成分高会产生静电，若是以纯丝缠绕莱卡纤维作面料，便会让真丝的外衣不受静电的干扰。

各种腿型的配袜

（1）高挑长腿

各种长度的短裤、半筒袜或长袜都可以显示出匀称的双腿，轻轻松松就可以穿出自己的个性美。

（2）细腿

腿部过于纤细的女性可以选择一些在视觉上具有膨胀感的袜子，如大格纹的筒袜、浅色有提花的长袜等。

（3）短腿

腿短的女性在选择袜子要选择那些可以拉长腿部线条的袜子，如黑色的长丝袜。至于那些会显得腿短的层叠穿袜法，则最好远离。

纱巾的搭配技巧

（1）肤色白而细腻的女性

可选择以鲜艳颜色为基调的纱巾，给人以俏丽、秀美之感。

（2）肤色黑的女性

可选择以素色为基调的带暗花的纱巾或者单色纱巾，给人以素雅之感；切忌紫色、绿色，这样的颜色会使人显得苍老。

（3）皮肤粗糙、气色不好的女性

不宜用粉红色、鹅黄色之类娇嫩色彩的纱巾，以免在纱巾的对比之下，使皮肤显得更粗糙，脸色更暗淡。

（4）脸大、个小的女性

不宜系鲜红色、橘黄色、花色

艳丽或闪闪发光的纱巾，以免显得人臃肿。

(5) 中年女性

可选用浅藕荷色、淡蓝色、暗花格调或咖啡色缀有稀疏几条金线、银线的纱巾，会给人以高雅的感觉。

(6) 老年女性

可选用黑色、深咖啡色的纱巾，最好是选用乔其纱的，这种纱巾能表现老年人端庄而又华贵的气质。

怎样选择冬令帽子

◆年轻姑娘不要戴形状太复杂的帽子，运动帽或帽沿朝后卷的帽子，会更好地突出少女的自然美。

◆戴眼镜的女性最好不要戴有花饰的帽子，不然会显得太啰嗦。

◆年纪大的女性宜戴深色帽或帽沿朝下的帽子，这样有庄重感。

◆体型和脸型较宽的人最好不要选择没有帽沿、宽顶或将额头遮住的帽子，以免看起来脸型更宽；而宜戴小沿帽、帽顶稍高的帽子。

◆矮个女性不宜戴高筒帽子，会显得滑稽不相称。

◆高个长脸型的人不要戴高顶帽或小帽子，否则会显得更高更长；而以选择宽边帽沿或帽沿耷拉的帽子为宜。

穿衣巧显高

同色调的衣服会显得人更高些。同色不同质料的衣服，可以搭配得很出色。上衣应比下衣的质料厚重。

上衣应以浅色为宜，因为浅色会吸引人的注意，使别人注意上身，可以使你显得高些。

避免穿质料硬的裙子，因为面料太厚硬，看上去会很臃肿。

选择紧身上衣时，上衣袖口不宜过于宽大、肥大。

颈上加装饰，或戴一对漂亮的耳环，都能有助于显高。

鞋子要有一定高度，这不仅是显高的最直接方法，也能让你的身姿更优美。

选择衣服或裙子时，最好选择竖条纹图案。同是竖条纹，细条纹要比宽条纹显得纤细。同理，小格纹要比大格纹效果好。

小而密的水珠图案，加上得体

的服装款式，可以看起来显得个高。

衣服线条集中在胸部，能起到显高的效果。如果集中在胸部的衣服线条比较突出，即使穿褶子多的连衣裙也能显得苗条。

根据身材巧选牛仔裤

（1）身材矮小者

身材矮小者可以选用弹性小脚靴裤，可使腿部显得细长。这种牛仔裤可以调整全身的平衡感，搭配上高跟的靴子，更能衬出修长的双腿。

（2）臀部过大者

臀部过大者可选用厚质而富有弹性的牛仔裤。富有弹性的牛仔裤特别强调提臀收腹的效果，可以收紧提升臀部，显出立体感，同时，裁剪得体的裤管可使双腿变得修长。

（3）臀部扁平者

臀部扁平者可选用臀部有口袋的款式，以便形成翘臀的感觉。

（4）有小腹者

小腹突出者可选用看不到小腹的低腰款式，就是采用弹性材料制成的窄身靴型裤。适度的低腰可将腹部于中间分段，起到不经意地遮饰小腹的作用，并且在长度刚刚合适的窄身靴型裤的修饰下，腿部会显得更为修长纤瘦。

（5）腰粗者

腰粗者可选用腰线较高的牛仔裤。整个腰腹部位置较高的直筒牛仔裤，能掩盖腰粗或肥臀的缺点。适当的剪裁并不会勒紧腰部，穿起来也舒适轻松。

佩戴项链的技巧

穿长礼服时，要佩戴珍珠项链或与礼服同系颜色的数链式珍珠项链。

穿套装式裤装或裙装时，应配链式项链。

穿黑色晚礼服时，配三链式珍珠项链。

穿便装、T 恤时，可以随自己喜爱，戴上金、银、木制、陶瓷的项链。

脖子粗短的人，应少佩戴多链式短项链，不妨戴有坠的长项链。

脸上长有粉刺的人，可配戴镶工精细、有坠子的项链，以转移别人的注意力。

怎样佩戴胸针

穿着高贵质料服装时，如果再配上一枚镶有宝石的胸针，将会显得格外华贵。

穿裤装、裙装和便装时，可以戴动物、人像、瓜果设计图案的胸针。

年纪较大的女性，最好佩戴嵌有珠宝而富价值感的胸针，可以衬托出一种高雅持重的气质。

年轻的女孩则不宜戴得珠光宝气，应选式样活泼或亚克力、景泰蓝质料的胸针，如佩戴贵重的胸针，反而易显得年龄大。

胸针的颜色最好与衣服颜色深浅对比，以收牡丹绿叶之效。

三、衣物清洗

衣物洗涤宜分类

(1) 按颜色分类洗涤

首先将深色和鲜艳的衣服挑出来，因为深色类的衣服都有可能掉色，如果将浅色的衣服与它们放在一起清洗，会出现染色现象，影响浅色衣服的美观。

(2) 按厚薄分类洗涤

网状织物、丝织物、内衣、针织品、袜子等质地较薄的衣物容易变形，为避免损伤，最好不要用机洗，宜手洗。

(3) 按纤维原料分类洗涤

含毛绒的布料或其他特殊布料容易缩绒、变形，所以不适宜用水洗，应挑出来进行干洗。

鉴别干洗与假干洗

利用去污剂把油渍化开，然后再水浸、熨烫，从表面看似乎和干洗是一样的，但实质却不同。这样只是将衣服中的灰尘吸到了织物的深处，经灰尘污染后还会重新出现，这就是“假干洗”。任何织物在水洗后都会有缩水比，因此免不了会走样。下列方法能够鉴别衣服是水洗的还是干洗的：

◆水洗后，衣服会有不同程度的变形和掉色。

◆干洗的标码均用无油性墨水，但圆珠笔痕是油性的，干洗后就会褪色或消除，但水洗的却相反。

◆送洗前，在衣服上滴几滴猪油，若真的干洗，猪油绝对会消失，若是假干洗，油迹则不会消失。

◆在不显眼的地方钉上一颗塑料扣，如果真的干洗，塑料扣就会溶化，但线还在。

◆在隐蔽处放一团卫生纸，如果卫生纸的颜色和纸质还能平整如初，则是真的干洗，如果卫生纸褪色破裂，就是假干洗。

使衣服光亮如新有妙招

洗丝织品时，在水里放点醋，能保持织品原有的光泽。

漂洗平纹棉布衣服时，加一小袋明胶在水中，会使衣服颜色鲜亮。

毛线、毛衣等羊毛织物，洗的次数多了会逐渐失去原来的光泽，遇到这种情况，先把衣服在清水中漂洗几次，再在清水中加点醋（醋的多少看衣物的多少而定），使酸碱性中和，毛线、毛衣等羊毛织物就会恢复原有的光泽。

怎样使用洗衣粉

（1）棉织品的洗涤

棉织品缝隙大，易附着灰尘，洗涤时，可先在水中浸泡一下，再加入洗衣粉。工作服等棉织物可用碱性稍强的洗衣粉，去污效果会更好。

（2）毛丝类织物的洗涤

应用碱性稍低的中性洗涤剂和高档洗衣粉，因为毛、丝纤维不耐碱而耐酸，可在偏酸的液体洗涤剂中洗涤。

（3）化纤织物的洗涤

化纤织物耐碱，各种洗涤剂均可。唯有粘胶纤维耐碱性差，洗涤这类织物时要用低碱性的高档洗衣粉。加酶洗衣粉使用范围广，适用一切织物，但水温须掌握在40℃左右，这样去污效果最佳。

哪些服装不宜用洗衣机洗涤

（1）毛料服装

因为毛料服装的不少部位是用手工缝制的，衬布又多是麻类织物，在洗衣机里旋转翻滚，会使衣料牢度下降，还会因面料和衬布吸水不一样而变形。

（2）丝绸服装

因丝绸织品质料薄，受摩擦后容易起毛或表面出现绒球。用洗衣机洗涤，不仅会使丝绸衣服变形、褪色，而且会缩短衣服的寿命。

如何清洗羽绒服

将要洗的羽绒服放在清水里泡15分钟，再把衣服完全浸泡在放有羽绒服专用洗衣液或洗衣粉溶液的水中约20分钟（洗衣粉可用30℃的温水化开，不要用沸水，不要用碱性较重的肥皂洗涤），然后用软毛刷轻刷。刷完一定要漂洗干净，并用挤压的办法挤出水分和气体，不宜用手拧干。然后挂在阴凉通风处晾干，用小木棒轻轻拍打，使羽绒恢复自然的蓬松状态。不要直接在太阳光下暴晒，也不要用火烘烤或熨斗熨烫。收藏时，可在箱柜内放2包防潮粉（不用樟脑丸），并经常拿出来晾晾。这样就能避免其受潮影响绒质，延长使用寿命。

如何洗涤羊毛织物

羊毛衫衣物容易吸尘，而且容易产生静电。如用一般洗衣粉洗，洗后会出现打结、松散、起毛头等现象。可用羊毛衫专用洗衣液或防尘柔软洗衣液，每件用8～10毫升，置盆中以温水稀释，将要洗的羊毛衫浸湿后放入盆中，轻揉慢压，再用清水漂净，用洗衣机甩干（如无甩干桶，可用大毛巾吸去水分），然后挂通风处晾干，衣物便可保持原貌。

新衣先用盐水洗

新衣服穿着前最好先用食盐水浸泡后洗一洗再穿，因为新衣服上可能残留防皱处理时的致癌性化学药品——甲醛。

在高压、高温环境下，让甲醛分子与棉纤维分子交链结合，产生防皱效果。但是处理过程若不够严谨，或处理后清洗不净，经常造成甲醛单体由布料中释放出来，甚至本身就有甲醛。

而甲醛除了会引发急性眼症状、咳嗽、流泪、视力障碍及发疹等外，实验证明还有致癌作用。而食盐则有消毒、杀菌、防棉布褪色等功效，所以在穿新衣服之前，须先用食盐水浸泡干净。

洗涤针织衫的3个窍门

◆针织衣服在洗涤前，拍去灰尘放在冷水中浸泡10～20分钟，拿出后挤干水分，放入洗衣粉溶液或肥皂片溶液中轻轻搓洗，再用清水漂洗。

为了保证毛线的色泽，可在水中滴入2%的醋酸来中和残留的肥皂。洗净后，挤去水分，抖散，装入网兜，挂在通风处晾干，切忌绞拧或暴晒。

◆用1盆开水，放适量茶叶，待茶叶泡透，水凉之后，滤出茶叶，把毛衣（线）放在茶水中浸泡15分钟，然后轻轻搓几次后，再用清水漂洗干净，挤出水分，抖散，化纤线的可直接挂在阴凉处晾干；毛衣为防止变形，应装入网兜再挂阴凉处晾干。

这样用茶水洗涤针织衫，不仅能将灰尘洗净，还能使毛线不褪色，延长使用寿命。

◆白色针织衫穿久了会发黑。如果将针织衫清洗后置入冰箱冷冻1小时，再取出晾干，即可洁白如新。若是深色针织衫沾了灰尘，可用海绵蘸水后挤干，轻轻地擦拭。

家庭简易干洗法

（1）洗涤剂的选择

选择专用的干洗剂，也可以用优质的溶剂汽油或酒精。

（2）清除表层的灰尘

先把服饰晾干，再用藤条拍打，把衣物上的灰尘拍打掉，接下来用软刷刷净。如果是毛呢服装，可在上面敷湿毛巾来吸收灰尘。

（3）擦洗

用蘸了少许干洗剂的软刷或毛

巾，按从袖口、前身、后身到领子的顺序，逐一清洗。如果衣服有浅色的夹里，则要先清洗夹里。对易污部位（如领子、袖口、口袋等）要重点擦洗。

(4) 晾干

清洗结束后最好放在通风处晾干。

洗晒丝绸衣服

丝绸纤维是由多种氨基酸组成的蛋白质纤维，在碱性溶液中易被水解，从而丧失牢固度。因此，洗涤丝绸衣物的时候应注意：

◆水温不能过高，一般情况下，冷水即可。

◆洗涤时，要用碱性很小的高级洗涤剂，或选用丝绸专用洗涤剂轻轻揉洗。

◆待洗涤干净后，可加入少许醋到清水中进行过酸，就能保持丝绸织物的光泽。

◆不要置于烈日下晾晒，而应在阴凉通风之处晾干。

◆在衣物还没完全晾干时取回，然后用熨斗熨干。

天然彩棉服饰的洗涤

手洗为宜，用手轻轻揉搓，冲洗；采用机洗时应选用轻柔挡洗涤。

水温不宜过高，以不超过30℃为宜。

选用中性洗衣粉洗涤。

洗后需脱水，甩干或拧干需小心。

忌暴晒，建议采用阴干或风干。

建议用蒸汽熨烫，熨斗底板最高温度110℃。

不可用氯漂洗。

腈纶衣物的洗法

腈纶衣服若只去灰尘污垢，可用肥皂或洗衣粉泡10分钟，再轻轻揉搓，而后漂洗干净就行了。

若有较多的油污，就应用汽油

涂刷后再洗净。

腈纶毛线洗后卷曲不直，可用80℃的热水浸泡一下。但腈纶毛线或毛衣都不能拧，压去水后最好平摊晾晒，使纤维自由回缩，则衣形不变。

巧洗衣领、衣袖

（1）撒盐法

衣领和袖口是衣服最脏和最难洗的部位，尤其是夏天穿的白衬衫，往往因汗渍而发黄，用一般的方法很难洗净。如先用冷水将衣服浸湿，然后在领、袖等处撒上点食盐，轻轻地揉搓数下，再用清水漂洗，便可洗干净。这是因为汗液中含有蛋白质，而蛋白质不溶于水而易溶于盐之故。

（2）四氯化碳擦洗法

领、袖上陈积的汗渍和污迹用四氯化碳擦洗后，再用洗衣粉溶液加几滴氨水洗涤就可以轻松除去了。

（3）爽身粉去污法

衬衫在洗净晾干后，在领口、袖口洒上少许婴儿用的爽身粉，然后用电熨斗轻轻压一压，接着再洒少许爽身粉，污垢就很容易除去了。

（4）牙膏去污法

将衣服的领口和袖口浸湿后，在污处均匀地涂上一层牙膏，用毛刷轻刷1～2分钟，水漂后再用肥皂搓洗，将会格外干净。

（5）洗洁精去污法

用小刷子蘸洗洁精，刷领口及袖口的污垢处（不用过多，见湿即可），然后把衣服放进洗衣机里洗涤，便可除净污垢。若用手洗也可达到同样效果。

怎样清洗领带

（1）混纺和合成纤维领带

可以水洗。但洗前先在领带里放一层同样形状的硬纸，然后喷上水，用蘸有清洁剂的刷子轻轻刷去污垢，再用清水刷洗。晾晒前，先用干布压在领带上吸取水分，然后晾在阴凉通风处，干燥后，领带内的硬纸才可拿掉。

（2）丝绸领带

不可水洗，可将挥发油倒在干净空瓶内，然后放入领带，再盖紧瓶盖，隔一会儿摇动一下瓶子，20～30分钟后，取出领带即可干净如新。

怎样洗涤毛料服装

（1）茶水清洗法

在盆里放入50克茶叶，用60℃的热水冲开，待水温降至15℃时，将茶叶用纱布滤掉，将毛料衣服浸入茶汁，不断翻动、抖涮，使之完全浸透。放置半小时，用手揉搓一下，尤其是领口、袖口处可用毛刷刷一下。待洗净污垢后，用清水漂净，不拧水，用衣架挂在通风处阴干，待九成干时即可熨烫。

（2）白醋浸泡法

将衣服放入冷水中浸泡15分钟后捞出，挤去水分，放入中性洗衣粉溶液或毛织物洗涤液中浸泡5～6分钟，然后将衣服铺在平板上，用棕刷轻刷。洗净后用清水漂净，再放入温水中拎洗，捞出后放入浓度为2%的食用白醋溶液中浸泡一下，然后甩干，挂在阴凉通风处晾干。

怎样洗涤毛衣

洗毛衣时，先将毛衣挂在室外，轻轻抽打除去灰尘后，再用温水将毛衣浸透，并用手揉挤一会儿，然后捞出，把水攥干，放入毛织物洗涤溶液中浸泡15分钟。洗时只能用手轻揉，不能用搓板搓洗。洗干净后在温水中摆洗几遍，这样不但可以中和碱性，而且可使毛衣蓬松光亮。毛衣洗后切忌用力拧绞，以防毛衣变形。另外，不要用洗衣机洗毛衣，因为用洗衣机洗毛衣，在洗涤过程中毛衣处于伸拉状态，受力面不均衡，这样毛衣晾干后不复原，容易变形。

在温热的水里加入几滴花露水搅匀后，把刚漂洗干净的色彩鲜艳的毛线编织物放入浸泡10分钟左右，然后放在阴凉通风处晾干，会使衣物的色泽更加鲜艳。

怎样清洗牛仔服

许多牛仔服在清洗时都容易掉色，在第一次洗刷之前，为防其掉色，可把它浸泡在较浓的盐水中，过一个多小时再洗。

如果以后还轻微掉色，那么每次洗刷之前都先在盐水中浸泡，这样才不至于在短期内失掉它原来的颜色。

怎样洗涤毛巾织物

家里的洗脸毛巾用久了，常常

会湿湿黏黏，而且有种怪味，可用盐来搓洗，再用清水冲净，则清洁如新，而且没有异味。

夏天人体出汗多，用过的毛巾汗臭味大，污垢多，时间长了容易发黄，用一般方法难以洗净。可把毛巾抹些肥皂，放入搪瓷杯中稍加挤压，然后用沸水浸泡，盖上杯盖，等30分钟后用清水搓洗干净。晒干，既无臭味，又能使其洁净如新。

在洗毛巾织物之前，可先将织物放入冷水中浸泡30分钟，然后放入50～60℃的皂液中进行洗涤。在皂液中上下拎刷几次后再浸泡5～10分钟，浸时务必使织物没入液面，均匀浸泡。洗时要均匀地搓洗。晾干后，要用手均匀揉搓，再抖动几下，使织物上的绒毛保持松散。

已变得粗糙发硬的毛巾被等毛巾织物，要恢复其柔软感，可放入浓肥皂液（浓度为80%左右）或碱水中煮沸片刻，煮时应使皂液淹没被洗物，然后用温水、清水依次漂洗数次，直到干净为止，最后放在通风处晾干。

蕾丝饰品巧清洗

如果是自己在家清洗蕾丝饰品，只要把蕾丝饰品放在洗衣袋中，用中性清洁剂洗涤就可以了。但较高级的蕾丝产品，或较大件的蕾丝床罩等，建议最好送到洗衣店清洗。蕾丝饰品洗完后要用低温的熨烫斗将花边熨平，只有这样，蕾丝的延展性才会好，才可保持蕾丝的花样不扭曲变形。

人造皮革、起绒合成革服装怎么洗

这类衣物不能干洗，只能水洗。洗涤时，将衣物用温水浸泡后，用软毛刷蘸上洗衣粉，对污染严重部位进行去渍处理，然后用40℃左右的温水加入洗衣粉将衣物进行机洗。洗涤时间不宜过长，一般5分钟即可，用温水漂净后脱水。脱水后用毛巾擦去衣物上残留的水珠，挂在避光通风处阴干。

洗涤兔毛衫法

把兔毛衫放进一个白布袋里，用40℃左右的温水浸泡，然后加入中性的洗涤剂，双手轻轻地揉搓，再用温水漂净。晾得将要干时，从布袋中将兔毛衫取出，垫上白布，用熨斗烫平，然后用尼龙搭扣贴在衣服的表面，轻飘、快速地向上提拉，兔毛衫就会变得质地丰满，并且柔软如新。

洗涤真丝产品

织锦缎、花软缎、天香绢、金香结、古香缎、金丝绒等不适合洗涤，漳绒、乔其纱、立绒等适合干洗，有些真丝产品可以水洗，但应用高级皂片或中性皂和高级合成洗涤剂来进行洗涤。清洗时，如果能在水中加一点点食醋，洗净的衣物将会更加色彩鲜亮。

具体的水洗方法是：先用热水把皂液溶化，等热水冷却后把衣服全部浸泡其中，然后轻轻地搓洗，洗后再用清水漂净，不能拧绞，应该用双手合压织物，挤掉多余水分。因为桑蚕丝耐日光差，所以晾晒时要把衣服的反面朝外，放在阴凉的地方，晾至八成干的时候取下来熨烫，可以保持衣物的光泽不变，而且耐穿，但熨烫时不要喷水，以避免造成水渍痕，影响衣物的美观。

洗涤棉衣

先在太阳下晒2～3小时，然后用棍子抽打棉衣，把灰尘从衣内抽打出来，再把灰刷掉，用开水冲一盆碱水（或肥皂水），待水温热时，将棉衣铺在桌面（或木板）上，用刷子蘸着碱水或肥皂水刷一遍，脏的地方可以刷重一些。待全部刷遍，拿一块干净布，蘸着清水擦拭衣服，擦去碱水或脏东西。把蘸脏的水换掉，直擦得衣服面上干净了为止，再将衣服挂起来，晾干后熨平就可以了。如果希望棉花松软一些，可轻轻地用小棍子抽打棉衣。

巧防白衣发黄

白色衬衣经过多次穿用、洗涤，容易发黄，如果经常用淘米水来浸洗，就不易发黄了。衣服洗净后，再放入滴有蓝墨水的清水中漂洗，对防止白衣发黄也很有效。

印花织物洗涤法

洗涤印花织物要用冷水或微温水，切忌用沸水，不要用纯碱性的洗衣粉溶液，也不要将印花织物泡在肥皂液里过夜，否则会剥蚀印花的光泽，影响织物的牢度。可以在水中加适量食盐浸泡，织物洗涤后会不易褪色。

清洗亚麻衣物

亚麻衣物在生产中一般都采用了防缩、柔软、抗皱等工艺，但如果洗涤方法不恰当，也会造成变旧、褪色、褶皱等缺陷，影响美观。因此，必须掌握正确的方法进行洗涤。应选择在40℃左右的水中，用不含氯漂成分的低碱性或中性洗涤剂进行洗涤；洗涤时要避免用力揉搓，尤其不能用硬刷刷洗；洗涤后，不可以拧干，但可用脱水机甩干，然后用手弄平后再挂晾。一般情况下，可不用再熨烫了，但有时经过熨烫效果会更好。

西装的洗涤方法

◆太脏的西装不宜干洗。洗涤前，应先将其浸泡于冷水中，约20分钟后，用双手挤出衣服中的水分，放入水温在40℃左右的中性洗衣粉液（每件1汤匙）或皂液中，浸泡10分钟，切忌用热水（或碱性较强的肥皂水）浸泡。

◆带水将衣服捞出，在刷洗时要注意做到“三平一匀”，即衣服铺平、洗衣板平、洗刷走平和用力均匀。

◆需要洗刷的重点部位包括：上衣的翻领、前襟、口袋、袖口、下摆和两肩；西裤的裤脚、前后裤片、裤袋和裤腰。

◆衣服刷洗后，仍在洗涤液中拎洗几次，然后把洗涤液挤掉，加白醋（25克）到温水中洗净，然后用冷水漂洗。把各部位拉直理平，挂在阴凉通风之处晾干，切忌用火烤或在日光下暴晒。

毛巾被的洗涤方法

如果是手洗毛巾被，用搓板来搓洗是最忌讳的。加适量洗衣粉后轻轻地揉搓是最好的办法。若选用洗衣机来清洗，则要开慢速挡且水要多加，尽最大的努力来减少毛巾被在洗衣桶里的摩擦。清洗完后，用手将水轻轻挤出或者洗衣机甩干时，不要用力拧绞或脱水，切记不要放在烈日下暴晒。

洗衣不掉色的妙法

有色衣料会掉色，这和染料性质、印染技术有关。如一般染料大多容易在水里（尤其是在肥皂水、热水和碱水里）溶化。潮湿状态下染料也易受阳光作用褪色。染料和纤维纹路结合得不够坚固的，洗涤时也易褪色。

为使衣料不掉颜色，一是洗得勤洗得轻；二是用肥皂水和碱水洗的话，必须在水里放些盐（一桶水一小匙）；三是洗后要马上用清水漂洗干净，不要使肥皂或碱久浸或残留衣料中；四是不要在阳光下暴晒，应放在阴凉通风处晾干。

如何洗涤保暖内衣

◆保暖内衣不可干洗，最理想的方法是手洗，而且水温不得超过40℃，最好控制在30℃左右。

◆洗涤剂须选用中性，不能用含有增白剂的肥皂或洗涤剂，洗涤剂要适量，过多的洗涤剂会给面料带来负担，从而影响保暖内衣的质地；而且洗涤剂不能直接滴于保暖内衣上，应先将洗涤剂溶于30℃～40℃的温水中，待完全溶解后方可放入衣物。

◆将洗净后的保暖内衣平摊于阴凉通风处晾晒，切忌在烈日下暴晒，如果要悬挂，最好将衣袖也搭在衣架上，防止变形。

衣领净洗衣6窍门

衣领净是衣领处理剂，洗衣时一般不能单独使用，要与洗衣粉等配合进行使用。

应当在洗衣前衣物干爽时使用，不能浸水。把衣领净均匀喷在衣领、袖口和衣物其他地方的污渍和油渍上，一定要让有污渍的地方都喷上。

喷过衣领净的衣物不能立即洗涤，一定要放上几分钟，这是为了让衣领净与污渍、油渍充分地混合。如果污渍过于严重，则可在说明书上的时间后适当延长1～2分钟。

然后用半盆清水，倒入衣领净少许，再将涂有衣领净的衣物浸入，数分钟后轻轻揉洗便可漂洗，晾干。

使用衣领净前，一定要仔细阅读产品说明，严格按照说明的要求操作，如每种不同品牌对手洗、机洗或衣物放置时间等都有不同规定。

由于每种衣物的质地、用料不同，有的衣物使用衣领净时可能会出现褪色的现象，消费者在第一次使用衣领净时，最好先在衣服的里层或一角试一下，若不褪色才可放心使用。

巧洗帽子的窍门

◆细毡帽上的污迹可用氨水加等量酒精的混合剂擦洗。先配好这种混合剂，用一块绸布蘸取这种混合液，然后再擦洗。注意不能把帽子弄得太湿，否则容易走形。

◆针织品帽洗后最好往帽子里塞满揉皱的纸和布团，然后再晾干，就不会变形了。

◆皮帽可用葱头切片擦净。

◆皮毛帽用布蘸取汽油顺毛擦拭，洗涤效果也不错。

怎样洗涤白袜子

在热水中放入2片柠檬，再把袜子浸10～15分钟，然后再洗，即可使其洁白如初。

将白袜子放入溶有少量小苏打的水中，浸泡5分钟后再洗，则洗出的袜子将会洁白柔软。

怎样洗涤布鞋

布鞋鞋面弄脏了，最好干刷，若刷不干净时，可用稀肥皂水洗刷鞋面，洗刷时尽量不要将鞋底弄湿，洗后应尽快晒干。

布鞋鞋面上如发现霉迹，应先刷去霉迹，或擦上少量的白酒再刷，然后再置于阴凉处阴干，此时切勿日晒，否则霉迹难除。在清洗浅色布鞋时，宜使用含有氨的洗涤剂，以废牙刷蘸着洗涤液刷洗，即可刷干净。

巧洗汗衫、背心

每次洗涤前，先在3%～5%的盐水中揉洗一下，然后再用肥皂洗涤。洗时以双手顺着衣物的直纹揉洗为好，切忌用搓板猛搓。

洗汗衫、背心忌用热水，以免使汗液里的蛋白质呈凝固状，凝固附着在衣物上不易洗净。

晾晒时要将衣物自然垂直晾晒，忌横着晾晒，也不要将两袖一字形的紧绷在竹竿上，以防衣物走形。

呢绒大衣除尘妙法

将呢绒大衣平铺在桌上，把一条较厚的毛巾浸泡在40℃左右的温水中，浸透后不要拧得太干，放在呢绒大衣上，用手或细棍弹性拍打。这样呢绒大衣内的脏土就会跑到热毛巾上，然后洗涤毛巾，这样反复几次即可。如果衣服上有折痕可以熨烫，但要注意，一定要顺毛熨烫，最后将干净的衣服挂在通风处吹干。

洗涤毛毯

纯毛毯大多是羊毛制品，因此耐碱性较差，在洗涤时，就要选用皂片或中性的洗衣粉：先将毛毯在冷水中浸泡1小时左右，再在清水中提洗1～2次，挤出水分后，把毛毯泡入配制好的40℃左右的洗涤液中（两条毛毯加入50克洗衣粉）上下拎涮。

对于较脏的边角，可用蘸了洗涤液的小毛刷轻轻刷洗，拎涮过后，先在温水中浸洗3次，再用清水进行多次冲洗，直至没有了泡沫。洗净后的毛毯还应放入醋酸溶液（浓度为0.2%）或食醋溶液（30%）中浸泡2～3分钟，这样，残存的皂碱液即可被中和掉，而毛毯原有的光泽也能得以保持。

衣服颜色保鲜法

有些衣服在洗过多次之后，就不再有鲜艳的颜色了。这是因为，洗衣服的水中含有的钙和肥皂接触后，生成了一种不易溶解的油酸钙，这种物质附着在衣服上，就会使衣服鲜艳的光泽失去。最后一次漂洗时，在水中滴入几滴醋，就能把油酸钙溶解掉，从而保持了衣服原有的色彩。

雨伞的清洗方法

◆用蘸有酒精的小软刷来刷洗伞面，然后用清水再刷洗一遍，这样伞面就能被刷洗干净了。

◆将伞张开后晾干，用干刷子把伞上的泥污刷掉，然后用蘸有温洗衣粉溶液的软刷来刷洗，最后用清水冲洗。如没洗刷干净，还可用醋水溶液（1∶1）洗刷。

除衣物上的血斑

较好的染色丝毛织品的服装如果沾上血迹，可以用淀粉加水熬成糨糊涂抹在血斑上，等其干燥。待全干后，将淀粉刮下，先用肥皂水洗上一遍，再用清水漂洗一遍，最后再甩水。用1升水兑醋15毫升制成的醋液进行清洗，效果也很好。去除白色织物上面的血迹，可把织物浸入浓度为3%的醋液里，放置12小时，然后再用清水漂洗一遍，效果也不错。

晾晒衣的技巧

（1）晒衣防皱法

衣服在洗衣机里脱完水后，宜马上取出晒干，因为衣服在脱水机中放置时间过长，容易褪色和起皱。

其次，将衣服从脱水机中取出后，要马上甩动几下，防止起皱。

另外，衬衫、罩衫、床单等晾干之后，好好拉展轻拍，也有助于防止起皱。

（2）化纤衣服晒干法

化纤衣服洗毕可直接挂于衣架上，让其自然脱水阴干。这样，既不起皱，又显得干净。

（3）晒衣服须避免阳光直射

正确晾晒衣服，可使衣服穿用长久。尤其是许多像毛、绸、尼龙等衣服，经阳光照晒后，往往颜色变黄。故这类衣服应阴干。凡是白毛织物，以阴干最合适。一般晒衣服选通风阴凉处比日光处为好。

（4）毛衣晒干法

毛衣洗毕脱水后，可放置于网或帘子上平展整形，待稍微干燥，便挂吊在衣架上选一个通风凉阴处晾干。

另外，细毛衣晾晒前，先在衣架上卷上一层毛巾，可防止变形。

酒精可除汗斑

人的身体表面不断蒸发水分，盛夏季节更易汗流浃背。当穿上崭新的汗衫或是雪白的衬衣，颈部及腋窝处的汗水会把衣服染成黄色，如果不及时清洗，黄色汗迹越来越多，极难除去。

用酒精去汗斑方法是：将黄色汗迹处浸泡于酒精中30～60分钟，取出擦肥皂，揉搓，清水漂洗即可。

巧除黄金饰品污垢

（1）毛刷刷洗法

当黄金饰品落有灰尘，可用柔软的毛刷蘸热水轻轻刷洗。

（2）酒精擦拭法

黄金饰品上的污垢，可用医用棉球蘸无水酒精或肥皂水擦拭。

（3）碳酸氢钠清洗法

在100克热水中，加入15克漂白粉、15克碳酸氢钠和3克食盐。然后用热水加碳酸氢钠溶液（100克水加1茶匙碳酸氢钠）清洗即可。

（4）金项链氨水去污法

先将金项链放入可密封的容器中，然后加入适量的水，再加入少许氨水，将容器密封，用手用力晃荡，然后将项链取出擦干，即可。

（5）显影粉去污法

将一包洗照片用的显影粉倒入30～40℃的温水中，搅拌均匀，将因污渍而失去光泽的黄金饰品放入，浸泡5～6分钟后，用软毛刷刷去污渍，再用清水漂洗几遍，即可恢复光泽。如再用细呢子蘸指甲油擦拭，将会金光灿灿。

（6）金戒指小苏打去污法

金戒指的污垢，可用柔软的布蘸少许小苏打小心擦拭，不仅污渍易去，而且可使金戒指光亮如新。

衣服互染后如何恢复

夏天大家都爱穿五颜六色的衣服，在洗涤时应将棉麻白色衣物与带色的丝织衣物分开，否则混合洗后棉麻白色衣物会染上丝织衣物的颜色。一旦颜色互染，可先将被染的衣物放在盆中，用清水泡一泡，把水倒掉后用刚煮开的肥皂水、碱水直接倒入盆中，泡10分钟左右，再用手轻轻揉一揉，即可恢复原色。

怎样清除服装上的絮状物

某些衣服晾干后爱沾上一些絮状物，抖也抖不掉，擦也擦不掉，这样穿起来很不雅观，有没有一个方法可以去除这些衣服上的杂物呢？您可以用一块海绵浸过水后再拧干，在沾满絮状杂物的衣服上轻轻擦拭，衣物表面的杂物就可以轻松除去了。

怎样晾晒被褥

晾晒被褥，可以蒸发掉纤维中的水分，使纤维空芯中充满新空气，恢复弹力，同时，阳光的直接照射还可以杀菌。

被褥最好两面都晒。由于阳光射进被褥的深度有限，所以两面翻晒的效果最佳。

被里最好是布的，既结实又吸潮。晒被褥最好的时间是上午 10 点到下午 2 点之间，这时的阳光最强烈。早晨地上的潮气未干，傍晚日落后潮气回升，都不利于晒被。

也可以把被褥晾晒在房间里。把被褥搭在椅子上，晾在房间里有太阳光照射的地方，让水分自然蒸发掉。

睡衣的洗涤方法

最理想的洗涤方法是用温水及中性洗涤剂以轻按的方式手洗。应先将洗涤剂放入 30～40℃的温水中，待洗涤剂完全溶解后，才能放入衣物。洗涤剂不能直接沾于睡衣上，以避免造成颜色不均匀。千万不要使用漂白剂，含氯漂白剂会损害质料并使睡衣变黄。用手洗净后在阴凉处晾干，日晒易使睡衣变质、变黄，令其寿命缩短。

帆布包应如何洗涤

棉织帆布包洗涤易褪色，请不要使用含有漂白或荧光的洗涤用品。

如果不是有油污等顽固污渍请尽可能减少洗涤用品的用量。

用冷水浸泡洗涤，不可暴晒，建议阴干。

皮革处可用皮膏擦拭，避免折压，以免变形。

初次洗涤时可在清水中先加点食盐或白醋，再将包浸入约 30 分钟，可以防褪色。

服装洗涤巧防皱

（1）搓洗防皱

一般衣服无特殊污渍可整体轻柔搓洗或拎洗（特别是轻薄服装）。有特殊的污渍，可在污渍处蘸上洗涤剂轻轻揉搓，或用衣刷敲打，使污渍与纤维分离，揉搓敲打要勤蘸洗涤液，不可用力过大或干搓；对组织结构紧密、污渍多的衣物要用衣刷刷洗，刷洗时，要将衣服浸透平铺在洗衣板上，用刷子蘸上洗涤夜刷洗，刷子运动平稳，要顺布纹方向刷洗。

（2）脱水防皱

衣服洗好脱水前，先按平时折叠方法将衣服折好平放在脱水桶里，一些轻薄或带饰物服装最好翻面或用洗衣袋装好进行脱水。

（3）晾晒防皱

衣服脱干水后要及时取出抖开，晾衣服的时候还要整理好衣领、托肩、下摆。

四、衣物熨烫补

衣物熨烫的温度

纤维织物耐热性差，温度达到 80℃时，纤维强力降低，因此只宜干烫。

涤纶、锦纶、腈纶和人造纤维的中厚织物，熨烫温度在 140 ~ 150℃比较合适；熨烫同类浅色薄型织物时，温度在 130℃左右；丙纶织物不超过 100℃；氯纶织物不超过 70℃，压力不要太大，熨斗要不停地移动。

衣物熨焦怎么处理

如果熨斗表面温度过高，稍长时间接触衣物表面，容易形成衣物焦痕，严重的甚至引发大火，所以烫衣服时要特别注意，避免使衣物熨焦，一旦出现焦痕，可采取以下应对措施：

绸料衣服上的焦痕，可以取适量苏打粉掺水拌成糊状，涂在焦痕处，自然干燥，焦痕可随苏打粉的脱离而消除。

化纤织物熨黄后，要立即垫上湿毛巾再熨烫一下，较轻的可恢复原状。

棉织物熨黄时，可以马上撒些细盐，然后用手轻轻揉搓，在阳光下晒一会，再用清水洗净，焦痕即可减轻，甚至完全消失。

先将熨焦的衣料用水浸透，然后晾至半干时，将电熨斗通电并朝上放置，在上面放几粒砂糖，待糖溶化后即断电，然后用干布轻拭一下电熨斗的底面，趁热熨烫焦痕处，反复几次，焦痕便可消失。

毛料西裤巧熨烫

毛料西裤由于磨损，膝盖及臀部易起包发亮。如将裤子用水浸湿，在鼓包及发亮处喷些白醋，再用刷子轻轻刷一刷，使其均匀。放 10～15 分钟后，用熨斗垫布熨一遍，熨平后鼓包即可消失，发亮的地方也不再发亮，裤子又可恢复笔挺匀称。

毛衣熨烫的窍门

（1）熨斗和温度的选择

熨烫毛衣毛裤最好用大功率蒸汽熨斗。当用调温熨斗熨烫毛衣裤时，必须在毛衣裤上垫块湿布，湿布的含水量在 100%～110%，熨斗温度应控制在 230～250℃，当湿布烫到含水量 10%～20% 即可，不宜烫得太干。

（2）熨烫毛衣的顺序

有翻领的要先熨烫翻领，再熨袖子，再把两袖叠在一起，熨成宽窄、长度相等，每个袖子的两侧都要烫到。最后熨前后身。折叠时将领子、胸部叠露在外，呈长方形。

(3) 熨烫毛裤的顺序

先烫前后裤腰，然后将两条裤腿叠在一起熨烫，宽窄、长度要相等。每条裤腿的两侧都要烫到，不要遗漏。烫完后叠成四折，呈长方形。

围巾熨烫方法

◆腈纶厚绒围巾晾至九成干，平铺在木板上，将湿润白纱布平盖在围巾上，将电熨斗温度调至中温，然后平压，均匀用力烫平即可。

◆羊毛围巾晾干后平铺在木板上，均匀地喷上水雾，再平盖上湿润的白纱布，把电熨斗温度调至中温，然后根据经纬走向按顺序烫平即可，切忌斜线走向以致围巾变形。

◆丝织围巾平铺在木板上，用略湿润的白纱布平盖其上，再用手拍齐，把电熨斗温度调至中低温，熨烫时须轻盈明快，以防水渍印和烫痕，熨至平整即可。

熨烫毛涤衣物小窍门

在熨烫毛涤衣服时，常发生变色、枯焦、发光的现象，怎样熨烫才能防止上述现象呢？

熨烫毛涤衣服的温度一般在120～140℃为宜，即在熨斗上洒一滴水，水如不外溅，说明温度适宜。有时温度掌握不准，可以先试熨一下。

先取一块衣料边角试熨，如无变色和焦味则说明熨斗的温度适宜。熨烫时，速度不宜过慢，更不宜在某处滞留，为了避免衣服发光，熨烫时要垫一块湿布。

掌握熨烫的水分

熨烫中水分的需求量是存在一定范围的。水分多了，容易出现反弹情况，织物又要回到原来蓬松收缩的状态。水分少了，不但无法达到熨烫的目的，甚至还会将织物烫伤。因此，水分必须适量。此外，还应根据织物品种的不同，选择不同的水分需求量。一般薄织物的用水量偏少，厚织物的用水量偏多。水分的多少还与温度有关，温度低时供水量应小些，温度高时供水量应大些。

不同服装的不同熨烫方法

不同的服装要求不同的熨烫方法。厚衣料或毛呢织物应垫上湿垫布，丝绸织物要熨反面，维纶织物则要干烫，薄一些的面料可边喷水边移动熨斗，但丝绸物例外，因为喷水不均匀会导致局部皱纹。

普通的衣服最好在半干的时候垫上衬布熨烫，而色泽鲜艳的毛织品、涤棉则要掌握好温度，以免烫焦。如果是一些难以服帖的衣料，则可先喷上少许清水，然后用熨斗熨烫，并立即用木块或竹尺等物压牢，这样就不会再有皱纹了。

丝绸衣物熨烫注意事项

◆熨烫时不要用力过猛，熨斗要不断移动位置，不要在一个地方停留时间过久。

◆熨斗不要直接熨烫绸面；要垫布熨烫，或熨烫衣物反面，防止产生极光或烙印水渍，影响美观和洗涤质量。

毛绒类棉质服装熨烫技巧

熨烫时，必须把含水量在80%～90%的湿布盖在衣料的正面，把熨斗温度调至200～230℃，直接在湿布上熨烫，待湿布烫到含水量为10%～20%时，把湿布揭去，然后用毛刷把绒毛刷顺。然后再把熨斗温度降到185～200℃之间，直接在衣料反面熨烫，把衣料烫干。熨烫时要注意熨斗走向要均匀，不能用力过重，以免烫出亮光。

熨烫真皮衣服

真皮服装经水洗后很容易发生变形走样的现象，甚至有时还会出现皱褶，因此清洗后一定要进行定型熨烫。最好是能用熨斗熨烫一下，因为它的气压均衡效果特别好。如果没有，也可以采用蒸汽型喷气熨斗垫布熨烫。对衣服的袖口、袋口、入贴边、袋盖处要重点定型。真皮服装的衬里，无需熨烫。如果有皱褶，则可用吹风机将其吹平。

如何熨褶裥裙

先用一块长约1米、宽23厘米

的木板，裹上几层棉花，两头用细绳扎紧。然后将洗净晾干的褶裥裙套入木板，裙子的腰头放在靠身的左面，下摆放在靠身的右面，再用大头针将腰头固定。木板的两端搭在台子或凳子上均可，使套上裙子的部位悬空。从裙腰开叉处开始，在每个裥子靠边的一端钉上一个大头针。把板面上的褶裥理直后，用湿布覆盖裙裥，然后反复熨烫。烫完后，将大头针拔去，再在大头针部位盖湿布烫几下，此法简便，熨烫的褶裥整齐挺括，效果较好。

巧熨变形裤的窍门

熨烫已变形的裤子时，要先熨裤子的后半部，先用手把裤子的后半部拉直，抻开皱褶后再熨，直至裤子的后半部恢复正常状态。然后再熨裤子的前半部。因前半部的膝盖部已鼓起，如将裤子拉直，前半部会起皱褶。因此，这样的裤子应先从裤子的上部和下部两头熨起。熨烫时，熨斗要先轻轻放在裤子上，熨到最后时，只留下膝盖部这一个“鼓包”，这时不要急于求成，可先让裤子有一些弯度，使膝盖部大鼓包变成小皱褶后，再采取以上办法熨平。然后逐步减小弯曲度再熨平，直至全部恢复原状。

如何熨烫真皮服饰

真皮服装经水洗后很容易发生变形走样的现象，有时甚至还会出现皱褶，因此清洗后一定要进行定型熨烫。最好是能用人像整烫机熨烫一下，因为它的气压均衡效果特别好。如果没有，也可以采用蒸汽型喷气熨斗垫布熨烫。对衣服的袖口、袋口、贴边、袋盖处要重点定型。真皮服装的衬里，无需熨烫。如果有皱褶，可用吹风机将其吹平。

毛料服装熨焦的斑痕去除法

衣服一旦被熨黄或熨焦，会影响到衣服的质量和美观。这时，可以采用一些补救的措施来去除或减轻黄斑或焦痕。

◆白矾溶于开水后晾温，用刷子刷在熨焦的部位，然后放在阳光下暴晒，就能减轻焦痕。

◆对于轻度熨焦的部位，先刷洗，使其露出纱底，再用针尖在无绒毛处挑起新的绒毛，然后垫上湿布，用熨斗顺着织物上绒毛的倒向熨烫几次即可复原。

◆粗纺厚呢料熨焦后，可以用优质的细目砂纸进行轻轻的摩擦，然后再用旧牙刷轻刷，使其重新出现新的绒毛，然后再垫上湿布，顺着呢料绒毛的原来倒向熨烫，可消除焦痕。

熨烫衬衫的要领

先喷湿，再用手指将袖口、领口等处的缝线处捋直，并将衣服上下拉扯展平，使衣服顺着布纹及缝线保持样式。从衬衫的领口、袖口等处的里面开始熨烫，再由外面、里层反复熨烫两次，直至烫平为止。利用左手将扣子周围等细小部分拉平，用熨斗的前端顺着这个方向烫平。

怎样去除衣服亮印

在熨衣服的时候，一旦控制不好熨斗的温度，往往容易在衣物的表面形成一个鲜明的亮斑，可以参考下面方法来去除。

在熨烫衣服的时候，衣服一旦出现亮光，应立刻向衣服上喷些雾状水花，然后将衣服叠好，过十几分钟打开，亮光即可消失。

用一块较湿的布盖在亮光处，再用熨斗熨（不要熨干），亮光也会消失。

中山装的熨烫方法

要根据中山装的面料和衬里纤维的种类分别调整熨烫温度。

（1）衬里

选用合适的熨烫温度，把中山装的前后身衬里、袖里烫平，内袋口要重点烫平整。

（2）贴边

把左右前襟的内贴边烫平，并

要用手拉直，衣角扶正。

（3）领子

领子先烫反面，烫后趁热把领角放正，再用熨斗直接烫领背，烫平即可。

（4）衣袖

把衣袖套入袖骨转动熨烫，烫后再将袖后熨烫，使衣袖成前圆后死形。注意不要烫出扣印。

（5）衣身

将衣服打开平展在烫案上熨烫，熨烫用力要均匀，将衣服的前身、后身、侧身部要熨平，不能烫出亮光，尤其对腋下侧身处不能忽略，可套穿板熨烫。折叠存放的中山装此处最易有褶，要重点熨烫。

（6）肩头

左右胸肩及左右肩背都要套到穿板头上熨烫。把袖与胸接缝处拉平，然后用袖骨圆头端或棉馒头撑起肩头熨烫，要烫出立体效果来。

怎样熨衣物花边

衣服上的花边应在熨前先浆好，再用熨斗尖部来熨，注意温度不可过高。用合成纤维布料制作的花边，尤怕熨斗过热。

薄花边一定要从反面熨；透花刺绣从反面熨时要铺上水布；麻及棉织品从反面熨后应再从正面熨一次，以保持衣料原有光泽。

在熨带有凸花纹的毛衣等编织衣物时，必须先垫上软物，铺上水布再熨。操作时要顺纹熨，不可用力压。

呢绒大衣的熨烫技巧

毛呢大衣穿着时容易粘灰，在熨烫之前先进行简易的除尘法。

将大衣平铺在桌上，把厚毛巾放至40℃的温水中浸透拧干（不宜拧太干），放在呢绒大衣上，用手或细棍进行弹性拍打，使呢绒大衣的灰尘跑到热毛巾中。如此反复几次后即可开始熨烫。

不管呢绒大衣的款式如何，熨烫的方法是大致相同的。

首先取一块温的白棉布，用低温熨烫大衣里子。先从后身开始烫至前身，再烫左右前身及袋布。穿过的大衣，烫时里料不可喷水，防止出现水渍。

开高熨斗温度，盖上湿布，烫领子时反面要烫得干，领底不要露出领面，立绒、长毛绒的领子里后，要用毛刷将绒毛刷立起来。男式翻领领口必须烫实，女式翻领应烫成活型。

在衣袖的熨烫过程中，将小枕头塞入肩袖中，左手托起小枕头，盖上一层湿布熨烫肩袖，使肩头和袖笼达到平挺圆滑。

但男式衣袖的前侧圆滑，后侧扁型，女式衣袖则烫成鼓圆型。

最后，熨烫呢面不平挺之处，用衣架挂在通风处吹干即可。

熨烫羊绒衫

熨烫这类毛衫的时候，要根据毛衫原有的尺寸，准备好尺寸适当的毛衫熨烫模板。使用蒸汽喷雾电熨斗来熨烫的时候，要把调温旋钮调到羊毛熨烫的刻度上。如果用蒸汽熨斗来熨烫，则要升足气压。熨烫程序如下：

◆衣袖：可先用蒸汽熨斗或调温蒸汽喷雾电熨斗接近毛衫衣袖（但不能接触），放强蒸汽，把衣袖润湿。当毛衫的衣袖发生膨胀、伸展时，在毛衫的衣袖里穿入毛衫模板，然后再用熨斗熨烫，当毛衫衣袖扩大熨后，要及时冷却定型。

◆衣身：毛衫水洗后，容易缩水，为避免毛衫在穿入模板的时候被损伤，同样需用上述方法将毛衫的前后身润湿。

◆毛衫的前后身润湿后发生膨胀时，将定型板穿入。

◆用熨斗将毛衫的前后身熨平，并让它及时冷却定型，在用模板给毛衫熨烫定型时，要注意千万不要将毛衫拉伤。

熨烫西服裙

西服裙式样比较多。除了长短变化外，主要的变化在褶上。褶的类型，一般是顺边单褶，也有对褶的，总的来说其熨烫方法也都一样，只不过是褶的多少而已。在使用蒸汽喷雾熨斗来熨烫的时候，要根据面料纤维种类的不同对温度进行相应的调节。用蒸汽熨斗熨烫的时候，要升足气压。在熨裙内腰贴边的时候，要垫布熨烫。

(1) 反烫

把裙子翻过来，对于裙里接缝处要烫开、压死，可用垫布把裙子里的内腰熨平。

(2) 上腰

把裙子的正面套在穿板上或者在案上转动熨平胯部、上腰、腹部、臀上部。

(3) 裙身

从裙身的下口往上，套在穿板上，转动熨烫。

(4) 裙褶

要按照原来的褶痕来熨烫，若没有痕迹，可按原则来作裙褶，从起褶的地方往下摆处熨，使褶的宽度慢慢减小，做到上宽下窄，这样所熨出来的褶就不会散了。

熨领带的方法

领带不论是何种面料，一般都不宜下水洗涤，以免褪色、缩水，失去原来的风采。洗熨领带宜用干洗法。先用软毛刷蘸少量汽油，刷污处，待汽油挥发后，再用洁净的湿毛巾擦几遍。熨烫时，熨斗温度以70℃为佳。毛料领带应喷水，垫白布熨烫；丝绸领带可以明熨，熨烫速度要快，以防止出现“极光”和“黄斑”。

熨烫化纤衣料的技巧

熨烫化纤衣料的台板必须铺垫毯子或厚布，最好趁衣料半干时熨烫，如料子已干了，可在上面均匀喷一些水使其潮湿后再烫。

熨烫时，衣料表面要垫一块湿布，不要使熨斗直接与衣料接触，以免衣料出现光印或遭到损坏。

熨烫时注意熨斗压力不宜太大，要来回移动，否则会将反面的缝迹在衣料表面留下痕迹。假如衣料出现泛黄或与熨斗粘在一起，证明熨斗温度过高了，应立即停烫调节熨斗温度。

五、衣物保养与收纳

怎样保养丝绸衣服

丝绸衣服要勤换洗，脏后切忌搁置。洗涤深色丝绸衣服时可用低温低浓度的洗衣粉溶液，清水漂净；浅色丝绸衣服可用皂片、洗衣粉或优质肥皂，温度掌握在40℃左右。

丝绸衣服不可在洗衣板上搓擦，应双手轻轻揉搓，漂洗后晾在阴凉通风处。熨烫时先均匀喷些水，20分钟后用120℃左右的熨斗直接熨烫。

丝绸衣服最好不要直接贴身穿，避免过多的汗液侵蚀衣服，引起变色、变质或破损。

怎样保养裘皮大衣

裘皮大衣在日常穿着时要防止磨损，久坐对大衣臀部部位的毛皮很不利。裘皮受到长时间的太阳光照射会变色，也不可用香水直接喷洒。外出回家后要轻轻拍打大衣，把灰尘拍下来。即使只穿出去一次，也会积灰。

在刷毛的时候，要顺着毛的方向轻刷，切不可逆方向刷。为了防止产生静电，最好不要用塑胶类刷子。

袖口、领口和下摆等容易弄脏的部位，可以用拧干的湿毛巾轻擦，然后再放在通风的地方晾干。

衬衣巧保养

◆洗衬衣时，深色与浅色、素色与花色衬衣要分盆浸泡和洗涤，以防搭色。

◆手洗时，要顺着纤维方向洗，不用搓板搓或用尼龙刷子刷。

◆甩干时，必须放在其他衣服的上面。

◆衬衣保养的关键在于晾晒和搓洗方式上，晾晒时，最好不用细绳和衣夹，让衫衣沿着丝缕自然垂直，不可横着晾或两袖穿在竿上晾。

◆要经常换洗，免受汗水腐蚀。

◆存放时，不要套塑料袋，因为棉质类料易吸湿和引起霉变。

保存内衣的4个窍门

◆如果抽屉内不铺白纸或专用的薄垫，而把内衣直接放入抽屉，是内衣变色、变黄的主要原因。

◆内衣有些香味非常好。在柜内放些干花、香片、空香水瓶，内衣会染上香味。香味还有防虫、杀菌的功效。

◆腾出特制存放内衣的柜子，专门存放文胸、短裤，这样不仅取拿方便且整齐，还比较卫生干净。

◆内衣收藏前，务必仔细地洗净，并用漂白剂予以漂白，完全晾干后再储藏在衣柜里，即可防止内衣泛黄。

纯白衣服的收藏

◆洗净油渍、污渍、水果渍。其中油渍较难发现，一旦变黄，很难处理，在光线明亮处检查，用洗洁精可完全清除。

◆不能有洗涤剂残留，一定要冲洗干净。

◆无论挂起或折起收藏，都需套上透明塑料袋，外面再套上深色衣服，因为白色衣物会吸收木制衣柜的颜色。

◆忌在口袋中放樟脑丸，樟脑丸也会污染布料；除湿剂放在衣柜内一角落即可。

皮革服装的保养与收藏

皮革过分干燥，容易折裂，受潮后则不牢固，因此皮革服装既要防止过分干燥，又要防湿，不能把皮革服装当雨衣穿着。如果皮衣面上发生了干裂现象，可用石蜡填在缝内，用熨斗烫平。如果衣面发霉，可先刷去霉菌，再涂上皮革揩光浆。

呢绒衣物收藏法

◆将呢绒衣物吊挂在衣柜内，是收藏呢绒衣物最合适的方法。

◆将衣领翻起，并将衣里朝外

叠好，尽量平整地装入衣箱，避免重压。

◆樟脑丸等防虫剂用薄纸裹好后放入衣服内，以免因直接接触衣物而留下污痕。

保养雨衣

为防止损坏防水层，降低其防水性，雨衣淋湿后，一般不宜擦拭和暴晒。最好的方法是用双手提起衣领，将水珠抖去，放到通风阴凉处慢慢晾干。洗涤雨衣时，可把它浸泡入30℃以下的中性洗涤剂溶液中约10分钟，然后把它平铺在搓衣板上，轻轻刷洗。注意洗涤液不宜温度过高，碱性大的洗涤剂和汽油、酒精等有机溶剂也不宜使用。洗净后应放到通风阴凉处晾干。

保养西服

首先，最好能有两三套西装交换着穿，如果一件西装连续穿多日，容易加速西装变旧和老化。其次，如果西服口袋里填满东西又吊挂，衣服易变形。所以要及时清除口袋里的物品，西服一换下，口袋里的物品也要立即掏出。再次，灰尘是西服最大的敌人之一，西服经穿着后一定会弄脏，这就会使西服的色彩混浊，失去原有的清新感，所以须经常用刷子轻轻刷去表面的灰尘。最后，久穿或久放在衣柜里的西服，如果挂在充满蒸汽的浴室里，过一会儿皱褶就会自动消失。

领带的保养

◆洗涤不宜太过频繁，防止褪色。

◆佩戴领带时手指一定要洁净。

◆换下的领带，可以拦腰挂在衣架中，以保持它的平整。

◆为防丝质泛黄走色，领带不能在阳光下暴晒。

◆领带收藏时，最好先熨烫一次，以达到防霉防蛀、杀虫灭菌的目的。

◆存放领带时要干燥，不要放樟脑丸。

衣物的收藏方法

（1）分类摆放

存放衣服时，要注意衣物在衣箱或衣柜里摆放的顺序，最好把面料性质不同的衣服分开放置。纤维大多怕潮，应放在上层；最下层可放些较耐潮湿的丝织品；毛衣可放在中间部位；湿气最少的上层应放上绢类等容易发霉的衣物。

（2）防止污染

箱里要用牛皮纸或白纸垫好，也要将缝隙堵严，以防污染。

（3）减少空气

衣箱要装满，并且尽量少开，以减少箱里的空气，避免衣物氧化和返潮。

（4）由浅到深

将浅色衣物放在上层，深色衣物则放在下层。

麻制衣物的保养

麻制服装穿一天后就应脱下挂起，衣物的自身重力会使其变得平整。洗过的麻制衣物不可用力绞干，而应用手挤压后直接挂起晾干，悬挂后可用力拉平，但不能长时间暴晒。有褶皱的麻制衣物可以悬挂起来，使褶皱自然退去。

丝织衣物的保养

丝织衣物的品质不容易受到干洗溶剂的影响，因此干洗是保养丝织衣物最安全有效的方法。丝织品在湿润时很容易破损，所以不能以搓揉的方式洗涤去污，只需轻轻擦拭污渍部分即可。丝织品经暴晒容易发生不同程度的褪色现象，因此，洗涤后应放在通风处阴干。

羊毛衫的保养

穿羊毛衫时，不要生拉硬套，穿了一段时间要脱下来放几天，以消除一下“疲劳”，使其保持弹性。羊毛衫初穿时，容易起小球，这是由于羊毛纤维经摩擦和卷曲造成的，穿一段时间自然会磨去。千万不要把小球扯掉，否则羊毛纤维会被拉出。

羊毛衫不宜贴身穿，因为汗渍、油脂会吸附在羊毛衫上，从而引起虫蛀和霉变。

毛料衣服收藏的窍门

◆毛料服装收藏前一定要洗涤干净，晾干晾透后再收藏，不给微生物以滋生的环境。晾晒时，衣服里子要朝外，放在通风阴凉处晾干，避免暴晒，待晾透后再收藏。

◆毛料服装应在衣柜内用衣架悬挂存放，特别是长毛绒服装更怕重压。无悬挂条件的，要用布包好放在衣箱的上层。存放毛料服装，都要反面朝外，一是可以防止风化褪色，二是对防潮防虫蛀更为有利。

◆毛料服装应注意换季期的保养，特别春夏之际要防蛀虫和防霉。且应通过晾晒（一般3～4小时，盛夏1～2小时）去潮，不可暴晒。

◆毛料服装在梅雨季节晾干后最好放入塑料袋中，加少量樟脑丸，密闭扎实袋口。

◆平时穿用的毛料服装，挂放在衣橱中较易忽略防虫。应不时对衣橱进行清理、扫除，特别是清除蛀虫成虫，然后在衣橱各个角落放上一包花椒。另备许多小包的萘粉、萘丸，置于换下来的毛织品衣裤口袋里，用塑料纸套把衣裤套上挂在衣橱架上，这样可以有效地预防虫蛀。

旅游鞋如何保养

◆不能当雨鞋穿，更不能在高温车间当工鞋或球鞋穿着。

◆旅游鞋中间低，发泡弹性体污渍可以用温布揩净，切忌放入水中用刷子带水洗刷，以免鞋底与低发泡层脱胶。

◆全猪绒面革旅游鞋，可用鹿皮粉或软刷子刷灰；全猪正面革的旅游鞋，可用鞋油擦刷，保持鞋面常新。

◆旅游鞋不宜涂鞋油。真皮旅游鞋以牛、羊等天然皮革的正面软革为面料，这类皮革的最大特点是表层涂饰层极薄，可保持皮革的毛孔畅通，利于穿用时透气而排汗。而鞋油一般多用蜡质作固着物，蜡质具有很强的填充性，如果在旅游鞋面涂鞋油，就会使鞋油里面的蜡质成分填阻了皮革的毛孔，在皮鞋表面形成一道阻碍透气的屏障，从穿着者尤其是运动量大的青少年的健康角度讲，这是不科学的做法。所以，不能为保护旅游鞋而习惯性地往鞋上涂拭鞋油。

◆在穿着时鞋面要放松一点，以免造成鞋口断裂。此外在选购时鞋码要比别的鞋大半码。

衣服防褪色方法

(1) 反晒法

晾衣服时，把衣服反过来，衣里朝阳，衣表背阴。

(2) 加剂法

人造纤维衣服洗涤时，可在水中加一些食盐；洗高级的衣料，可以在水里加少量的明矾，这些都可以避免或减少衣服褪色。

(3) 酸洗法

洗涤有色布料衣服时，在洗涤剂中加1~2匙食醋，也能防止衣服褪色。

化纤织物不宜暴晒

各种化纤织物的耐光性能是有差别的，腈纶的耐光性能最好，对日光与气候作用的抵抗能力比羊毛高1倍，比棉花高10倍。

但纤维经暴晒后易变色泛黄。涤纶、维纶的耐光性虽好，但由于它们一般都经过消光剂处理了，在日光的作用下，会加速纤维的光化裂解，影响织物的牢固度。

锦纶、丙纶和人造纤维的耐光性能都较差，尤其是丙纶，在日光暴晒下，纤维易老化损伤。

皮鞋收藏法

沾上水的皮鞋不可暴晒、火烤或在暖气片上烘干，只宜晾干，然后擦净，均匀地涂抹两遍鞋油，褶皱处多涂些，用软毛刷打光，最后用鞋撑或废纸、碎布塞进鞋里，放几粒樟脑丸，把皮鞋用旧布或废纸包起来，置干净、阴凉、通风处保存。

羽绒服储存法

羽绒服洗净晾晒干后，应吊挂或平展地放入干燥洁净的柜橱内，另用小布袋装上樟脑丸放在衣柜底部，以防虫蛀。金属电镀纽扣上可涂一层蜡，拉上拉链，并经常取出晾晒。

收藏毛线衣物

由于毛线衣物容易生虫蛀，因此要及时收藏起来。在收藏前，要先用温水浸透，然后将其放在洗衣粉低温水溶液中浸泡15分钟左右，用手轻轻揉洗干净，切记不可搓洗。冲洗干净后，将水分拧干（不要太用力拧），将其放在桌面上用力压干，挂在通风阴凉处晾干即可收藏。

保养黑色毛织物

黑色的毛线、呢绒等纯毛织物穿过一段时间后，颜色就会显得污秽不堪，失去原来的光泽。要想使它光洁如新，可以用1000克菠菜煮成一锅水，再用此水将洗净的衣物刷洗一遍即可。

衣物收藏如何防虫

选择适当的防虫剂。无论哪一类的防虫剂都要放置于衣物上方。因为防虫剂的气体比空气重，这样可以使空气向下流动。

将玻璃纸包装的防虫剂的袋角切开。切开的方法有好几种，可切开一个角、两个角或三个角等。由于切开方法不同，所以它的消耗量也不同。

有味道的防虫剂不能混合使用。

衣物收藏防潮有绝招

防水剂可以防水，也有防污效果，因此使用喷雾防水剂可以用来给衣物防潮。使用喷雾防水剂有技巧，要在衣物新买来或者洗涤干燥后喷射。如果衣物出现皱纹，喷雾时会不均匀，因此要把衣物拉平后再喷。喷射喷雾剂时要注意房间的空气畅通，不能关闭门窗。

皮鞋的护理方法

◆皮鞋最好隔天穿用，能避免由于撑开的弧度及褶皱无法恢复而引起的变形。

◆汗水会使皮鞋里产生湿气，而潮湿的环境很容易滋生细菌。所以回到家里之后，应将穿了一整天的皮鞋放于通风阴凉处吹吹风，以防细菌滋生。

◆平常可用软毛或鞋布擦去皮鞋表面的灰尘，用尖头刷子去除鞋身与鞋跟间缝隙部分的尘垢。为防止皮鞋变形，最好放入鞋撑，如没有鞋撑，也可放入旧报纸或者其他代替物。

◆要使其保持表面光亮润泽，应尽量避免用液体鞋油来擦鞋，可以定期地使用同色系列的鞋油来擦拭皮鞋。

◆上鞋油时，注意要将鞋油涂在鞋布上后，再进行擦拭。

◆若皮鞋表面被打湿，应用干

布吸去水分，然后待其自然风干。

◆清洁皮鞋时要采用不同的护理方法和护理用品。

翻毛皮鞋如何收藏

在收藏以前，先用一块湿布把鞋擦干净，然后再将其放在通风、阴凉处。待皮鞋快干的时候，再蘸些毛粉用硬毛鞋刷刷上，擦一擦鞋面，这样，毛便会蓬松起来，再放在有风处吹吹，翻毛很快就会恢复原状，然后再用纸将其包好，装箱保存即可。

收藏皮凉鞋

首先要做好皮凉鞋鞋底、鞋面的保养工作，一般不能用湿布来擦，更不能放入水中浸洗。否则鞋面上的色光浆容易被擦去而影响美观。各种光面革的凉鞋，要想它始终保持光亮色泽，可先用普通的白色橡皮轻轻擦拭鞋面，然后再用干净软布将橡皮屑擦掉，再擦上白鞋油，待略干后再用鞋刷反复轻刷，最后用软布擦拭干净即可。红色或棕色皮鞋，可在鞋上涂些柠檬汁，再用鞋油擦。

其次还要为仿皮凉鞋或皮凉鞋底去污。皮凉鞋鞋底要用干刷子刷，橡胶底或仿皮底则用刷子蘸水洗净。

在收藏皮凉鞋时，为防止霉变，应晾干鞋内的汗水潮气，并塞些布在鞋内，以免鞋面松塌，然后将其放在鞋盒内。

提高丝袜寿命的窍门

把新买来的丝袜放在水里浸透后，放进电冰箱的冷冻室内，待丝袜冰冻后取出，让丝袜自然融化晾干，这样穿着时就不易脱丝。已经穿过的旧丝袜，可将少许醋放入温水中混合，将洗净的丝袜放在混合液中浸泡片刻后取出晾干，这样可使丝袜更耐穿，同时还能去除袜子异味。

四季怎样收藏衣物

（1）春季收藏衣物的方法

春季天气暖和，灰尘多，穿过的衣物要先拍去灰尘，洗净后，挂于通风处晾干。要用衣套或塑料袋套住衣物，以免沾染灰尘。

（2）夏季收藏衣物的方法

夏季气候炎热出汗多，衣物要勤洗勤晒。对要收藏的衣物只要洗净、晒干、烫好即可，不必做特殊处理。收藏时，装入塑料袋中保存，可防潮气。

（3）秋季收藏衣物的方法

秋季湿气重，衣服最易发霉受损。穿过的衣物要挂在通风处，洗净后晾晒干燥，再进行收藏。最关键的是应始终保持衣柜的干燥，在梅雨季节，可在衣柜里装一只小灯泡除湿气。

（4）冬季收藏衣物的方法

冬衣厚且多，冬日阳光又不足，故应选择晴天将衣物洗晒后再收藏。冬天房间潮湿，衣物容易发霉，可将生石灰用布包好，放入衣柜，以防霉湿。

怎样收藏棉絮

两年以内的新棉絮（包括纯棉棉絮和化学纤维棉絮）在收藏前，切忌在强烈的阳光下暴晒，因为暴晒会使棉絮过度膨胀，从而出现不同程度的变形，影响棉絮的使用寿命。在收藏氯纶、涤纶、锦纶等棉絮时，不宜密封太严，否则容易使棉絮发热而变质。

晒过的被褥散完热后，用纸将卫生球或樟脑精包好放入，然后用厚牛皮纸包好收起来，切忌装入塑料袋里，注意不要挤压，否则会使棉絮失去应有的弹性。

衣物防霉法

◆毛料织物、裘皮服装可直接在太阳下晒干。

◆毛皮衣服需毛朝外晒3小时。待晾晒干燥并充分冷却后，再放入衣箱。

◆可在箱内放入一些樟脑丸或樟脑块。同时，丝绸、毛皮、呢料等各种衣物最好分别存放。

储藏三类衣物不宜放卫生球

合成纤维衣服不宜放卫生球。卫生球接触合成纤维衣服会造成萘油污迹或染上棕黄色斑痕，不容易洗掉。存放合成纤维衣服时，最好洗刷干净、晾干、晾透，不放卫生球。如果和棉、毛等衣物放在一起时，可以选用合成樟脑精或天然樟脑丸等防虫剂。

浅色的丝绸服装及绣有金、银线图案的衣服不宜放卫生球。因为它们与卫生球的挥发气体接触后，容易使织物泛黄，金、银丝折断。

用塑料袋装的衣服不宜放卫生球。因为卫生球中萘的耐热性很低，常温下，它的分子不断地运动而分离，由白色晶体状变为气态，散发出辛辣味。如果把它与装有衣服的塑料袋放在一起，就会起化学反应，使塑料制品膨胀变形或粘连，损伤衣服。

皮衣收藏忌驱虫药剂

樟脑、卫生球类驱虫药剂会使皮衣染上强烈的异味且难以消除。正确的方法是：皮衣脱下后应送到专业的皮革保养店中进行全面清洗、消毒、加脂、复鞣、重新涂饰和熨烫整形等专业保养，将保养后的皮衣放在专用皮衣保养袋中（非普通型西服储存袋），悬挂在干燥通风的衣柜中。柜中衣物挂放不宜过密，以避免与其他衣物互相挤压，还应远离樟脑等防虫剂。

干洗后的服装如何收纳

干洗过后拿回来的衣服都会套上一层透明的塑料袋，很多人都会认为正好可以防尘，就直接收到衣柜里去了。但是通常干洗后的衣服，还会有湿气和一些化学气体残留在上面，最好能够挂在通风的地方晾一阵子再收起来，能够保持衣物的良好状态。

依照衣物长短收纳节省空间

要想让衣柜有更大的收纳空间，一定要按照衣服的长短挂放衣物，按照长、中、短的顺序依次悬挂好。这样，衣服的下面就呈现出梯形的收纳空间，可以用来放置高、中、低的收纳箱，箱子里再分类存放各种合适的衣物，以利于更加节省空间。

冬季大衣的收纳方法

过了冬季，大衣不穿时最好垂直悬挂在衣柜中，避免折叠。换季收纳前最好按照大衣上的洗涤说明方法收纳，一般含有天然动物纤维的大衣只适合干洗。大衣最好不要经常洗，否则容易变形，平时可用一条干净的白色毛巾覆盖在大衣上，用电熨斗中温熨烫以吸附灰尘。其中，领口和袖口以及垫肩是最容易沾染浮尘的地方，在存放时可以将领子竖立起来，避免沾染空气中的灰尘。

防治衣蛾妙法

收藏衣服时，最令人担心的就是生衣蛾，衣物很容易被衣蛾蛀坏。防治衣蛾最有效的方法，一是收藏的衣物和装衣物的箱、柜一定要干燥，事先要晾晒好。二是衣柜中放上用纸包好的卫生球、樟脑块等。

收藏夏装小窍门

在收藏前都要做一些准备工作，比如柜子要清洁、衣物入箱前应晾干、熨烫过的衣服要等晾凉后再收存等。衣服上如果有金属饰物、金属纽扣，应取下另外收存比较好，免得金属饰物、纽扣氧化而损害衣物。

夏天的衣物虽然大多轻薄易叠，但“脾气禀性”不一样，有的柔弱怕压，有的好侵染“邻居”，把它们一股脑儿堆在一起，可能会互相侵犯，所以在收藏时要把容易褪色、变色的衣物挑出来，用纸袋或塑料袋包好；针织衣衫用衣架挂起来容易变形，最好叠起来存放；丝质衣物怕压、易生皱又不好熨烫，它们理所当然要“踩”在棉麻、的确良等织物的上面。

如果要把夏季衣物集中收藏装箱，最好选择一个晴朗干燥的天气，这样可以减少湿气入箱。

收藏时照顾到衣物多方面的属性，就可以使它们舒舒服服地度过秋冬，在明年夏天漂漂亮亮地为你服务了。

如何防止毛巾衫变形

◆洗净后不要用力拧干，应直接带着水用衣架晾晒。晒干后，将毛巾衫取下，先在其上喷点水，再用熨斗烫一烫，这样便能消除皱纹，保持原状。

◆折叠放在衣柜或木箱里的毛巾衫，拿出来穿时，应先检查一下毛巾衫纹路是否有收缩现象，如有，可用手直向、横向各拉一拉，再喷点水，用熨斗烫一下，毛巾衫即可恢复原状。

如何使鞋不发黄

◆用肥皂（或洗衣粉）将鞋刷干净，再用清水冲洗干净，然后放入洗衣机内甩干，鞋面就不会变黄了。

◆用清水把鞋浸透，将鞋刷（或旧牙刷）浸湿透，蘸干洗精少许去刷鞋，然后用清水冲净晾干，这样能把鞋洗得干净，鞋面也不会发黄。

如何保养运动休闲鞋

运动休闲鞋要专鞋专用，有些鞋属休闲鞋类的，不宜穿着做剧烈的运动。忌用毛刷子擦拭鞋面；忌用劣质鞋油，如果使用劣质鞋油，一旦鞋子泡水、暴晒、火烤，都会使鞋子变形、网面断裂及开胶。只要用心，运动休闲鞋保养起来也是很容易的。

真皮鞋面的运动鞋应除去灰尘后打鞋油以保证皮革柔韧性。白色软性牛皮运动休闲鞋要用白色液体鞋油，不宜使用膏状鞋油；有色牛皮可用与皮色一致的膏状或液体鞋油；人造皮革类的鞋子可用清水擦洗，清洗后将鞋面擦干；磨砂皮面的鞋子可用毛刷将鞋面灰尘顺同一方向刷净。

居家篇

一、购房与装修

不能买的8种房

◆房地产开发公司以出让方式取得土地使用权，但未取得土地使用权证书，未按土地使用权出让合同约定进行投资，开发总额在25%以上的土地，以及买卖房屋已经建成，但未持有房屋所有权证书的房屋，均不得进入市场。

◆享有国家或单位补贴廉价购买或建造的房屋有一定限制。

◆由于国家建设需要，征用或已确定为拆迁范围内的房屋，不能进行买卖。

◆司法机关和行政机关依法裁定，决定查封或以其他形式限制房地产权利的房屋，不能买卖。

◆房屋的买卖是以卖房者对其欲出卖的房屋享有确定的权利为前提，对于权属有争议的房屋，因其权利不能确定，所以不能买卖。

◆共有房屋，未经其他共有人书面同意的，不能买卖。

◆教堂、寺庙、庵堂等宗教建筑，不能买卖。

◆法律、行政法规所规定的禁止房屋转让的其他形式。

怎样选定房产地段

房屋作为固定资产，所处位置对其使用和保值、增值有着决定性影响。即使消费者的首要目的是居住，房屋位置也是十分重要的问题。不仅要考虑该区位的现状，还要考虑它未来的发展走势。如以低价购买到一处周围环境设施尚不完善的房子，待计划中的各设施完成后，那么它将有很大的升值潜力。

买房要看清价格

购房人应弄明白卖房广告上的

价格是均价还是起价。如果是起价，那是楼盘房屋的最低价格，而实际价格会因楼层、朝向、户型以及施工进度而增加。起价多是为了吸引购房者而重点宣传的，理性的消费者应该先弄明白自己想要购买的那一套房子的实际购入价格是多少。最好亲自打电话咨询售楼人员。

选购商品房

◆看是否有售房许可证。要注意房屋销售部门是否有售房许可证。凡是有售房许可证的企业，均已到有关部门注册登记，属于合法经营，购买后可及时发给许可证。相反，购买没有售房许可证的房产，则会遇到一些不必要的麻烦。

◆房屋结构要合理，功能要齐全。如煤气、暖气、水是一定要到位的，这些使用功能要在购房合同中体现出来。还应该注意一些细节问题，比如期房的竣工时间、交付使用时间等，并应在购房的合同中注明经销者违约时应追究的法律责任。

◆如不急用，可购买期房。期房一般销售价格比现房便宜20%左右。急用房者，可考虑购买二手房，七八成新即可。购二手房应该到有可靠信誉的房屋交易市场或交易所选取信息。

如何选择户型

住宅的户型按平面组织可分为：独幢公寓、二室一厅、二室二厅、三室一厅、三室二厅、四室二厅等。按剖面变化可分为：复式、跃层式、错层式等。消费者在挑选时，应结合平面、剖面一起考虑。对于一室一厅、二室一厅、二室二厅等户型，因主要的目的是满足使用功能和控制空间紧张，因此应选择剖面上无大动作的设计。对于独幢公寓、三室二厅、四室二厅等高标准住宅，剖面上应有变化才好。若全从一个标高上展开，空间感觉较死板，而且也需要一些走道。若能结合剖面变化，水平走道会减少，空间也多了一个层次。所以消费者在选择此类住宅时，应选择剖面有变化的设计。从户型结构分析，超大户型与超小户型的设计不是大众的需求对象，而面积大小适中、居室功能分开、双厅双卫双阳台的户型设计较受欢迎。目前较为流行的跃层设计及外廊式厨卫设计则得到更多消费者的青睐，销售前景看好。

怎样检查毛坯房

首先仔细查看房屋地面和顶上有无裂缝，没有裂缝最好，如有裂缝，要看是什么样的裂缝。一般来说，与房间横梁平行的裂缝，虽有质量问题，但基本不存在危险，修补后不会妨碍使用。

看房屋的外墙墙体是否有裂缝，若有裂缝则属严重的质量问题，有漏水的隐患。

看承重墙是否有裂缝，若裂缝贯穿整个墙面且穿到背后，表示该房存在危险隐患，对这类房屋，购买者一定不能存在侥幸心理。

房间与阳台的连接处是否有裂缝，如有裂缝很有可能是阳台断裂的先兆，要立即通知相关单位。

不宜选择的户型

三角形和多边形的户型不宜首选。三角形的户型和呈多边形的户型在装修设计之时难以改造，而且人进屋如进迷宫，使人不能放松心情，达不到休息调整的作用，故不宜。

拐把式和菜刀形的户型不宜选。所谓拐把式即户型形同拐把，呈现一个“T”字，与手枪很相似；所谓菜刀形即户型看上去就像一把菜刀。这两种户型不宜选。

锯齿形和走廊形的户型不宜选。户型的一边呈锯齿形，有进有出，很规则或不很规则，即为锯齿形。这种户型在现实中很多，不宜选。走廊形即户型完全是个大通道，不宽却很长，也不宜选。

购期房需要注意的8个要点

◆不要只看房屋地图，要实地考察房屋的实地位置。

◆在起价和均价的问题上要弄明白。

◆若外观图是电脑模拟图时一定要识别是实景图还是效果图，如有的户型图比例不当，在感觉上就会比实际空旷得多。

◆在看房地产广告时一定要明确了解该企业或其他的开发商是否

值得信任，不要轻易购房。

◆不要贪图小便宜，往往就是那些小便宜会让你将老本栽进去。

◆假如开发商没有资质证号，那么不要轻易相信开发商的口头承诺，因为政府是授予产权的唯一机构。

◆应该按照自己的支付能力来选择支付方式，在这之前建议向专家咨询一下。

◆另外在合同中不要忘记广告中所承诺的如绿化、物业、保安、热水等承诺。

买房要明确真实的地理位置

买房不但要考虑居住是否舒适，同时要考虑交通是否方便，因此在买房之前，消费者一定要学会看懂房子真正的地理位置。所有房地产广告都会画个位置示意图，越画越艺术，仿佛各个毗邻江湖、山川，那些吸引你的优美风景可能在几千米以外，你只有对照坐标，在真正的地图上查找，才会知道这楼盘的真实位置。最保险的办法就是亲自去一趟，感受一下周围的环境和交通等配套设施。

查验“五证”与“二书”

在购房时，消费者应要求房地产开发商和销售商提供齐全的“五证”、“二书”。“五证”是指《国有土地使用证》、《建设用地规划许可证》、《建设工程规划许可证》、《建设工程施工许可证》《建设工程开工证》、《商品房销售（预售）许可证》。“二书”是指《住宅质量保证书》和《住宅使用说明书》。

选择现房

选房要看是否是明厅明室。室内经常活动的空间是客厅、卧室、厨房、餐室、卫生间、书房等，若是采光较好的厅室可节约不少的能源。在房型设计上，要看厨房设施安排是否合理，有较大的空间才能安装现代化的炊具。卫生间有浴盆、坐便器、洗手池就可以，加装一个男用小便器也可以，这样可节约用水。卫生间布局要合理，毛巾架、玻璃镜等都要妥善安放。同时要考虑通风问题，要看厨房、厕所、客厅是否附设垂直排气烟囱，以利保持空气清新。房屋必备的硬件还有隔热、保温和防雨等硬件装置，选购现房时都要一一看清楚。

买房要看清平面图

（1）方位

如果预售平面图上未标明南、北向，购房人可向现场销售人员询问。

（2）景观

除了平面图外，通常房产公司还会画上全区配置图，应仔细了解小区内外的道路交通情况。

（3）栋距

两栋楼之间的距离最好超过8米，窗户不是面对面地整齐排列，否则隐秘性不好。

（4）采光及通风

房屋的采光面越多越好，如果某屋只有一面采光却隔着三间房，房屋采光会很差，就算白天进屋也一定要开灯。

（5）格局与空间的合理性

室内格局要能完整区分公共区（如客厅、餐厅、公共卫浴）及私密区（卧房），而附属建筑物与主建筑物的面积分配也要成正比。

周围商业服务业设施的配置情况

商业服务业设施主要包括：超级市场、副食商场、菜市场、粮油商店、饭店、银行储蓄、邮政电信及服装加工、家电修理等。对于一些暂缺的商业服务业设施，特别是对日常生活构成一定影响的，应尤为关注开发进展。对已经存在的服务设施，还应对其经营服务水平、项目、价格做一些了解。

周围文教体卫设施的配置情况

文教体卫设施主要包括：学校、幼儿园、医院、保健站、文化馆、体育场馆等设施。其中学校、幼儿园、体育活动场所及医院的投资额度较高，且可经营性差，一般都需要在小区规划中确定并由政府指定开发商或有关部门出资建设，若规划中没有或没有建设，且近期能否建设尚未落实，那么在几年内享受上述设施服务的可能性较小。

购房社区比较

小社区的优势：小社区的资金

投入不用太大，因此，发展商对销售收入的依赖也不会太大。为了吸引购房者，通常在建设速度上会提高很多。小社区可分享更多的同等配套，从而会提高居住品质。同样是几千平方米的专用会场，几百户共享还是几千户共享，在居住品质上的区别是很大的，且出租时竞争者会更少。

大社区的优势：大社区在建设初期，条件会比较差，价格也不会太高。随着社会的发展，开发商会逐步提高价格。大社区的市政配套可靠，包括水、电、煤、暖、路等。大社区往往受到政府的更多重视，一般不会出现入住了还没通水通路的情况。

二手房购买须知

（1）产权

房屋产权一定要完整。看有没有抵押（包括私下抵押）、共有人等，注意产权证上的房产所有者与卖房人是否是同一个人；验看产权证的正本，并到相关部门查询真实性；要确认原单位是否允许转卖等。

（2）估价

除房地产管理部门对交易的房地产进行评估，并以评估的价格作为缴纳税费的依据外，交易双方也可委托评估事务所进行评估，以作为交易价格的参考。

（3）质量

要了解一下该住房是哪一年建的，还有多长时间的土地使用期限；要核实产权证所确认的面积与实际面积是否有不符之处；要观察房屋的内部结构，有没有特别不适合居住的缺点，天花板是否有渗水的痕迹等。此外，还要了解装修的状况。

（4）环境

观察小区绿化工作；物业管理公司提供的服务及各项收费标准；了解房屋的历史与邻居组合；拜访邻居、居委会或值班人员，以了解情况。

（5）清洁

入住之前，对二手房进行一次彻底的消毒很有必要。

二手房的估价

房地产管理部门在交易双方当事人向房地产管理部门申报其成交价格时，如果认为明显低于房地产价值，就会将交易的房地产委托给具有一定资质的专业评估机构进行评估，并且评估的价格就会被作为缴纳税费的依据。

除此以外，为确定合理的交易价格，交易双方也可以把委托评估事务所得到的评估作为交易价格的参考。

买房价格欺诈的手段有哪些

经营企业在广告中明确承诺房价为多少，但是实际交房时又以什么管道费用、安装费用等借口要购房者额外加钱，这样算下来，购房者买房就不是以广告中承诺的价格成交了，这就涉嫌价格欺诈。

用“超低价”、“劲爆价”等诱惑但是误导人的词语，让人感觉价格很低，但是实际上根本没有与以前的价格比较，说不定执行的就是一个普通的价格。

谎称商品房价格将要提价，诱骗购房者购买。

签合同要确认双方合法身份

一般购买二手房的合同有两种，如果是通过中介购买二手房，除了直接与房屋产权所有人签署的《买卖契约》外，还要和中介公司签署《房产中介合同》。

专家提示房产中介合同在法律上叫做居间合同，签署前一要审查其资格，看是否办理了工商登记手续；二要审查对方的委托授权书，以确认对方是卖主的合法代理人。

签订《房产中介合同》或《买卖契约》时，买方需交纳购房首付款或订金，切记此款应亲自交给卖主，并由卖主出具收据。交给其他人，一定要审查对方的委托授权书，以确认对方是否是卖主的合法代理人。

购房识别样板房使诈

样板房是经过专门设计的。它的尺寸和结构，可能与图纸上的大小不同，开发商可能会把开间放大一些，客户不懂其中奥妙，就会上当。在一般住房中，厨房和卫生间是比较小的，样板房中可能会放大，客户的感觉和实际情况不同。售楼人员介绍时，往往忽略真实情况，夸夸其谈，使人上当受骗。因此在看房时应用尺量一量，认真比较，可带上内行人去看房，避免上当。

房屋认购协议书的签订

（1）什么是房屋认购协议书

《房屋认购协议书》是商品房买卖双方在签署预售合同或买卖合同前所签订的文书，是对双方交易房屋有关事宜的初步确认。这种认购行为的主要特征是买卖双方约定的是为将来订立合同而谈判的义务，而并非最终达到签约。

（2）房屋认购协议书的内容

《房屋认购协议书》包括：认购物业、户型、面积、单位价格（币种）、房价、总价、付款方式（包括一次付款、分期付款、按揭付款）、认购条件（包括认购书应注意事项、定金、签订正式条约的时间、付款地点、账户、签约地点等）等。认购人在购房前作为签订《商品房买卖合同》的保证，向开发商支付一定数额的定金。

（3）认购协议与买卖合同的不同之处

《房屋认购协议书》与《商品房买卖合同》不同。《房屋认购协议书》的性质属于意向书，一方不履行承担的是缔约过失责任，而承担缔约过失责任的方式是定金。

（4）《签约须知》内容

在签订认购书后，销售方还应给购房人发放《签约须知》，以便使购房者明白其他细节。其内容包括：签约地点、购房者应带证件、购房者委托他人签约时有关委托书的证明、有关贷款凭证的说明、缴纳有关税费的说明等。

购房杀价的技巧

（1）不动声色，去伪存真

房子是实物，一切都可收入眼中，看房子时，应表现出自己有兴趣，太冷淡卖主，对方也会没有心思多谈。同时细心观察房子结构、采光、保养、周围环境等，还要多听卖主解释，多问卖主问题。房屋推出市场多久了，有多少人出过价，出价多少，可作一个参考系数。愈是多人出价的房屋，表示其转售力愈强。让卖主知道你购房是自住，非为转卖，通常卖方不希望房屋销售人员居间获利，喜欢自住的买家。

(2) 摸透卖方心理

杀价的时机选择非常重要，愈接近卖主要卖的期限，卖主愈急切出售，这就是你最有利的杀价时刻。这时，可以使用拖延战术。如称需时间汇集资金，等到临近期限的最后一个阶段，给予杀价；了解卖方售得屋款作何用途，如果卖方售得屋款，并不急用，则杀价比较困难；定金方面，多少才算恰当，并无一定标准，因各自需要而定，由双方协商；对于所看的房屋，明明中意，也可说明不喜欢的各种理由，借此杀价。

学会借助中介的帮助

首先要选择经政府行业主管部门批准、已取得执业资质的中介公司，要亲自到中介机构办公场所进行考察。同时，在委托中介机构代理之前，还要详细询问中介公司都能确切地提供哪些服务项目？如何收费？如果未能如愿成交，如何退款？如果买卖双方发生纠纷，中介公司有无能力负责赔偿损失等。中介机构提供的另一项重要服务就是房屋作价评估。

个税时代购买二手房省钱窍门

◆可以选择购买无税或低税费的房屋。像二手房中的已购公房大都在5年以上，没有税费负担。根据政策规定，未住满5年的出售时价格不得高于当初购买价，也就是按成本价格出售。这样的话，根据个税按差额20%征收的计算公式，二手经济适用房出售与购买价格等同，也就不要交纳个税了，降低了购房者的许多成本。

◆90%以下的小户型房屋总价低，投资自住两相宜。小户型二手房“面积虽小，五脏俱全”，总价相对较低，尤其是在“个税”时代，购买小户型二手房确是不错的省钱办法。而且小户型二手房大都分布在较成熟区域。

买房要看物业管理

物业公司的规模是目前购房者

在作选择时最关心的。公司管理的住宅品种较多，包括各类档次的商品房、动迁房、别墅等，无疑会让人放心。管理面积越大，管理体制越完善，专业分工也越细。规模性经营能降低成本，这是当前普遍亏损的物业公司所竭力追求的。

(1) 安全方面

主要看是否24小时有巡逻、楼宇实时监控等。

(2) 生活便利方面

清洁工作是否到位，是否能够提供一些订餐、代雇保姆之类的服务等，总之尽量提供最周到的服务，让业主觉得省心、简单。

(3) 费用方面

绝对不是越低越好，要看“性价比”，物业管理内容周到，但却是中档价格，就很合算。其实把多家服务内容逐一对比，就容易看出优势。

如何签订物业管理合同

购房人将房款付清或办妥分期付款手续后，到由房产商指定的房屋物业管理公司签订合同。

签订合同前，须带好应支付的物业管理费和下列证件：与房产商签订的“购房合同”、购房付款发票、身份证、房地产管理部门办理产权的收据。物业管理合同应具备以下主要条款：

双方当事人的姓名或名称、住所。

管理项目。即接受管理的房地产名称、坐落位置、面积、四周界限。

管理内容。即具体管理事项，包括房屋的使用、维修、养护、消防、电梯、机电设备、路灯、园林绿化地、道路、停车场等公用设施的使用、维修、养护和管理等方面。

管理费用。即物业管理公司向业主或使用人收取的管理费。这些收费，能明确的都应当在合同中明确规定。

明确业主和物业双方的权利和义务。

合同期限。即该合同的起止日期。

违约责任。双方约定不履行或不完全履行合同时各自所应承担的责任。

其他事项。双方可以在合同中约定其他未尽事宜，如风险责任、调解与仲裁、合同的更改、补充与终止等。

认识卖房广告陷阱

◆一般以语言定性不定量和醒目的图文制造视觉冲击力，来设计文字陷阱。

◆一般用含糊的语言和没有比例的图示缩短实际距离，来设计化妆陷阱。

◆一般将楼盘中最次部分的价格作为起价，在广告上标明低价格，来吸引买主，造成价格错觉陷阱。

◆利用买主对面积不敏感的心理，虚报销售面积、绿化面积，配套设施以及不标明是建筑面积还是使用面积等来设计面积陷阱。

住房套内面积比较

（1）套内使用面积

是指套内房屋使用空间的面积，以水平投影面积计算，套内使用面积为套内卧室、起居室、过厅、过道、厨房、储藏室、卫生间、厕所等空间面积的总和。套内楼梯按自然层数的面积总和计入使用面积，不包括在结构面积内的套内烟囱、通风道、管道井均计入使用面积，内墙面装饰厚度计入使用面积。

（2）套内建筑面积

套内建筑面积由套内房屋使用面积、套内墙体面积、套内阳台建筑面积3部分组成。套内墙体面积是套内使用空间周围的维护或承重墙体或其他承重支撑体所占的面积，其中各套之间的分隔墙、套与公共建筑空间的分隔以及外墙（包括山墙）等共有墙，均按水平投影面积的一半计入套内墙体面积；套内自由墙体按水平投影面积全部计入套内墙体面积。套内阳台建筑面积均按阳台外围与房屋外墙之间的水平投影面积的1/2计算。

购房手续办理

◆在房屋买卖合同签订后30日内，双方当事人持房地产权属证书及当事人的合法证明以及转让合同等有关文件向房地产管理部门提出申请，并申报成交价格。

◆对提供的有关文件房地产管理部门进行审查，并且在15日内作出是否受理申请的书面答复。

◆申报的成交价格由房地产管理部门核实，并根据需要对转让的房屋进行现场勘查和评估。

◆按照有关规定房地产转让当事人缴纳有关税费。

◆由房地产管理部门核发过户单。

在办理上述手续后，双方当事人应凭过户手续，并依照《中华人民共和国房地产管理法》的规定领取房地产权属证书。

房产证的产权登记费用

根据国家相关规定要求，房产证的产权登记费用如下。

居民住宅：每套80元，如有共有权证增收工本费10元/本。

其他房产建筑；面积500m^2（含500）以下的每宗200元，500～1000m^{2}的为300元，1000～2000m^{2}的为500元，2000～5000m^{2}的为800元，5000m^{2}以上的为1000元。

处理建筑面积误差的技巧

购房人在购房合同中，应该明确约定出现建筑面积误差时的处理方法，如果没有做相应的约定，可以按照以下方法处理：

◆面积误差比绝对值在3%以内（含3%）的，据实际面积结算房价款。

◆面积误差比绝对值超出3%时，买房人有权退房，卖方应在买房人提出退房之日起30日内，将已付房价款退回，同时支付已付房价款的利息。

◆如果产权登记面积大于合同约定面积时，误差比在3%以内的房价款，由房地产开发企业承担，但产权归购房人。

◆产权登记面积小于合同约定面积时，其误差比绝对值在3%以内（含3%）部分的房价款，由卖房人返还购买人，绝对值超出3%部分的房价款，由卖房人双倍返还购房人。

可以退房的几种情况

◆一般超过3个月开发商不能交房的，购房人可以要求开发商退房，并且要求双倍返还定金或支付房款利息。

◆如果开发商证件不全，与买房人签署的合同属于无效合同，购房人应当腾空房屋，开发商应当返还购房人交纳的房款。

◆开发商未经购房人同意而擅自变更房屋户型、朝向、面积等有关设计的情况，购房人可依据合同约定，要求开发商退房。

◆因开发商的原因，买房人在合同约定的期限内，无法得到产权证，买房人就可以要求退房。

◆如果房屋面积误差比绝对值超出3%，购房人要求退房并要求退赔利息，法院会判决购房人胜诉。

◆若有房屋质量不合格、房屋有硬伤等情况，购房人可要求开发商退房。

◆如果开发商在出售房屋之前就把所售房屋抵押，或卖给购房人后，又把房子抵押给他人，购房人查明后，可以要求退房。

自测装修面积

（1）屋顶

屋棚的装饰材料一般包括涂料、吊顶、顶角线及采光顶棚等。天棚施工的面积均按墙与墙之间的净面积以“平方米”计算，不扣除间壁墙、穿过天棚的柱、垛和附墙烟囱等所占面积。顶角线长度按房屋内墙的净周长以“米”计算。

（2）墙面

墙面的装饰材料一般包括：涂料、石材、墙砖、壁纸、软包、护墙板、踢脚线等。计算面积时，材料不同，计算方法也应有不同。涂料、壁纸、软包、护墙板的面积按长度乘以高度，单位以“平方米”计算。

（3）地面

地面的装修材料一般包括：木地板、地砖、地毯、楼梯踏步及扶手等。地面面积按墙与墙间的净面积以“平方米”计算，不扣除间壁墙、穿过地面的柱、垛和附墙烟囱等所占面积。

（4）楼梯

楼梯踏步的面积按实际展开面积以“平方米”计算，不扣除宽度在30厘米以内的楼梯井所占面积；楼梯扶手和栏杆的长度可按其全部水平投影长度（不包括墙内部分）

乘以系数1.15以“延长米”计算。

(5) 其他

其他栏杆及扶手长度直接按“延长米”计算。对家具的面积计算没有固定的要求，一般以各装修公司报价中的习惯做法为准，用“延长米”、“平方米”或“项”为单位来统计。但需要注意的是，每种家具的计量单位应该保持一致。

玄关的设计要点

(1) 间隔和私密性

进门处设置玄关，最大的作用就是遮挡人们的视线。这种遮蔽并不是完全的遮挡，而要有一定的通透性。

(2) 实用和保洁

玄关同室内其他空间一样，也有其使用功能，就是供人们进出家门时，在这里更衣、换鞋以及整理装束。

(3) 采光和照明

玄关处的照明要亮一些，以免给人晦暗、阴沉的感觉。

(4) 材料选择

一般玄关常采用的材料主要有木材、夹板贴面、雕塑玻璃、喷砂彩绘玻璃、镶嵌玻璃、玻璃砖、镜屏、不锈钢、花岗石、塑胶饰面材以及壁毯、壁纸等。

墙纸用量计算法

在购买墙纸的时候，可以用以下的公式进行计算：

(L/M+1) × (H+h) +CM

L：表示除去门、窗后，四壁的长度；

M：表示墙纸门幅，并加1为拼接余量；

H：表示欲贴墙纸的高度；

h：表示与墙纸相邻的两个图案之间的距离，可作为纵向拼接的余量。

C：表示门、窗上下所需要墙纸的面积。

装修防欺诈的5个窍门

有的装修公司承诺得很好，但在实施装修的过程中却偷工减料，以次充好，极不负责任，造成装修欺诈，给消费者带来诸多麻烦。其实，防止装修欺诈也有技巧。

不轻信广告，应找经权威部门

认可、信誉好、质量高的有一定规模的公司。

一定要签订合同，千万不能因亲戚朋友介绍而只订“口头合同”。

最好不要包工包料，以防装饰材料以次充好。

施工结束，要有一个验收期，一定要验收合格才能签字，然后交付除了预付款之外的其余工程款。

一旦发现技术和质量问题，要及时要求返工重做，否则会难以修复，必要时可到消协和法院申请帮助和裁决。

如何选择小户型色彩

现在有很多人都喜欢给自己的居室涂上一些彰显个性的色彩，但是，在小户型里，如果还用那些过于饱满和凝重的色彩，很容易就会让人产生压迫和局促的感觉。

相反，冷色调中比较鲜亮的颜色，对于小户型而言其效果则要好得多了，这些色彩能够带给人扩散、后退的视觉感受，让人觉得空间比实际更大一些，同时也能带给人轻松、愉快的心理感受。

各种地板的鉴选

(1) 强化地板

强化地板用木屑压制而成，耐磨性好，稳定性强，铺设方便，但足感较差。

(2) 实本地板

实木地板完全由原木制成的，足感、弹性非常好，但价格高，稳定性差，若安装、保养不到位，易发生开裂。

(3) 铭木地板

铭木地板表层是原木，其余则为复合板。铭木地板的足感略逊于实木地板，但优于强化地板，稳定性好，但市场上可选择的款式不多。

(4) 数码地板

数码地板的板材取决于天然木材，中间运用于从德国进口的数码板心。足感弹性好，表面光滑，防水防潮性好，且安装简便。

(5) 竹地板

颜色：其主要颜色有本色、漂白色、炭灰色 3 种，也有一部分是蓝色或粉色，在选购时，以自然本色为好。

光泽：用新鲜毛竹加工而成的

竹地板竹纹丰富，色泽均匀。受日照影响不严重，没有明显的阴阳面差别，比木地板色差小。

工艺：竹地板的结构主要有平拼和竖拼两种，平拼为三层结构，竖拼为单层结构。挑选时，应取一两块样品平铺在地面上，看是否平整。

光漆：竹地板表面刷有一层高光漆或半亚光漆。购买时，可观察其表面涂层的光漆是否均匀，有无气泡或颗粒状等。

粘胶：将一块竹地板放在开水中蒸煮 10 分钟，如果没有开胶现象，则说明胶合强度合格。

各种壁纸的鉴选

(1) PVC 类壁纸

PVC 墙纸具有花色品种丰富、耐擦洗、防霉变、抗老化、不易褪色等优点，特别是低发泡的 PVC 墙纸，因其工艺上的特点，能够产生布纹、木纹、浮雕等多种不同的装饰效果，价格适中，在市场上较受青睐。

(2) 纯纸类壁纸

纯纸类墙纸无气味，透气性好，被公认为“绿色建材”，但是耐潮、耐水、耐折性差，也不可擦洗，适用范围较小，一般只用于装饰儿童房间。

(3) 纤维类壁纸

纤维墙纸可擦洗，不易褪色，抗折，防霉，阻燃，吸音，且透气性较好。由于此类墙纸以天然植物纤维为主要原料，自然气息十分浓厚。虽然进入国内市场时间不长，却被誉为“绿色环保”建材，颇受人们的欢迎，但价格较高。

(4) 新型壁纸

超强吸音型：新型壁纸除了具有花样多、款式全的特点外，还具有实用功能。其超强吸音效果在同类产品中十分突出，特别适用于音乐发烧友的家居装饰。这种壁纸一般为白色立体花纹，铺装后可根据个人爱好在上面涂上彩色涂料。

超凡不羁型：这种壁纸有多种仿石、仿麻效果。如果不用手触摸，很难分辨真假，特别适合个性装修和背景装饰。

在客厅装修中如何节省瓷砖

客厅装修中，如果想节省瓷砖和降低造价，建议对以下几点考虑：

找设计师，选择合适规格，画排砖图。按图计算瓷砖数量，加上正常施工损耗。

选择对“拼对花色”、“拼对图案”要求不高的品种，以便裁制下来的半块（或边条）能利用到其他地方。

调整平面、立面设计，避免包立管、小转角这样必须切割、容易破损、浪费瓷砖的地方。

巧妙利用腰线、其他规格面砖拼花色、地面圈边线、竖向装饰线、卫生间墙面镜面尺寸等方面设计，丰富效果的同时，避免或减少裁砖。

掌握家装“小块省砖，大块费砖”原则。结合设计效果，合理选用偏小规格。

选择质量好的瓷砖和技术高的工人，施工切割时，减少无谓的损耗。虽然单价略高，但综合算下来，还是节省的。

装修格调的选择

居室的格调需要在选购室内家具、用品以前确定，因为居室的格调必须是统一的，要与家具和用品的色彩及款式相搭配。具体可从以下几个方面考虑：

（1）华美格调

在卧室有缎子床罩或绣花床罩，彩漆浮雕家具，大幅油画，五彩描金瓷器，鲜艳的乔其纱灯罩，给人以华美之感。这种格调适用于较宽敞的居室。

（2）朴实格调

配备简朴的木制沙发或藤椅，朴实大方的书架，有乡土气息的泥塑、布具、用品和木床，墙上挂几穗玉米或高粱，显示出一种自然质朴之美。

（3）典雅格调

家具选用古色古香的色调，或仿古样式，少雕饰。居室内设博古橱、博古架，摆上古陶瓷器或仿古铜器，墙上可挂中国书画。这种格调适合于学者之家。

（4）现代格调

成套组合家具、不锈钢用品，造型简单洗练，多呈流线型，这种格调适合年轻人。

鉴选橱柜门板

（1）耐火板门板

具有耐磨、耐刮、耐高温、抗

渗透、易清洁等特性，适应厨房内特殊环境，更迎合橱柜美观实用相结合的发展趋势，是人们选购橱柜时的首选。

(2) 冰花板门板

在钢板表面压一层带有花纹图案的PVC亮光膜，既有光泽又真正防火，是一种理想的门板材料，不足之处是花色品种单调。

(3) 实木门板

实木橱柜门板具有回归自然、返璞归真的效果。尤其是一些高档实木门，在一些花边角的处理和漆的色泽上达到了世界最高工艺，但其价格昂贵。

装修房屋验收的技巧

(1) 门窗

门窗套在受力时不应有空洞和软弹的感觉，直角接合部应严密，表面光洁，不上锁也能自动关上，目测四角应呈直角，门窗套及门面上无钉眼、气泡或明显色差。

(2) 地板

没有明显的缝隙，外观平整，地板与踢脚线结合密实，在地板上走动时没有“咯吱咯吱”的响声。

(3) 卫浴

进出水流畅，坐便器放水应有“咕咚”声音。坐便器与地面应有膨胀螺栓固定密封，不得用水泥密封。在水槽放满水并一次放空，检查各接合部，不应有渗漏现象。下水管道不可使用塑料软管。

(4) 电线

按动漏电保护器的测试钮，用电笔测试一下螺口灯座的金属部分，带电的为不合格。

(5) 涂装

表面平整，阴阳角平直，粘接牢固，不可有裂纹、刷纹。

(6) 镶贴

用小锤敲打墙地砖的四角与中间，不应有空洞的声音，墙地砖嵌缝平严，整个平面应平整。

装修应有长远眼光

(1) 多设电源插座

应在室内多设电源插座，以满足家具、电器的变动、增多的需要。可在装修时，选择与墙面颜色相同或相近的电源插座，安装在各室四墙的踢脚线处，保证隔一段距离就有一个插座。

（2）多设照明灯及开关

应在客厅、卧室中多设几处独立的射灯照明，可就近阅读书报。在摆放常用电器处多设照明灯，会更省事节电。

主要房间的主照明灯应设置双开关，如卧室的大灯，可分别在门口和床头设开关，使用更加方便。

（3）多留储物空间

在装修时，一定要尽可能地多留出一些储存物品的空间，如将一整面墙做成壁柜，在单元大门的上方做吊柜、橱柜等。足够的储物空间可保持室内的整洁。

（4）多设电话接点

电话的使用在现代生活中十分重要，因而在居室各处，尤其是客厅、卧室、卫生间均应铺设电话线和接点，不仅方便接听电话，也方便更好地上网。

（5）重视下水设施

在铺设厨房、卫生间、阳台等处地面时，一定要注意使“地漏口”处于最低位置，并保证其他地面均向地漏心倾斜，以免日后积水时的“扫水”之苦。

卫生间的装修美化

一般家庭住宅的卫生间都比较小，里边只有一个便池，这就需要一番必要的装饰和美化。首先，要想办法装上盥洗和洗浴设备，周围可用绿色或白色的瓷砖。为了使洗浴环境有温暖的感觉，人们常采用暖色系，如咖啡色、橙色和黄色。年轻人的家庭，可大胆运用对比色系。用新颖的现代画，使小空间更加生动活泼；采用褐色和白色相配，可增加空间视觉趣味；采用低调子的色彩，会产生温馨怡人之感。另外，卫生间水气多，如有自然采光，可以栽植盆景增加情趣和美感，哪怕有几片绿叶，也会使人顿觉生机盎然。

木制品涂装材料的选择

木制品最常用的涂装材料是各类油漆，也是众人皆知的居室污染源。

在选择涂料时，除了颜色和光泽外，最重要的是要选择环保涂料。最好到指定品牌专卖店去购买，真正的品牌代理商都有一系列检测证明文件。在施工中，即使是胶和底漆选择了环保涂料，在基底处理时也不能马虎。使用知名品牌的底漆不仅能保证整体效果，从环保的角度考虑也绝对必要。另外，胶的使用也要注意，107胶内含有害物质，国家有关条例已经明令禁止在家庭装修中使用107胶。对于这些容易被忽略的辅料，一定要特别注意。

卫生间管道要封闭、隔音

卫生间中有下水管等一些复杂的管线，其中主下水管线由于连通了洗手间所有的出水管口，时常传来的下水声会影响生活和睡眠。因此，在包立管时，一定要对立管进行隔音降噪处理，采用隔音材料如橡塑板等对管道进行多层包装处理，然后再采用轻钢龙骨或轻体砖将立管围砌，使管道达到良好的降噪、防潮效果。

瓷砖的选购

（1）釉面

光泽釉应晶莹亮泽，无光釉则柔和、舒适。可试以硬物刮擦瓷砖表面，若出现刮痕，则表示施釉不足，表面的釉磨光后，砖面便容易藏污，较难清理。

（2）色差

在光线下仔细察看，好的产品色差很小，产品之间色调基本一致；而差的产品色差较大，产品之间色调深浅不一。

（3）规格

好的产品规格偏差小，铺贴后，产品整齐划一，砖缝平直，装饰效果良好；差的产品规格偏差大，产品之间尺寸不一。

（4）变形

产品边直面平，这样产品变形小，施工方便，铺贴后砖面平整美观。

（5）图案

花色图案要细腻、逼真，没有明显的缺色、断线、错位等缺陷。

（6）色调

在室内装饰中，地砖和内墙砖的色调要相互配套。卫生间配套要以卫生洁具为主，墙地砖及各种配件包括五金件及其他配套材料的质量、档次都应与其协调一致。

（7）耐用

好的瓷砖铺贴后，长时间不龟

裂、不变形、不吸污。

(8) 防滑

瓷砖的防滑性是很重要的，一般在卫生间和厨房等洗浴的地方，应当选用具有防滑功能的瓷砖。

巧为居室配色

(1) 客厅

浅玫瑰红或浅紫红色调，再加上少许玉蓝的点缀是最“快乐”的客厅颜色，会令人一进客厅便觉得温和舒服。

(2) 饭厅

以接近土地的颜色，例如棕、棕黄或杏色，以及浅珊瑚红近乎肉色最适合，避免灰、芥末黄、紫或青绿色。

(3) 厨房

鲜黄、鲜红、鲜蓝及鲜绿色都是快乐的厨房颜色，而厨房的颜色越多，家庭主妇便越觉得时间易过。乳白色的厨房则看上去清洁卫生，但要避免带绿的黄色。

(4) 卧室

浅绿或浅桃红色令人有春天的温暖感觉，尤其适合比较寒冷的环境。浅蓝色则可起镇静作用，令人联想到海洋，身心舒畅。

(5) 浴室

浅粉红色接近肉色让人感觉到放松愉快。千万不要选择绿色，因为绿色从墙上反射出来的光线，会使你在照镜子时觉得自己面如菜色。

(6) 书房或电视室

棕色、金色、紫绛色或天然本色都会给人温和舒服的感觉，加上少许绿色点缀，你会觉得更放松。

(7) 儿童房

橙色及黄色带来快乐与和谐。一般说来，儿童喜爱的颜色是单纯而鲜明的，多种鲜艳颜色的组合有令儿童安静下来及表现得较乖的奇特效能。不要将儿童房的墙壁刷成白色，因为这种颜色会使他们过分好动，甚至弄污墙壁。

阳台装修的注意事项

(1) 明确功能

稍新的住宅都有 2 ~ 3 个阳台，装修前先要分清主阳台、次阳台，并明确每个阳台的功能。一般与客厅、主卧室相邻的阳台是主阳台，功能应以休闲健身为主，可以装成健身房、茶室等，墙面和地面的装饰材料也应与客厅一致；次阳台一般与厨房或与客厅、主卧以外的房间相邻，主要是储物、晾衣或当做厨房，装修时可以简单些。

(2) 注意安全

大多数住宅的阳台并不是为了承重而设计的，通常每平方米的承重不超过400千克，因此在装修阳台时要了解它的承重。装修储物都不能超过其荷载，尽量少放过重的家具，以免造成危险。另外，封阳台时尽量不要为了多扩点空间而将阳台探出一截，这样不仅危险，而且不美观，物业管理部门也不允许。

(3) 注重封装质量

阳台封装质量是阳台装修中的关键。要注意它的抗风力，安装要牢固。要做好密封，否则透风漏气就等于没封。窗扇下口最容易渗水，一般是窗框下预留2厘米间隙，用专用密封剂或用水泥填死。有窗台的，要向外做流水坡。同时，我们还应对封装时所用的材料进行严格的筛选。

(4) 防水与排水处理

许多家庭在阳台上设置水龙头，放置洗衣机，洗涤后的衣物可直接晾晒，或是在阳台设置洗菜池当厨房使用，这就要求必须做好阳台地面的防水层和排水系统。若是排水、防水处理不好，就会发生积水和渗漏现象。

(5) 塑钢窗材料选择

封闭阳台的塑钢窗型材应核实型材内的确装置了钢衬。塑钢窗适合用于北方地区，推荐使用平开窗式。

(6) 窗体玻璃选择

窗体玻璃应使用5厘米以上清玻或色玻，有隔音要求的，可用中空玻璃。

厨房装修禁忌

(1) 忌材料易燃

火是厨房里必不可少的能源，所以厨房里使用的表面饰材必须注意防火要求，尤其是炉灶周围更要注意材料的阻燃性能，以确保自身的安全。

(2) 忌餐饮具暴露在外

厨房里的物品繁多又杂乱，如果长期暴露在外，易沾油污又难清洗。因此，厨房里的家具应尽量采用封闭形式，将各种用具物品分类储藏于柜内，既卫生又整齐。

(3) 忌材料不耐水

厨房是个潮湿易积水的场所，所有表面装饰用材都应选择耐水性能优良的材料。地面、操作台面的材料应不漏水、不渗水。墙面、顶棚材料应耐水，可用水擦洗。

(4) 忌用马赛克铺地

马赛克虽然比较耐水防滑，但由于马赛克块面较小，缝隙多，容易藏污垢，且又不易清洁，因此厨房里最好不要使用。

(5) 忌夹缝多

厨房是个容易藏污纳垢的地方，应尽量使其不要有夹缝。例如：柜顶易积尘垢，会为日常的保洁清洗带来不必要的麻烦。再有就是水池下边管道缝隙也不易保洁，应用门封上。里边还可利用起来放垃圾桶或其他杂物。

(6) 应预留冰箱位置

装修厨房的时候，应事先预留出足够的冰箱位置，以免入住后因为尺寸问题导致冰箱无法搬到预定地点。

怎样为家庭选配灯光

一个赏心悦目的照明环境，会使你的家庭增添光彩。

◆首先要从实用的角度出发，为适应不同季节和环境的需要，可在房间内装上两种不同光源的灯具。日光灯光色冷，能给人凉爽之感；白炽灯色偏暖，给人以温暖的感觉。不同季节使用不同光源的灯，是一种比较科学的灯光配择方法。

◆根据房间光彩的具体情况，运用色彩的反射知识，精心构思，巧妙安排。例如：浅淡色墙面宜配一种富有阳光感的黄色或橙色为主色调的灯光，使室内环境给人以温暖感。若是一套荠色或褐色的家具，则宜选白色或黄色灯光。夏季，室内灯光为蓝色、绿色为好，它给人以安静、舒适的感觉。

◆光量要适当。一个 20 平方米的房间，只需 1 只 30 瓦的日光灯；

10～15平方米的房间，装只15～20瓦的日光灯或40瓦的白炽灯即可。

验收地面装修的技巧

陶瓷地砖、大理石、花岗岩是常用的地面板块。它们都用水泥砂浆铺贴，合格的装修要保证粘贴的颜色、纹理、图案、光洁度一致均匀。面层与基层粘贴牢固，空鼓量面积不得超过5%。接缝牢固饱满，接缝顺直。安装木地板基层的材料要涂满防腐剂，并牢固、平直。硬木面层应用钉子四边铺设，墙面和木地板之间要有5～10毫米间隙，用踢脚线压住，不能露缝。表面光亮，没有毛刺、刨痕，色泽均匀，且木纹清晰一致。

二、家具家电

巧购环保家具

（1）看材质、找标志

在购买家具时，要注意查看家具是实木还是人造板材制作的，一般实木家具给室内造成污染的可能性较小。另外，还要看看家具上是否有国家认定的“绿色产品”标志。

（2）了解厂家实力

与销售人员讨价还价的时候，可以了解一下家具生产厂家的情况，一般知名品牌、有实力的大厂家生产的家具，污染问题相对较少。

（3）闻气味

在挑选家具时，一定要打开家具，闻一闻里面是否有很强的刺激性气味，这是判定家具是否环保的最有效方法。

（4）摸摸家具

您可以摸摸家具的封边是否严密，材料的含水率是否过高。

购买家具时要注意的问题

（1）经营资质

对于那些自称是知名品牌的商店，也需要查看它们品牌代理的授权证书，若实行“三包”的，则要让他们出示“三包”的合格证，若说产品是“环保”的，要让他们提供环保证明。

（2）合同

购买家具，应使用统一印制的关于家具买卖合同，要注意核对各项内容，如家具款式、型号、材质等项目。千万不能对合同下方的自留条款掉以轻心，因为有少数商家往往会利用自留条款，来制订些对消费者不利的要求。

（3）收据

不要用收据来代替发票。消费者若图低价而接受收据，万一出现了质量问题，打起官司来，收据的法律效力比起发票来要低得多。

（4）公章

在大卖场购买家具后，要尽量去商场的总服务台为所购买的家具盖上一个商场的公章。因为有很多公司是租用商场的门店，并不是商场家具公司所设。因此，会有少数“品牌”在租期满后一走了事，当顾客发现家具有质量问题，再回头去找时，厂家早就不见踪影，而商场一般都会拒负责任。多盖个商场公章，对商家无疑会多些约束，顾客也多了一份保险。

家具材料是否合格

家具的表面用料，如桌、椅、柜的腿，要求用硬杂木，像水曲柳、柞木等，比较结实，能承重，而内部用料则可用其他材料。大衣柜腿的厚度要求达到2.5厘米，太厚就显得笨拙，薄了容易弯曲变形。厨房、卫生间的柜子不能用纤维板做，而应该用三合板。因为纤维板吸水力强，遇水就会膨胀、损坏。餐厅的桌子则应耐水洗。发现木材有虫眼、掉沫，说明烘干不彻底，这样的家具不能买，因为虫眼会越咬越大。

检查完表面，还要打开柜门、抽屉门看里面，内料有没有腐朽，可以用手指甲掐一掐，掐进去了就说明内料腐朽了。开柜门后用鼻子闻一闻，如果冲鼻、刺眼、流泪，说明胶合剂中甲醛含量太高，会对人体有害。

选家具别忘色彩

随着人们生活水平的提高和居住环境的日益改善，居民们除了选购美观实用的家具摆设外，更多的是注重室内装饰的整体效果，因此室内设计的颜色也变得多姿多彩。要使居室看起来宽敞及清新自然，选择颜色方面就要多花心思。在居室装饰中色彩的运用是室内设计非常关键的因素，色彩能够营造一个和谐、怡情悦目的居室氛围，也可以通过不同的色彩来改变居室的格调。

判断家具质量

质量是选购家具的首要条件。在家具用材和内在质量上，首先要看它的木材用料是否有疤节、糟朽或者被虫蚀的地方；在部件的连接部位，要注意看是否有由于加工的粗糙而造成的细微裂纹或崩碴儿；看它内部的用料是否加工得光滑而无毛刺，榫接处或联结件衔接处是否牢固而无松动；包镶板件表面是否平整而无明显翘曲；在选用人造板材的时候，不能有甲醛刺鼻的气味，而且必须要做封边处理。贴薄木或者其他装饰材料的时候，要紧实平滑，不可有鼓泡、开胶、凹痕等缺陷；有抽屉的最好有塑料或金属滑道，没有滑道的，可把抽屉拉出 2/3 来，其下垂度应在 20 毫米之内，摆动度应在 15 毫米之内；不得以刨花板条或中密度板条做边立柱、框、撑子等承重部件。

掌握家具数据

在选购家具前，首先必须要掌握几项数据，如：床头柜顶面应比床屉板（不包括席梦思床垫）水平面高出 20～22 厘米。挂衣柜进深不要小于 50 厘米，柜子里挂长衣的空间，其高度不要低于 135 厘米，挂短衣服的空间，其高度不要低于 85 厘米。椅子座面与桌子台面之间垂直距离应在 28～32 厘米。由于上下身比例与人体身高多有差异，在选购的时候，应以用餐或者坐在椅子上面伏案书写是否放松舒适为原则，最好在这个数据范围内做最佳选择。

选购“席梦思”床垫的学问

（1）一看

看牌子，看工艺。时下市场上的席梦思有机制、手工制、局部手工制 3 种。一般采用现代化设备生产的产品质量更有保证，可选购名牌产品。除看牌子外，还要看其质量。由表及里，先看床垫表面工艺，再看加工的绗缝是否细巧无跳针，四周平直不毛糙，20 厘米的厚度是否十分均匀，宽度从 90 厘米（单人床）到 180 厘米（双人床）的各档规格，是否准确。

（2）二竖

将平放的席梦思床垫竖起来看，看是否走样。凡弹簧紧密、泡沫海绵等填料厚实、结构科学的席梦思，竖起来后依然平整、挺括、有棱有角；而弹簧不紧密、填料不均匀不充实的席梦思，一旦竖放起来，马上走样，或直不起腰弯下来，或在中间出现凹凸现象。

（3）三按

四面按一下，查验填料是否有厚实感和均等感；用力按一下，凡按下去无多大弹簧摩擦声的为机制弹簧，排列紧密而合理；相反，按下去有较大弹簧摩擦声的，则多为手工编制弹簧，质量不稳定。

（4）四睡

用在席梦思床垫上睡一下的方法，来感知一下软硬舒适度。过硬的“席梦思”床垫只是头、背、臀、脚跟四点承受压强；过软的让人凹陷下去，均有悖于人体健康。只有软硬相宜的席梦思，才能保持人体接触部位最小压强，使腰部得到承托，能消除疲劳，提高睡眠质量。

同一房间家具的选购

在选购放在同一房间里的家具时，首先要注意它们风格、款式及造型的统一，色调也要跟整个房间相和谐。若只换个别的家具，也要尽可能选择跟同室内原有的家具颜色相近的。对于那些采光条件较差的房间或小房间里，最好选用浅颜色或者浅色基调的拼色家具，从而会给人一种视觉上较宽绰明亮的感觉。对于大房间或者光线比较亮的房间，最好选择颜色比较深的家具，这样，能凸显出古朴典雅的氛围。

选购板式家具的注意事项

（1）注意表面质量

板式家具选购时主要看表面的板材是否有划痕、压痕、鼓泡、脱胶、起皮和胶痕等缺陷，以及木纹图案是否自然流畅。选择对称家具要色彩、纹路和谐，让人感到如同出自一块材料。

（2）注意制作质量

板式家具在制作中是将成型的板材经过裁锯、装饰封边、部件拼装组合而成的，其制作质量主要看裁锯质量及边、面装饰质量和板件端口质量。

（3）注意金属件与塑料件的质量

板式家具均用金属件、塑料件作为紧固连接件，金属件要求灵巧、光滑、表面电镀处理好，不能有锈迹、毛刺等，配合件的精度要求更高。塑料件要造型美观、色彩鲜艳，使用中的着力部位要有力度和弹性，不能过于单薄。开启式的连接件要求转动灵活，内部装有弹簧的要松紧适当。

（4）注意甲醛释放量

板式家具的甲醛释放量国家有标准规定。消费者在选购时，打开门和抽屉，若嗅到一股刺激异味，造成眼睛流泪或引起咳嗽等状况，说明甲醛超标，不应选购。

选购另类家具

玻璃家具。这种玻璃是一种清晰度高的新型钢化玻璃，像水晶般透明、清澈，很迷人。以往常用钢管焊接家具支架，而现在用的是既不要焊接又不要螺丝钉固定的一种挤压成型的新的金属材料，其用的是强度高的结剂，外观秀丽，造型流畅。

纸椅子、纸桌、纸床、纸书橱、纸衣柜等。这些家具的特点就是能防霉、防水、防虫蛀。另外承受强度大，如纸椅最大负荷达到600千克，还有的纸家具也能负荷90千克重物，经过撞击10万多次而不会变形。其还具有纺织物、纸及木材的质感，感觉惬意、舒适。与木家具比，它重量轻，硬度低，更安全。

还有以聚碳酸酯为材料的家具，它是用激光切割的。以亚麻丝板为材料的家具，是用粉碎了的亚麻丝杆制成的。塑料充气家具，色彩齐全。抗菌实木家具，它具有抑制大肠杆菌的作用。

牛皮沙发的选购

(1) 看

看外观，包覆的牛皮要丰满而平整，皮革没有刮痕和破损。纹理清晰，光洁细腻，属优质牛皮。牛肚皮（皮的形态和牢固度不够）不能用于做面料。也有些皮质沙发，选取猪皮、羊皮做面料。猪皮光泽度差，且皮质粗糙，而羊皮虽然轻、薄、柔，但是比不上牛皮有强度，且皮张面积小，在加工时常常要拼接。

(2) 摸

通过触摸，能够了解皮张的厚感是否均匀，且手感是不是柔软。熟牛皮工艺较好，经过硝制加工，有细腻、柔软的特点，生牛皮则板结生硬。在无检测工具的情形下，手感显得尤为重要。

(3) 坐

上等牛皮沙发，每一部分的设计都是根据人体工程学原理，人体的背、臀等部位能获得很好的依托。结构非常轻巧，造型也很美观，且衬垫物也恰当。人坐在上面，身心放松，感觉舒适。

另外，就算用手用力压座面，也听不到座面中弹簧的摩擦声。用腿用力压座面，且用两手摇晃沙发双肩，也听不到内部结构发出的声音。

布艺家具的选购技巧

选购其框架结构时应选择非常稳定、硬木不突起且干燥、边缘有突出的家具形状滚边的。在主要的联结处有加固装置，通过螺丝或胶水与框架相连，不管是插接、销子联结，还是用螺栓来联结，都要保证每一联结处非常牢固。

要用麻线将独立弹簧拴紧，其工艺的水平也应达到八级。在承重的弹簧处应有钢条加固的弹簧，固定弹簧上面的织物应不易腐蚀且无味，弹簧上面的覆盖织物也是一样。

在座位下应设防火聚酯纤维层，靠垫核心的聚亚氨酶其质量应是最高，家具后背的弹簧也应该是用聚丙酶织物所覆盖的。在泡沫的周围也应该要填满聚酯纤维或棉，以保舒适。

怎样鉴别红木家具

在家具用材中，红木是指豆科紫檀属、黄檀属等5属8类树种的心材，主要有以下几种：

（1）紫檀木

木质表面呈白色，心材鲜红或橘红色，久露空气后变紫红褐色。材色较均匀，常见紫褐色条纹。有光泽，具特殊香气，纹理交错，结构致密，耐腐、耐久性强。材质硬重，细腻。

（2）梨木

梨木边材为浅黄褐色，心材红褐色到紫红褐色，久则变为暗色。材色不均匀，常杂有深褐色条纹。径面斑纹略明显，弦面具波痕。有光泽，具辛辣香气。纹理斜或交错，结构细而匀，耐腐、耐久性强。材质硬重，强度高。

（3）酸枝木

边材黄白色到黄褐色，部分树种为棕褐色等；心材橙色、浅红褐色、红褐色、紫红色、紫褐色到黑褐色；材色不均匀，深色条纹明显。木材有光泽，具酸味或酸香味，纹理斜或交错，结构细而匀，耐腐、耐久性强。材质硬重，强度高，通常沉于水。

（4）花梨木

边材黄白色到灰褐色；心材浅黄褐色、橙褐色、红褐色、紫红色到紫褐色；材色较均匀，可见深色条纹。木材有光泽，具轻微或显著清香气；纹理交错，结构细而均，耐腐、耐久性强。材质硬重，强度高，通常浮于水。

巧辨家具的贴面

（1）木贴面

制作中将实木切成约2毫米厚的木片，经特殊粘连，贴在家具表面，再经上漆、紫外线烘烤而成，特点为触摸光滑，用手指扣敲木板有厚实感，表面木纹清晰但不规则，在板块转角处可隐约看见1毫米左右的木皮，该类家具为贴面家具中属上品，一般售价稍贵。

（2）胶贴面

俗称防火胶板贴面，手感粗糙，细看表面有一粒粒气孔，多出现于办公家具的板材上，木纹模糊无规则，价位为木贴面的一半左右。

(3) 纸贴面

将木纹印刷在纸上贴在板材上，再经油漆处理，手感光滑，木纹模糊但稍有规则，在转角处可轻易剥出纸皮。

该种家具因材料低廉而显得便宜，但在使用中较易出现划伤、贴面卷起等现象。

购买洁具的窍门

(1) 看光洁度

光洁度高的产品，其颜色非常纯正，白洁性好，易清洁，不易挂脏积垢。在判断它的时候，可以选择在比较强的光线下，从侧面来仔细观察产品表面的反光，表面没有细小的麻点和砂眼，或很少有麻点和砂眼的为好。光洁度高的产品，很多都是采用了非常好的施釉工艺和高质量的釉面材料，均匀，对光的反射性好，它的视觉效果也非常好，显得产品的档次高。

(2) 摸材质

在选择的时候，可以用手轻轻抚摸其表面，若感觉非常平整、细腻，则说明此产品非常好。还可以摸它的背面，若感觉有“砂砂”的摩擦感，也说明此产品好。

(3) 听声音

用手轻轻敲击陶瓷的表面，若被敲击后所发出来的声音比较清脆，则说明陶瓷的材质好。

(4) 比较品牌

在选择的时候，可把不同品牌的产品放在一起，从上述几个方面来对其进行对比观察，就很容易将高质量的产品判断出来。

(5) 检查吸水率

陶瓷产品有一定的吸附渗透能力，即吸水率，吸水率越低，说明产品越好。因陶瓷的表面、釉面会因为吸入的水过多而膨胀、龟裂。对于坐厕等吸水率比较高的产品，很容易把水里的异味和脏物吸入陶瓷。

选购橱柜5注意

(1) 看打孔

现在的板式家具都是靠三合一连接件组装，这需要在板材上打很多定位连接孔。孔位的配合和精度会影响橱柜箱体的结构牢固性。

专业大厂用多排钻一次完成一块

板边、板面上的若干孔，这些孔都是一个定位基准，尺寸的精度有保证。

(2) 看裁板

裁板也叫板材的开料，是橱柜生产的第一道工序。

大型专业化企业用电子开料锯通过电脑输入加工尺寸，由电脑控制选料尺寸精度，而且可以一次加工若干张板，设备的性能稳定，开出的板尺寸精度非常高，公差单位在微米，而且板边不存在崩茬。

(3) 看板材的封边

优质橱柜的封边细腻、光滑、手感好，封线平直光滑，接头精细。

专业大厂用直线封边机一次完成封边、断头、修边、倒角、抛光等工序，涂胶均匀，压贴封边的压力稳定，加工尺寸的精度能调至最合适的部位，保证最精确的尺寸。

(4) 看抽屉的滑轨

这虽然是很小的细节，却是影响橱柜质量的重要部分。

由于孔位和板材的尺寸误差，造成滑轨安装尺寸配合上出现误差，出现抽屉拉动不顺畅或左右松动的状况，还要注意抽屉缝隙是否均匀。

(5) 看门板

门板是橱柜的面子，和人的脸一样重要。小厂生产的门板由于基材和表面工艺处理不当，门板容易受潮变形。

金属家具的选购

(1) 选购金属家具应注意产品外观

烤漆和电镀产品应保证表面光滑，不脱落，不起泡，不返锈，无磕伤和划伤。

(2) 选购金属家具应注意钢管质量

钢管的管壁不允许有裂缝、开焊和叠层不平，管件之间的焊接部位应不漏焊、不开焊、不虚焊，不能有气孔、焊穿的毛刺等缺陷。

(3) 选购金属家具应注意铆接牢固处

金属部位与钢管的铆接牢固不松动，铆钉帽应光滑平坦，无毛刺，无挫伤。

(4) 选购金属家具应注意管口处

钢管弯曲处无明显褶皱，管口

处不得有刀口、毛刺、棱角。

（5）选购金属家具应注意折叠性能

家具打开使用时，四脚落地应在同一水平面上，折叠产品要保证折叠灵活，不得有自行折叠现象。

定做橱柜的技巧

（1）橱柜造型依房间尺寸而定

橱柜有直线型、U 型、L 型等几种设计，许多家庭的厨房面积不大，整体橱柜可以按厨房的尺寸设计造型，充分利用空间，使厨房变得更整齐、有条理。

（2）方便安全原则

厨房是家中唯一使用明火的区域，所以橱柜表层的防火能力是选择橱柜的重要标准。正规厂家生产的橱柜面层材料，全部使用不燃或阻燃的材料制成。

（3）要货比三家

对同一款式、同一品牌的商品，要从质量、价格、服务等方面综合考虑。

（4）仔细查看

买回来的家具一定要仔细看一遍，再付余款，等擦洗的时候，说不定会发现有些地方有裂缝。

家居移门如何选购

（1）型材

移门实用的型材基材大体有两种：一种是铝合金，一种是塑钢。由于铝合金具有重量轻、强度高等特点，是移门基材的高档材料。在看型材的时候，不但要注意基材，还要观察它的表面处理。高级的表面处理有阳极氧化、电泳覆膜碳喷涂等工艺，这些工艺要比简单的喷涂和电镀具有更高的硬度和美观性。

（2）顶底轨

因为要经受反复的摩擦，所以顶底轨一定要强度高，耐磨损。

（3）顶底轮

顶底轮是移门重要配件，要注意选用优质轴承滑轮。

（4）胶条

市场上流行的主要材料有 PVC 橡胶、硅胶等，其中硅胶条由无毒、无腐蚀性的硅胶材料制成。超低温情况下也能保持良好的韧性。

(5) 板材、基材

在柜体板材中常用的器材有细木工板、密度板、防潮刨花板，其中最具性价比的是防潮刨花板，它有重量轻、强度高、握钉力强等优点。

(6) 胶水、封边带、贴面

封边带主要对板材断面进行封固免受环境或使用过程中的不利因素（主要为水分）对板材的破坏，也达到装饰效果。

家具家居适宜的高度

(1) 白炽灯适宜的高度

15 瓦白炽灯距桌面最适宜的高度应为 25 厘米，25 瓦应为 40 厘米，40 瓦应为 60 厘米，60 瓦应为 105 厘米。

(2) 日光灯适宜的高度

8 瓦灯管距桌面最适宜的高度应为 55 厘米，15 瓦应为 75 厘米，20 瓦应为 100 厘米，40 瓦应为 150 厘米。

(3) 椅子适宜的高度

椅子面距地面的适宜高度应比小腿的长度低 1.5 厘米左右。这样，当人坐下时下肢可着力于整个脚掌部，以便于两腿的前后自由移动。

(4) 办公桌适宜的高度

办公桌的桌面高度应为身体坐正直立，两手掌平放在桌面上时不用弯腰或屈肘关节。使用这一高度的桌子，能减轻因长时间伏案工作引起的腰酸背痛。

(5) 床适宜的高度

床面的高度一般以稍高于使用者的膝盖为宜。

(6) 枕头适宜的高度

枕头的高度一般以 10～15 厘米为好，少年和儿童要相对低些，对未满 1 周岁的婴儿，则以不高于 5 厘米为合适。

如何确定客厅沙发尺寸

适合住宅的单座位沙发通常为 760 毫米×760 毫米，最多为 810 毫米×810 毫米；三座位沙发的长度通常为 1750 毫米～1980 毫米。

很多人喜欢进口沙发，但进口沙发的尺寸通常较大，单座位沙发的尺寸多为 900 毫米×900 毫米，如果客厅的面积不是很大，摆放进口沙发往往会令客厅看起来更为狭小。

许多人喜欢转角沙发，转角位为角几，沙发尺寸为760毫米×760毫米。如果将转角位做成沙发，坐的人很容易占去隔邻的位置，而且由于双脚放在一个直角位置，坐着的人也会感觉不舒服。要想转角位坐得舒服，转角沙发的尺寸就应该为1020毫米×1020毫米。

正常情况下，座位的最高位为400毫米，并且以6度的倾斜度向下倾斜。座位的深度应在530毫米左右，如果太深就坐不到底。

怎样选购和摆放茶几

木头材质是茶几最为传统的选材，金属、玻璃、塑料、皮革、竹编、布艺及其他合成材料也逐渐被接纳，并被应用到家居环境中。

雕花皮质茶几和布艺茶几演绎出的是古典情怀，而木质茶几和竹编茶几则显示出回归自然的主题。

千奇百怪的现代茶几造型带来新奇的感受。

木质的常规直线条桌脚变成圆形桌脚时，凸显古典风格；而将四只桌脚改为不锈钢材料这种现代感极强的材料时，则显现出对传统风格的挑战。

茶几可以灵活地放置在客厅的各个方位，附加抽屉的茶几可以收纳杂物，使空间更加整洁；带轮子的活动茶几可以随意移动；而可随意拼凑的组合茶几不仅可以自由旋转，还可以根据居室、沙发大小而自如拉伸。

茶几就像一个小精灵一样，在居室的美化中饰演着不可或缺的角色。

浴缸选择

普通钢板浴缸清洗容易、价格适中，但造型较单一。

亚克力浴缸造型丰富，既不会生锈又不易受损，而且非常轻便，且浴缸的底部通常有玻璃纤维以加强底部的承托能力，但是它的寿命比较短，老化后不易清洗。

铸铁浴缸使用寿命长，档次高，价格较高，但搬运和安装都很麻烦，这种材质的浴缸还有一个最大的缺点就是保温性能差，放进热水很快会变凉。

3.5毫米厚钢板浴缸比较坚硬耐用，同时还有陶瓷或搪瓷覆盖表层，它的表面釉面不容易挂脏，寿命长，安装较容易，兼具了钢板浴缸和铸铁浴缸的优点。

家具合理布置的法则

人们习惯把一间住房分为三个区：

一是安静区，离窗户较远，光线比较弱，噪音也比较小，以安放床铺、衣柜等较为适宜。

二是明亮区，靠近窗户，光线明亮，适合于看书写字，以放写字台、书架为好。

三是行动区，除留一定的行走活动空间外，可在这一区域放置沙发、桌椅等。

家具按区域布置，房间就能得到合理利用，并给人舒适清爽感。高大家具与低矮家具还应互相搭配布置，高度一致的组合柜相对严谨，变化不足，家具如果起伏过大，又易造成凌乱的感觉。所以，不要把床、沙发等低矮家具紧挨大衣橱摆放，以免产生大起大落的不平衡感。最好把五斗柜、食品柜、床边柜等家具作为高大家具，低矮家具作为过渡家具，给人视觉由低向高逐步伸展的感觉，以获取生动而富有韵律的视觉效果。若一侧家具既少又小，可以借助盆景、小摆设和墙面装饰来达到平衡效果。

选购家具聚酯漆

聚酯漆是以聚酯树脂为主的成膜物。高档家具一般用不饱和的聚酯漆，也就是通常所称的“钢琴漆”，不饱和聚酯漆的特性为：

一次施工膜可达1毫米，其他的无法比拟。

它清澈透明，漆膜丰满，其光泽度、硬度都比其他漆种高。

耐热、耐水及短时间的耐轻火焰性能比其他的漆种好。

不饱和的聚酯漆，其柔韧性差，受力的时候容易脆裂，漆膜一旦受损就不易修复，因此，在搬迁的时候，要注意保护家具。

根据房间选择地毯

在选择地毯的时候，要根据不

同的房间来对其进行选择：

（1）门口

一般可以铺设尺寸比较小的脚垫或者地毯，适宜选择比较容易清洗和保养的化纤地毯。

（2）客厅

若客厅的空间比较大，可以选择耐磨、厚重的地毯，最好能铺设到沙发的下面，造成整体统一的效果。若客厅的面积不大，应选择面积稍大于茶几的地毯。

（3）卧室

若将整个房间都铺满，会感觉有点奢侈，可以只铺一块地毯在床前，没有床头柜或床大。床前毯应放在床比较靠门的一侧，或放在床的两侧。若是儿童房，可以选些带有卡通人物、动画图案的地毯，质地上可选择既防滑又容易清洁的尼龙地毯。

（4）卫浴间

适合放尺寸比较小的脚垫和地毯，现在市面上也有很多专门为卫浴间而设计的防滑地毯，可选择跟整体卫浴配套的。

怎样为孩子选家具

考虑到儿童特殊的年龄要求，应为各个年龄段的孩子选择款式不同、大小尺寸各异的睡床、桌椅等家具。最好能自由升降调节高度，尤其桌面的高度一定要恰到好处，这样可尽量避免造成儿童近视。为孩子选择睡床不能太软，由于孩子处在成长发育期，骨骼、脊柱没有完全发育到位，睡床过软容易造成儿童骨骼发育变形，同时最好选择环保型的材料，让孩子从小就能够生活在健康、自然的环境中。

要多选一些鲜艳而有生命力的颜色。绿色能引发孩子们对大自然的向往，对生命的热爱；红色会激起孩子的热情及对美好生活的向往；在蓝色的梦幻中，孩子们遥想未来，勾勒美好明天；白色告诉孩子们纯洁与公正。若选一些众多色彩拼出的小器具，则能丰富孩子的想象力，增添情趣。另外，儿童家具一定要边角柔滑，无尖利之感，避免磕碰到孩子。选用许多隔板式样的，可方便放置儿童的玩具、书本，使孩子们的空间井然有序。

如何选购入墙衣柜

选购入墙衣柜颇有讲究，需注

意以下3方面：

中密度板更好。市面上的入墙柜主要采用中密度纤维板及防潮板，两者相比，中密度板的要好些。此外，入墙柜的五金件也很关键，主要有碳钢、钛合金、铝合金等几种。而滑轮的顺滑、耐磨、耐压性也不应忽视。品牌衣柜的滑轮一般选用碳素玻璃纤维制成，内带滚珠，附有不干性润滑酯，推拉时几乎没有噪音。

设计是否科学。好的入墙衣柜柜体，通常由不同的分柜搭配组合，可根据顾客的实际情况个性化订做；抽屉与搁板可自由增减。

是否选用绿色环保材料。柜门或柜体的材料甲醛含量过高，会对使用者的身体健康造成不良影响。判断甲醛含量是否超标，最简单的办法是打开柜门，拉开抽屉，如超标，一般会散发出强烈刺激气味，甚至让人流泪。

选购电视机的技巧

（1）根据价格来选购

进口电视机与国产电视机的功能不同，其价格也会有所不同，但它们的质量却相当。因此，若是工薪阶层消费者，可以放心选购国产名牌。价格也要在自己所能承受的范围内，当电视机的质量发生问题时，也容易得到解决。

（2）根据功能来选购

在制式的选择上，PAL制主要适用于中国、澳大利亚、英国、瑞士、巴西、新西兰、比利时等国家的消费者；NTSC制主要适用于美国、日本、加拿大、墨西哥、菲律宾等国家的消费者；SECAM制主要适用于俄罗斯、法国、古巴、中东各国等国家的消费者。

在显像管的选择上，有直角平面管和球面管两种选择。

在显像的选择上，有画面显像和多重画面两种选择。

在伴音的选择上，则有双声道输出和单声道输出两种选择。

电视机响声识别

（1）开机时的响声

电视机开机瞬间发出轻微“吱吱”声或“嗡嗡”声时，属正常现象；如果“吱吱”声很大，并能嗅到一股臭味，同时屏幕上出现了小麻点，则表明电视机已经有故障，应当立即检修。

（2）收看中的响声

在电视机收看过程中，有时会出现近乎爆裂的“咔咔”声，这是因机内温度升高，导致外壳热胀而发出的声音，属正常现象。

（3）收看中的“放炮声”

如果电视机在收看过程中，机体内发出响亮的“放炮声”，同时图像或伴音出现异常，则应立即关机进行检修。

（4）关机后的响声

电视机在已经关闭了一段时间后出现了“咔咔”的响声，这是由于机体内温度降低，引起机壳冷缩而发出的正常音响。

选购空调窍门

目测空调器各部件，加工应精细，塑料件表面应平整光滑、色泽均匀。各部件的安装应牢固可靠，管路与部件之间不能互相摩擦、碰撞。

对手动的垂直、水平导风板应能上下或左右拨动，不能太紧，更不能太松，应拨在任何位置都能定位，不应自动移位。

检查过滤网拆装是否方便，网是否有破损等。空调器面板上的旋钮应转动灵活，不松脱、不滑动。

空调器在制冷运动时，不能有异常的撞击声等噪声，振动也不能过大。

检查电源线、电源插头是否符合规范，用力拉电源线不应松动拉出。

应检查说明书、合格证等技术文件是否齐全，按照装箱单检查附件是否齐全。

怎样选购电冰箱

首先看冰箱的外观是否平整，有无碰伤划坏，颜色是否满意，喷塑涂层是否光洁明亮，冰箱内胆有无破裂损伤，箱壁发泡层是否充实。其次试冰箱门的密封程度和开启力。然后将冰箱可调支脚水平调稳，接通电源，将温控器调到弱冷位置，手放在冰箱顶盖上，手感振动微弱，如果振动大就不好，冰箱启动20～30分钟箱内温度下降到一定程度，压缩机即自动停止工作，过一段时间温度回升，又自动开启，说明压缩机工作正常，用手触摸散热器有一定温度，说明制冷系统工作正常，打开箱门用手摸冰箱内壁的蒸发器，应有明显的冷感。经压缩机工作一段时间后，用手摸一下压缩机和冷凝器的管路接口处有无渗漏油迹现象。冰箱接通电源后，一般可听到冰箱压缩机内电机转动声和制冷剂循环流动声，均属正常，但电机转动声不宜太大或忽大忽小，一般用仪器测量不应高于52分贝，即在冰箱附近可听到微微的声音，且响声平稳。

根据条件选购家用电脑

选购家用电脑时，首先要明确自己所购电脑的用途，并结合自己的经济状况，选择购买。

购买家用电脑主要有两种选择，即选购品牌机，或自己决定电脑配置选择相应档次的系统及部件来组装电脑，也就是常说的“攒机”。

品牌机性能较稳定，并有良好的售后保障，但通常价格较高，且配置选择余地较小；“攒机”可根据自己的实际需要选择配置，但有时稳定性较差，也缺少相应的售后服务，价格相对品牌机便宜。

检测彩电质量

（1）检查灵敏度

一般可以通过观察荧光屏上面的噪波点来判断。在没有信号输入的时候，噪波点越小、越多、越圆，则说明其灵敏度越好、越高。

（2）检查功能

按说明介绍的要求和方法，逐项检查静噪、遥控、OPC、AV等功能是否正常。

（3）检查光栅

合格的标准应该是无滚道、无弯曲、表面无色斑、高度均匀、光栅充满整个荧屏，高度旋钮调到最大的时候，光栅有刺眼的感觉。

（4）进行耐震检查

用手在电视机的机壳上轻轻拍打，看图像是否有跳动、闪动或者无图、无声等现象，同时，机内也不应该有异常的声音。

（5）检查伴音

伴音应该随着音量电位器的调整，声音宏亮、大小变化分明，柔和悦耳，不应该有较大的交流声和沙哑声。

（6）检查色调变化

当色度旋转调到最小的时候，画面应该变成黑色图像，当调到最大的时候，色彩应该很浓。

选择电冰箱外观

◆要注意箱门和箱体四周要平直，装配要牢固，箱门不能歪斜，轴销与转动轴之间的间隙要配合良好，用手来推拉箱门的时候，手感要比较灵活。

◆涂在冰箱表面的色泽要均匀，光亮，不要有锈蚀、麻点、碰伤或者划伤等痕迹。

◆电冰箱里的电镀件要保持细密、光亮，不要有镀层、脱落等情况。

◆箱体、箱门和门襟等接触处，不得外漏发泡液。

◆门胆和内胆表面要光洁、平整，特别是过渡圆角附近，要注意搁架尺寸的适中性。

◆用目测来检查一下电冰箱门的封条跟箱体间是否严实、平整。

◆电冰箱的温度控制器旋钮要转动灵活，按下化霜按钮后，就能迅速回弹复位。

测电冰箱制冷性能

◆把电冰箱里面的温度控制器旋“停”挡位，将电源接通，然后，检查一下灯的开关和照明灯，当打开箱门的时候，照明灯会全亮，箱门在要接近全关的时候，照明灯会熄灭。

◆把温度控制器调到“强冷”挡位，电冰箱压缩机则会开始运转，电冰箱里的其他电器也会开始正常工作，约 5 分钟后，用手先摸一摸电冰箱的冷凝器（在冰箱后背或两侧），会有热的感觉，且热得越快越好。将箱门打开，用手摸一摸蒸发器，会有冷的感觉。

◆再把箱门关上约 20 分钟，当冷凝器部位非常热时，将箱门打开仔细看一下蒸发器，上面应该会有一层薄薄均匀的霜体。如果蒸发器上面结的霜不均匀或者某一个部位不结霜，则说明此电冰箱制冷的性能不好。

家电质量认证标志巧辨识

质量认证是消费者购买家用电器的重要参考之一，下面介绍一些常见质量认证标志。

(1) CCIB 标志

中国进出口商品检验局检验标志。

(2) 长城标志

中国电工产品认证委员会质量认证标志。

(3) UL 标志

美国保险商实验所认证标志。

(4) CECC 标志

欧洲电工认证标志。

(5) BEB 标志

英国保险商实验室的检验合格标志。

(6) AS 标志

澳大利亚标准协会使用于电器和非电器产品的优质标志。

(7) JIB 标志

日本标准化组织对其检验合格的电器产品、纺织产品颁发的标志。

滚筒洗衣机的选购窍门

磨损率低、不缠绕、洗涤范围广以及节能、节水等众多优点，使滚筒洗衣机这一高端产品走进了越来越多的寻常百姓家。如何选购一台最令人满意的产品呢？

打开包装察看外观，观察整台机体的油漆是否光洁亮泽；门窗玻璃是否透明清晰；有无裂、刮痕；功能选择和各个旋钮是否灵活。

试机时，接上电源后，先开启洗衣机的程控器，并置于匀衣挡。此时要注意噪音是否过大，同时，用手感觉一下机体的振动情况。一般来说，振动越小，说明滚筒运转越平稳，质量可靠。

当以上几项试验都完毕后，即可关机。但一定要在关机约 1 分钟后，再打开机门。观察门封橡胶条是否有弹性，如果弹性不足，可能会造成水从门缝中渗漏。

选购笔记本电脑

◆在选购超薄笔记本电脑之前，最好先了解一下笔记本电脑存储器的知识。

◆衡量一台笔记本电脑优劣的一个直观的标准是它的 CPU 运行速度。

◆电池容量及使用寿命也是衡量笔记本电脑好坏的重要指标之一。通常超薄笔记本电脑以锂电池、镍氢电池或碱性电池作为主电池。

◆选购的笔记本电脑最好能内置 Mo-dem 和配置红外线接口，这样可大大突出其本身的便携性。

◆对于电脑操作不太熟悉的消费者来说，最好去选购一个具有良好品牌服务的笔记本电脑，以便确保售后服务和技术支持。

数字电视购买时应注意事项

首先确定要购买的尺寸；其次是品牌，每个品牌都有其不同侧重点及定位，价格差异也很大；第三是价位，不要盲目轻信最低价或最高价；第四是售后服务。另外，还要注意是不是高清电视机，是否带有 HDMI 接口等。

目前，全国各地的数字电视运营商都为自己发射的数字信号进行了加密，所以按“机卡分离”的原则开发出来的一体机电视，能够将数字机顶盒内置于数字电视机内，不仅能大大简化解码程序，节省大量空间，也节省了机顶盒的购置费。因此消费者在购买数字电视前一定别忘了询问此项内容。

选购手机应注意事项

(1) 选购手机应明确功能

在选择手机时，对手机功能的需求是非常重要的。首先，用户要明确在日常工作与生活中，何种功能是利用率最高的。如对音乐要求比较高，可选择在音乐方面强大的音乐手机；如对随手拍照取乐感兴趣，可选择侧重于拍照的手机。

(2) 选购手机应注重时机

在选定心仪的机型后，正式进入到购买阶段。这里要特别注意的是，一般新机型出来后售价过高，且不知版本功能是否稳定。建议消费者先不要着急购买，可以先上网查询一下针对该款手机的相关评价，再决定是否入手。

(3) 选购手机应慎选渠道

购买手机时，建议消费者选择

正规、有信誉的商店或专卖店进行购买。同时，还应注意索取购货凭证。凭证上应写清产品的品牌及规格型号等，以备发生争议时向有关部门提供相应的证据。

吸尘器的选购窍门

吸尘器可以吸净地面、墙壁、天花板、纱窗、沙发、床铺、家具等表面的灰尘和污物，也可用来吸收录机、电视机等内部的灰尘，省时省力。由于清扫时间不长，耗电不会太多，因此吸尘器的使用日趋广泛。

吸尘器一般由外壳、串激式电机、滤尘袋和调速器等组成，分为干、湿和干湿型3种，干式吸尘土，湿式可以吸水。

另外，吸尘器还有交流供电、蓄电池供电的，式样有杆式、卧式、立式等，调速方式有两挡和无级调速。

此外，还有可自动调节吸力及无级变化功率以适应不同对象的节电型电脑吸尘器。选购时应根据自己的需要进行选择。

洗衣机的型号标记代表什么

第一位的符号“X”表示洗衣机；“T”表示脱水机。

第二位“P”普通型；“B”半自动型；“Q”全自动型。

第三位“B”波轮式；“G”滚筒式；“D”搅拌式。

第四位是洗涤容量。

第五位是厂家设计序号。

第六位是结构类型代号，“S”表示双桶机，单桶机不标。

怎样选购家用空调大小

家用空调的大小可参考国际制冷学会提供的一个公式来计算：

房间所需的制冷量＝单位面积所需的制冷量×房间面积＋室内平均每人所需的制冷量×室内居住人数。

一般情况下，在室外温度43℃以下时，室内每平方米所需的制冷量和每个人所需的制冷量都是150瓦。

例如：你家一个40平方米的房子居住着5口人，那么其所需的制冷量是150瓦×40＋150瓦×5＝6750

瓦也就是说，你家应该安装一个制冷量为6750瓦左右的空调器比较合适。如果你为了节约，仅仅为卧室安装空调，而你的卧室面积为20平方米，那么你只需要安装一个制冷量为3750瓦左右的空调器就可以了。

怎样选购电风扇

目前市场上有吊扇、台扇、落地扇、鸿运扇、顶扇、壁扇以及派生产品微吊扇、办公扇、多用扇等各种不同的品种。每种风扇又有不同的规格，消费者应根据用途、使用环境及爱好来决定购买哪种风扇。

功能选择主要集中在台式、落地扇方面。这两种电风扇一般分为标准普及型和电子豪华型两类。前者以结构简单、操作方便、售价低廉为特色，一般只具有调速与换向两种功能；后者则以复杂多变的功能、豪华精美的造型为特色。可根据实用性或装饰性来决定取舍。

优质电风扇的烤漆和电镀光亮平滑，无气泡、划痕，各螺针无松动现象。旋轴、开关操作时发音清脆、定位准确，轻触式开关指挥正确、可靠。拨动扇叶时，扇叶转动平稳轻松，不碰触任何部位，停止时叶片渐慢自然停止。沿轴向推拉扇叶，其晃动量不超过0.5毫米，扇头俯角范围应为15～20度，在这个范围内，扇头应都能放平衡，焊接部位无开焊现象。

通电时，在摇头位置用最低挡启动，风扇迅速达到正常转速，特别是晚上低电压时也能正常启动；当变换挡位时，风量有明显变化，且每一挡都无明显噪音；摇头时，对于300毫米以下风扇不小于60度，大于300毫米以上风扇不小于80度，每分钟摆头不少于4次，转叶不小于5次，工作30分钟后，无明显的烫手感。如有遥控、钟控、定时等功能，则应准确无误。

数码照相机的购买

(1) 如何判断相机是否是高像素

在使用数码相机拍摄的过程中，由于接受讯号的感光元件是 CCD，所以厂商经常用 CCD 的像素作为数码相机的规格。只判断需要多少像素的数码相机可以依据公式来判断，其公式为：影像质量 = 影像尺寸 × 分辨率的平方。

(2) 如何选择相机的镜头

镜头的变焦倍数直接关系到数码相机对远处物体的抓取水平。变焦越大，对远处物体拍得越清楚，反之物体的清晰度降低。因此，选择变焦大的数码相机，在出门时可以有效摄取远处景色。

(3) 如何选择液晶取景器

液晶取景器应选择亮度高、像素大的。目前，比较流行的是 1.5 ~ 2.5 寸之间的取景器。只要在选购时稍加注意即可。

(4) 如何选择闪光灯

由于大部分的室内摄影都需要使用闪光灯，绝大部分的数码相机都不能外接闪光灯，所以闪光灯的控制模式便显得非常重要。功能较好的数码相机可支持多种灯光控制模式，如果经常拍人物照，应该选择有消除红眼功能的数码相机。

(5) 光圈与快门的选择

光圈和快门是数码相机选购时很重要的指标。好的数码相机随手一拍，便可以获得清晰、漂亮的照片，但是有些数码相机则需要使用三脚架，否则图像将模糊或者发虚而不能使用。

目前，市场上的数码相机使用的感光元件有 CCD 和 CMOS 两种。虽然大部分数码相机使用的感光元件是 CCD，但 CMOS 可以在每个像素基础上进行信号放大，采用这种方法可节省任何无效的传输操作，所以只需少量的能量消耗，同时噪音也有所降低。

数码摄像机的购买

(1) 注意外观与体积

家用机器一般都带有娱乐性质，所以要考虑到外形样式是否美观实用。另外，由于家用摄像机一般是在外出时候携带使用，所以体型应该小巧便携，不应占用太多的空间。

(2) 注意技术指标

图像质量是选购摄像机时非常重要的技术指标。摄像机拍摄图像的分辨率，以水平解像度作为衡量标准，线数越多，图像越清晰。

(3) 注意变焦性能

变焦性能代表了摄像机的灵活性，是另一个重要指标。光学变焦靠变化镜头焦距来变焦，液态镜头变焦靠镜头形状的变化来取得变焦效果。相对来说，液态镜头比化学镜头在变焦的速度和取得图像质量上有优势。

(4) 注意液晶取景器

现在比较流行的是2.5英寸和3.5英寸的液晶取景器。主要要求取景器的亮度与像素相对高就可以了。

(5) 注意其他功能的完善

摄像机除了时钟设定，各种操作设置等必备功能外，还有画面效果、数码编辑、渐变器等功能。

(6) 注意配件的质量

数码摄像机的配件部分，首先要注意电池的待机时间。一般随机带的电池都是拍摄时间比较短的，要选择质量较好的电池，方便日后的拍摄。另外，还要注意看货物单上的器材是否配备齐全。

怎样正确使用排气式燃气热水器

首先要打开燃气阀，然后按动点火器的点火按钮，直到将火点燃为止。

再打开水量调节阀，最后完全开启进水阀。这时，冷水由导管进入隔膜室，并对隔膜产生压力，使水气联动阀随即开启，燃气进入主燃器。其进水阀打开后，发现大火未点燃，而又有燃气溢出（即可闻到臭味），应立即关闭进水阀，稍停一下后再重开进水阀。如多次均不能将大火点燃，应立即停止使用，并检查修理。

在开启进水阀、大火点燃后，一般经45秒钟即可连续放出热水，然后根据需要，调节水量调节阀。因为水温和出水量成反比，出水量（也即进水量）越多，其出水温度也越低。

为节省能源，在淋浴中可暂停使用时（例如擦肥皂等），可将进水阀关闭，使主燃器自行熄灭，而继续点燃小火。需再使用时，可再打开进水阀。

使用完毕，应先关闭进水阀，然后关闭燃气阀。在关闭进水阀后，如主火仍未熄灭，应立即关闭燃气阀，否则，将因过热而损坏热水器。

其他注意事项：

须在确定证明小火点燃后，方可开启进水阀，点燃主燃器。也就是说，严禁在进水阀打开以后，再去检查小火点燃器。

在间歇使用时，要防止被刚开始时冲出的高温水烫伤。

最高水温不要超过80℃，以免热水管结垢，影响使用寿命。

准备长期不用时，应将热水器内的余水放完。

三、清洗与保养

随手可得的10种清洁用具

（1）一次性方便筷

一次性方便筷除了可以直接用来抠除污垢外，也可以用抹布将方便筷包起来，制作成筷子包，用来清除一些细缝的污垢。

（2）勾坏的丝袜

家里常常会有不小心就勾坏的丝袜，不要急着丢掉，将其裁剪成小块后，可以擦拭灰尘；另外，丝袜很轻薄，可以用来擦拭一些抹布伸不进去的细缝。

（3）橡皮擦

可用来擦除玻璃表面胶痕，或墙面、家具的脏污。

（4）废弃的牙刷

牙刷的刷毛比较软，对于大多数的材质来说都不伤表面，再加上面积小，很适合来清除手够不到的细缝。

(5) 袜子

袜子本身的纤维比较粗，因此我们可以利用其粗糙表面的摩擦力来清除污垢。将丝袜稍加搓揉之后，就会发现丝袜会产生“静电”，我们可以利用这个静电作用来吸附容易飞扬的灰尘。

(6) 塑胶卡

有些污垢利用摩擦力或是清洁剂的分解依旧处理不净，这时候就要利用塑胶卡片来刮除。利用卡片边缘及硬度，便能“铲除”重垢。

(7) 油漆刷或烤肉刷

刷毛比牙刷更为质软，而且刷除面积比牙刷大，很适合用来处理面积较大且非陈年堆积的灰尘。

(8) 鬃刷

鬃刷适用于清洁凹凸旧式刻花毛玻璃窗面，毛刺可轻易刷透凹面，达到良好的清洁效果。

(9) 海绵

最适合研磨各种弯曲、难以触及或平坦的小面积表面。同时可用于油漆、木器、金属、塑胶、石膏板表面、厨房用具污垢的清除。可水洗后重复使用。

(10) 多用途家用纸巾

家用纸巾的使用广泛，容易抽取，除可用来擦拭油水脏污，也可以作为清洁辅助材料。

布沙发打理窍门

让沙发的靠墙部位同墙壁保持1厘米左右的间隙。避免阳光直射，最好摆放在避开阳光照射的地方，或用半透明的薄纱窗帘阻隔阳光。

每周至少吸尘一次，尤其要去除织物结构间的积尘。沙发垫每周翻转一次，以便使磨损更加均匀。如有污渍，可用干净抹布蘸水擦拭，为避免留下印迹，最好从污渍的外围抹起。

丝绒沙发不可蘸水清洗污垢，而应使用干洗剂。如发现有线头松脱，忌用手扯断，而应用剪刀整齐地将线头剪平。

皮革家具的清洁与保养

沾染灰尘后，用干净的软布或针织布蘸水拧干后轻轻擦拭，即可去除。

用柔软的湿布擦抹可去除污渍。如果污渍较为顽固，可用干净的湿海绵蘸上中性洗涤剂抹拭，然后用潮湿的抹布轻轻擦拭掉洗涤剂，最后让其自然阴干即可。

如不小心将饮料等泼洒在沙发上，应及时用吸收力强的干毛巾擦干，并用湿布擦抹，然后用皮革保养剂进行保养。

若沾上油脂，可用干布擦干净，剩余的任其自然消散，或用清洁剂清洗，但不可用水擦洗。

皮革吸收力强，应注意防污，高档磨砂真皮尤其要注意。

每周一次用干净毛巾沾水后拧干，重复几次进行轻拭。

如发现有任何洞孔、破烂烧损现象，不要擅自修补，请联系专业服务人员。

不可将家具放在阳光下暴晒，这将导致皮革干裂和褪色。

家具划伤的处理

如果家具漆面划伤，但未触及漆膜以下的木质时，可用软布蘸少许溶化的蜡液，涂在漆膜伤处，覆盖伤痕。待蜡质变硬后，再涂上一层。如此反复几次，即可将伤痕掩盖。

家具清洗有禁忌

在清洁保养家具的同时，有3点必须注意：

(1) 勿以粗布或旧衣当抹布

擦拭家具时，最好使用毛巾、棉布、棉织品或法兰绒布，至于粗布、有线头的布或有按扣、缝线、纽扣等会引起刮伤的旧衣服，就必须避免使用。

(2) 勿以肥皂水或清水清洗家具

肥皂不仅不能有效地去除堆积在家具表面的灰尘，也无法去除打光前的细沙微粒，反而会让家具变得黯淡无光；而且水分若渗透到木头里，还会导致木材发霉或局部变形，减短使用寿命。

(3) 勿以干布擦拭家具

由于灰尘是由纤维、沙土等构成，以干布擦拭家具表面，易导致这些细微颗粒在家具表面留下细小的刮痕。

怎样使家具变新

◆用一块蘸了牛奶的布，擦拭桌椅等家具，不仅可清除污垢，还可使家具光亮如新。

◆用半杯清水加入少量醋（水量的1/4），用软布蘸此溶液擦拭木质家具，可使其变得有光泽。

◆泡一大杯浓茶，晾凉后，将一块软布浸透，擦洗家具2～3次，然后再用地板蜡擦一遍，可使木制家具漆面恢复原来的光泽。

家用摄像机的保养技巧

家用摄像机的保养主要是机内机外的清洁，保养时注意以下几点：

◆机外清洁：每次使用家用摄像机后，都要进行适当的清洁。一般先用柔软的毛刷扫一遍外表，然后用“气吹子”吹，再用细软的布揩一遍即可。有汗渍的地方，可用温软布擦。

家用摄像机的镜头是重要部件，它的质量将直接影响画面的清晰度。因此，要尽量减少暴露的机会，在不用或停用的间隙，都应及时合上镜头盖，另外还要做必要的擦拭。

◆机内清洁：家用摄像机可用磁头清洁液和专用清洁棒（可用麂皮和脱脂棉球代替），蘸清洁液把能和磁带接触的所有部位擦洗干净。但注意不要用金属去碰击、刮划通道内任何部位，也不要探动任何螺丝，改变任何部件的位置，因为这可能会影响整机的性能。

◆镜头表面不能用手摸，如表面有灰尘，可用软毛刷轻轻刷去。

◆专业维修：家用摄像机的机械传动方面的部件、易磨损及老化的部件，有故障时，不要乱拆乱卸，应请有经验的专业维修人员来保养和修理。

怎样保护油漆桌面

油漆的桌面不宜用塑料布铺盖，因为塑料布盖得时间长了，桌面与塑料布之间受外界热、冷条件的影响，塑料布和桌面会粘在一起，取塑料布时将会粘连桌面。如果要用塑料铺盖，可先垫几层纸。当然，桌面上最好还是先铺一块较厚的布，然后再放上一块玻璃板。

清洁玻璃的小窍门

容易沾染油污的橱柜玻璃要经常清理，一旦发现有油渍时，用洋葱的切片擦拭就可以了。

也可使用保鲜膜和蘸有洗涤剂的湿布来擦拭。首先，将玻璃全面喷上清洁剂，再贴上保鲜膜，使凝固的油渍软化，过10分钟后，撕去保鲜膜，再以湿布擦拭即可。

如果有花纹的毛玻璃脏了，可用沾有清洁剂的牙刷顺着图样打圈擦抹，同时在牙刷的下面放条抹布，防止污水滴落。

当玻璃被贴上不干胶贴纸，可用刀片将贴纸小心刮除，再用指甲油的去光水擦拭，就可以全部去除了。

红木家具如何保养

首先，要经常除尘、上光，保持家具的整洁。

红木家具必须存放条件好，在干燥气候下室内要保持一定湿度；梅雨季节要开窗通风。在装有空调的房间内，温度一定要保持在15～25℃。

家具搬动应小心轻放，使用中忌利器硬物撞击，若有尘埃、油腻，可用掸帚、清洁软棉布擦净。

家具应避免靠近热源、电源、水源，应避免阳光直晒，一般应放置在阴凉通风的地方。

遇空气特别干燥或空调室内，可放适量盆景、鱼缸，可调节空气相对湿度。

家具表面禁用汽油、苯、丙酮等有机溶剂清洁。

墙壁的清洁技巧

若墙壁已脏污得非常严重，可以使用沉淀性钙粉或石膏蘸在布上摩擦，或者用细砂纸来轻擦，即可去除。

挤些牙膏在湿布上，可将墙上的彩色蜡笔和铅笔的笔迹擦掉。不能用水来洗布质、纸质壁纸上的污点，可以用橡皮来擦。若彩色的墙面有新油迹，可以用滑石粉去掉，垫张吸水纸在滑石粉上，再用熨斗熨一下即可。若是塑料壁纸上面沾了污迹，可喷洒一些清洁剂，然后将布拧干后反复擦拭，即可面目一新。

高处的墙面，可以用T型拖把来清洁，夹些抹布在拖把上，再蘸些清洁剂，用力推动拖把，当抹布脏后，拆下来洗干净再用，反复几次，当把墙壁彻底擦洗干净即可。下面的墙面，可以喷些去渍剂，然后再贴上白纸，约30分钟后，再擦拭干净即可。

板式家具的护理保养

（1）板式家具应保证摆放平稳

摆放板式家具的地面必须要保持平整，四脚均衡着地。倘若家具安置之后，处于经常摇摆晃动不稳的状态，会使榫头或紧固件脱落，粘结部分开裂，从而影响使用效果并降低家具寿命。

（2）板式家具应经常清除灰尘

清除灰尘时，最好用纯棉针织布。然后再用细软羊毛刷清除凹陷或浮雕纹饰中的尘埃。经过油漆处理的家具，可用五色家具上光蜡擦拭，以增强光泽减少落尘。

（3）板式家具应避免阳光直射

家具摆放的位置最好不要受到阳光的直射，经常照射会使家具油漆膜褪色，金属配件易氧化变质，木料容易发脆。夏日最好用窗帘遮挡日晒，以保护家具。

地板的清洁方法

（1）除地板上污痕的方法

①如果将蛋液或者整个鸡蛋掉在地板上，可撒少量食盐在其上，10分钟后轻轻一擦，即会干净如初。

②当用拖布拖厨房地板的时候，可适当地倒些食醋，则清除油污的效果极佳。

（2）除地板上口香糖的方法

①洗涤液法：若塑料地板上不小心粘上了口香糖，可用一根小木棍包上布蘸些洗涤液来擦拭，在擦的时候切勿用力过猛，只需轻轻擦即可。

②竹片刮除法：喷漆或油漆地板可先用竹片将口香糖轻轻的刮除（千万不要用刀片刮），然后再用一块蘸有煤油的布擦拭（若怕油漆脱落，可用洗涤剂擦拭）。

（3）除地板上的乳胶

在抹布上蘸点醋来轻轻地擦拭地板，可将胶轻松地去除。

（4）清洁塑胶地板

用水来清洁塑胶地板的时候，会使水分及清洁剂跟胶起化学作用，而使地板面翘起或脱胶。若水不小心泼洒在塑胶地板上了，应将其尽快弄干。

（5）擦木质地板四法

①浓茶法：将喝剩的浓茶水用

抹布来蘸着擦地板，不但可以去污，还能使地板非常光亮。

②松节油法：将漂白粉与松节油以 1∶1 的比例兑成溶液来擦地板，可将地板擦得光亮而洁净。

③蜡纸法：放一张蜡纸在抹布下，轻轻地来回擦拭，可擦得又快又亮。

④色拉油法：在抹布上滴上几滴色拉油，然后用其来擦地板，可将地板擦得非常光亮。

（6）除瓷砖地板污迹

若瓷砖地板上不小心沾上了污迹，应马上用一块软布蘸些普通的清洁剂反复擦拭，即可除去。

（7）除大理石地板污迹

大理石地板的防侵蚀防污性特别差，一旦其表面沾上了污迹，马上把清洁剂稀释后反复擦拭地板，即可去除污迹。千万不能用苏打粉或肥皂等来清洗。

地热采暖保养地板诀窍

（1）缓慢升温避免开裂

首次启动地热采暖系统时，要进行缓慢升温：第一天水温 18℃，第二天 25℃，第三天 30℃，第四天才可升至正常温度，即水温 40℃左右，地表温度 28 ~ 30℃。这样就可以避免地板因膨胀而开裂扭曲。长时间停用后再次启动时，也要像第一次使用那样，严格按加热程序升温。关闭地热系统，地板的降温过程也要循序渐进，以延长地板的使用寿命和使用周期。

（2）家具放置应垫保护层

粗糙、笨重和硬度高的家具等物品，放置在木地板上时，应垫好保护垫层。

（3）使用有腿家具

地热用户要尽量使用有腿家具，以免局部聚热损坏地板。

保养地毯的 4 个常识

地毯使用时，要求每天用吸尘器清洁一次，这样才能保持地毯干净。

（1）日常使用刷吸法

滚动的刷子不但梳理地毯，而且还能刷起浮尘和黏附性的尘垢，所以清洁效果比单纯吸尘器好。

（2）及时去除污渍

新的污渍最易去除，必须及时

清除，若待污渍干燥或渗入地毯深部，会对地毯产生长期的损害。

(3) 定期进行中期清洁

行人频繁的地毯，需要配备打泡机，用干泡清洁法定期进行中期清洗，以去除黏性的尘垢。

(4) 深层清洗

灰尘一旦在地毯纤维深处沉积，就得送清洁店清洗。

实木家具痕迹巧修复

(1) 烫痕用软布蘸浓茶擦

实木家具被烫后会出现难看的差色烫痕。在这种情况下，可以用软布蘸少许浓茶或者是花露水轻轻擦拭，这样烫痕就可以得到很大的改善。

(2) 浓咖啡快速遮盖浅痕

木制家具的刮痕，可冲杯浓浓的咖啡，放冷后涂抹在刮痕处，就不太容易看出来了。

(3) 鱼肝油修复细微擦伤

实木家具出现细微擦伤时，可以涂上鱼肝油，过一天后再擦拭就行了。这样既能修复痕迹，又可使家具表面光滑。

(4) 水印用微热电熨斗熨除

将湿布盖在水痕印上，然后用微热电熨斗小心按压数次。

(5) 焦印轻擦后涂蜡

烟头、烟灰或未熄灭的火柴等燃烧物，有时会在家具漆面上留下焦印，若只是漆面烧灼，可在牙签上包一层细硬布轻轻擦抹痕迹，然后涂上一层蜡，焦印即可除去。

(6) 蜡笔和指甲油修复刮痕

家具若有细微的印痕，先用抹布擦净灰尘，再用色调吻合的蜡笔在上面涂抹，最后涂一层透明指甲油，就修复好了。

(6) 熨斗修复凹痕

家具上出现凹痕时，可先用湿布擦拭，过一阵看看是否因吸收水分而稍微膨胀，如果没有变化，可在家具上垫上湿布，用熨斗低温熨，使凹进去的地方膨胀起来，然后用细砂纸磨平即可。

如何延长洗衣机的使用寿命

◆洗衣机尽量不要放在潮湿不通风的场所，以免机件受潮，降低绝缘性能，金属件受潮锈蚀；也不要放在阳光直射处，以避免塑料件变色、褪色和老化。

◆洗衣机要放平稳，特别是工作时，机身不稳，易引起剧烈震动，会使机体和机件受损。

◆洗衣机用完以后，应该用清水洗净，认真清理机中的线屑等杂物，将机内的残水放尽，再用干布擦净。如果长时间不用，应打开盖子放置一段时间，使水分蒸发掉，以免潮气损坏机器零部件。

◆洗衣机的定时器不要强行往回旋拧。对定时器、排水旋钮、强弱洗按键及其他各种控制旋钮，使用时用力要适度，不可猛力冲击或强力旋转，以免损坏。

◆洗衣机工作 500 小时以后，应向主轴注 5~10 号的机油或缝纫机油等润滑油。

◆洗衣机在转动过程中若出现异常声音，应及时切断电源进行检查。

冰箱保养的注意事项

将冰箱的温控器调节置于“0”或是“停”或“Max（强冷点）”，使温控器内弹性起自然状态，延长其使用寿命。

长时间不使用冰箱，应切断电源，将食物全部从冰箱中取出。用温水加洗涤剂或小苏打清洗各部件，冷凝器和压缩机用毛刷或用真空吸尘器清洗。

移动冰箱的时候，要竖立平行移动，请勿倾斜，防止压缩机拖缸。放在通风干燥的地方，避免阳光直晒。

冰箱停用后不要用塑料罩套起来，因塑料罩会凝聚潮湿的空气，使电冰箱某些部件和没有烤漆的箱体生锈。因此，保存时只适宜套上纸壳。

怎么清洁电视机的屏幕

电视机屏幕由于高压静电，极易吸上灰尘，影响图像的清晰度。在清理过程中如方法不当容易划伤屏幕，可用专用清洁剂和干净的柔软布团擦洗，能清除荧屏上的手指印、污渍及尘垢，或是用棉球蘸取磁头清洗液擦拭，最后一定要擦干。

电视机屏幕也可用水清洗，但是由于屏幕由玻璃制成，为了避免清洗时因冷热骤变使屏幕受损，在清洗时，先要关闭电视机，切断电源，等待几分钟让屏幕冷却，才能开始清洗。

照相机养护小知识

（1）除尘

用橡皮气球把灰吹掉，用专用镜头纸擦拭，擦拭时应从里向外，螺旋形擦拭。

另外，也可先用镜头刷或擦镜头纸轻轻地把灰尘拂去，然后哈上一口气，使镜片表面有一层水汽，再用脱脂棉花轻轻地揩擦。

如还不行，就可在脱脂棉花球上滴一滴用乙醚（30%）加乙醇（70%）配成的清洁剂揩擦，然后再换上新棉花球（不加清洁剂），轻轻地把镜面揩擦清洁。

（2）保养

若确定有一段时期不用，最好把相机快门旋到最慢或“B”制处，使操纵时间之弹簧得以松弛，以免长期拉紧，造成物理上之“弹性疲乏”。

照相机在不用时，除应与皮袋分开保藏外，最好放置在大口的箱内，并放一些矽胶等干燥剂防潮。

拍摄时，最好时刻罩上镜头盖或遮光罩，既可减少沙尘侵袭，更能防止阳光照射过久。

若有电子测光的功能，更要随时避开阳光照射，以免强烈光线破坏其敏感性。

浴缸的清洗窍门

浴缸的使用越来越多，但是，如果不注意保养，不仅会损害光亮的外表，而且会影响浴缸的使用寿命。每星期清洗浴缸，确保浴缸每次使用后保持干爽；使用中性液体清洁剂及柔性布料或良好海绵清洗浴缸，切忌使用含有研磨剂、强酸或强碱性的清洁用品；不要把金属物品留在浴缸内，这会令浴缸生锈并弄脏表面。另外，用苏打粉来消除污垢的效果也不错。

(1) 瓷质浴缸

可用海绵或毛巾蘸取洗涤剂或洗衣粉溶液进行抹拭，待油垢除净后，用清水冲洗一遍即可。对于难以去除的污垢，可用热水调稀的烧碱，用布蘸取抹拭（戴上手套），然后用“安全漂白水”浸抹片刻，冲洗干净即可。

(2) 亚克力浴缸

表面发生意外划伤，如果划痕较轻，用牙膏和牙刷轻刷即可；如果划痕较深，建议征询专业人员的意见，请专业维修人员处理。

(3) 强化塑料制浴缸

得用刷子蘸浴室专用酸性清洁剂用力刷。强化塑料制的浴缸，由于容易割坏，禁止使用含粒子的清洁剂及硬毛刷子刷，可用海绵蘸酸性清洁剂擦拭，瓷砖、珐琅质的浴缸也是如此。

(4) 不锈钢浴缸

由于其具保温性和耐久性，所以一般不会生锈腐蚀，容易清洗，洗后光亮无比，因此颇受大家青睐。不锈钢浴缸表面有一层耐蚀性的透明膜，且具有再生保护膜的能力，因此能时常保持光亮。如果一直用含氯漂白剂来清洗表面，就会造成泛白不光亮的现象，浴缸除霉剂往往含有氯的成分，和不锈钢接触后容易起化学变化，造成泛白的现象，所以清洗的时候还是以浴缸专用的清洁剂（不含氯系）较妥当。

另外，注意千万别让发夹掉落在浴缸里，时间久了很可能会造成浴缸生锈，这种锈很难清洗净。可以使用厨房的去污粉，只需将其涂在沾有铁锈的部位即可。另外的解决方法是使用汽车专用蜡，在铁锈部位撒上一些小苏打，然后再用海绵擦拭。

巧除莲蓬水龙头的水锈

淋浴用的莲蓬头在使用一段时间之后，出水口就会发生堵塞，使水流变小或不出水，使用起来很不方便。这是因为自来水中的钙、镁和二氧化碳发生反应生成了不易溶解的碳酸盐，由于碳酸盐的颗粒较大，容易将出水口堵塞。可在脸盆中倒入 3 杯水和 1/2 杯醋，然后放入莲蓬头浸泡约15分钟，碳酸盐遇酸就会溶解，孔口便会恢复顺畅。再用清水彻底冲净莲蓬头上的酸性液体，以免莲蓬头被醋腐蚀生锈。

马桶的清洁方法

（1）巧除马桶水锈

马桶里常会自然地黏附有水锈的污渍，难以去除。此时，可用布塞住出水孔，注入热水后再溶入少许的漂白剂，静置片刻后用刷子刷洗干净即可。

对于马桶发黑的部分，可蘸上少许金属亮洁剂，先用牙刷刷洗，再用清水冲净。如果水锈很严重，可用耐水的砂纸蘸水轻轻打磨，除水锈效果非常好。

（2）马桶尿垢的去除方法

用有柄的吸管将马桶内的水分排挤走，然后将高浓度的漂白水倒在尼龙刷上，并将尼龙刷伸进马桶内壁及底部曲颈处均匀刷拭，浸润30分钟后，用清水冲洗即可将尿垢与臭味清除干净。

对于马桶外侧部分的尿垢，可用高浓度的漂白水冲洗，然后再用清水冲洗，用干布擦拭。

（3）马桶消毒方法

马桶和人体肌肤亲密接触，很容易成为病菌传播的媒介，应定期给家庭马桶消毒。只需将消毒清洁剂均匀地倒入马桶内，并让消毒剂保留30分钟以上，然后用清水冲洗干净即可。

巧除洗手盆内黄渍

原本洁白的洗手盆在使用一段时间后，多少都会出现一定程度的黄渍，这是因为水中的矿物质在洗手盆的瓷表面结成了水垢。想要恢复洗手盆的洁白，可到市场上购买玻璃瓶装“安全漂白水”，然后堵住洗手盆出水口，倒进漂白水浸泡几分钟，再用清水洗刷即可有效去除黄渍。

木砧板消毒的窍门

（1）撒盐消毒

每次用后，刮净板上的残渣。每周在板上撒一些盐，既杀菌，又可防止砧板干裂。

(2) 阳光消毒

天晴时，把砧板放在阳光下晒一晒，让太阳光中的紫外线照射杀菌。

(3) 洗烫消毒

把砧板刷洗一遍，病菌数量可减少1/3。如果再用开水烫一遍，残存的病菌就更少了。

(4) 药物消毒

用2千克水，加入5%的新洁尔灭杀菌剂8～16毫升，将砧板浸泡10～15分钟；也可用漂白粉，即5千克水放入漂白粉精片2片，浸泡10～15分钟。

塑料砧板不吸收水分，不潮湿，使用方便。但菜刀留下的裂痕容易生污纳垢，用去污粉不易洗掉。改用漂白剂沾在海绵上，挤压着洗刷干净后再用水冲一下即可。

厨房换风扇去污的窍门

(1) 以“油”攻“油”

安置在厨房的换风扇或抽油烟机工作三四天后，便在其下槽或油盒内积存了许多排烟后残余的废油。家庭主妇通常用卫生纸将废油吸走、扔掉。其实，用饱吸废油的纸团或软布来擦拭换风扇、抽油烟机本身的油污油垢，是最省事、最方便、最有效的做法。如果平日经常擦拭，只要隔3～4天，用积存的废油擦拭一遍再用软布擦两遍，便可使换风扇、抽油烟机锃亮、干净。

(2) 油槽内垫上卫生纸

安装在厨房的排风扇由于工作量大，用不了多久，除了在页片上吸满油渍以外，在排风扇下方的油槽内更是积满了油垢。如果事先在油槽内垫上叠成几折的卫生纸，当吸满油污后及时更换，擦洗油垢的工作量便大大减轻了。如果排风扇没有油槽，或放不住卫生纸，可用曲别针或其他物品固定。

(3) 棉纱蘸锯末易吸油

将棉纱在锯末上滚动一番，使棉纱蘸上不少锯末，提高了吸油的容量，用其擦拭排风扇，去油垢效果极佳。

炉具巧清洁

(1) 啤酒迅速去污

用抹布蘸上喝剩的啤酒来擦拭炉具，啤酒中的糖分能将油污分解，可以迅速去污。如果是比较顽固的污垢，需要浸泡一会儿再擦。适合长时间未清洗的炉灶。

（2）塑料网除污垢

把包水果的塑料网收集在一起，卷成一团，蘸上一点儿洗涤剂来擦拭炉具，可使炉具光亮如新。

（3）旧绒毛布擦亮炉具

把旧绒毛衣剪成小块，蘸一点水来清理炉具，不用清洁剂污渍也能轻松擦去，而且炉具也变得很光亮。适合日常养护、增亮。

微波炉的清洁和保养

（1）炉箱外部

清洗之前一定要拔掉插头。炉箱外部要用温和的中性肥皂水清洗，不要使用普通肥皂或去污剂，洗净后用软布抹干。

微波炉顶有排气孔，清洁时要注意避免污水流入。

（2）保持干燥降低故障率

使用或是清洁后，微波炉的炉腔内都会有水蒸气或潮湿现象，一定要用干布擦干或稍开一点炉门，使其通风干燥，这样会大大降低微波炉的故障率，延长使用寿命。

（3）除异味用柠檬汁

在半碗清水中加入少许柠檬汁或食醋，将碗放入微波炉，用大火煮至沸腾后，关机拔掉电源插头。待碗中的水稍微冷却后，将其取出，用湿抹布擦抹炉腔四壁，微波炉内的异味就没有了。

（4）油渍用水蒸气去除

将一大碗水放在微波炉中，用大火煮，直至产生大量蒸气。关机拔掉电源插头，待碗中的水稍微冷却后取出，用湿抹布就可轻松将里面的油渍擦干净。

除厨房瓷砖上的污渍

◆对沾有油污的瓷砖，可在瓷砖上覆盖些卫生纸或纸巾，然后在它上面喷些清洁剂放置一段时间，这样清洁剂就不会滴得到处都是，而且油垢还会浮上来。将卫生纸撕掉后，再用布蘸些水多擦拭几次，油垢即可去除。

◆若厨房灶面的瓷砖上有了油污物，可取一把鸡毛蘸上些温水来擦拭，效果极佳。

清洁水池及水龙头

清洁水池及厨房中的橱柜时，先在这些地方撒上食用苏打粉、硼砂粉或洗涤苏打粉。然后用一块湿抹布来回擦拭。不费多少工夫，便可将污渍全部擦拭掉。刷洗有油垢的餐具，可用布或丝瓜络清洗。

如果有硬水沉积物残留在水龙头中，可将柠檬片的一面对准水龙头嘴，然后再用力按压它，并转动几次，即可消除。

水壶除垢9法

(1) 热胀冷缩法除水垢

将空水壶放在炉上烧干水垢中的水分，看到壶底有裂纹或烧至壶底有“嘭嘭”响声时，将壶取下，迅速注入凉水。重复2~3次，壶底的水垢就会因热胀冷缩而脱落。

(2) 煮鸡蛋除垢法

烧开水的壶，用久了积垢坚硬难除。可用它煮上2次鸡蛋，会收到理想效果。

(3) 土豆皮除水垢

铝壶或铝锅用一段时间后，会结有一层水垢。将土豆皮放在里面，加适量水烧沸，煮10分钟，即可除去水垢。

(4) 小苏打水除垢

将1茶匙小苏打放入水壶内，装满水，放在火上加热，10分钟以后，倒去苏打水，用刷子轻刷壶体内侧，水垢即除。

(5) 装蛋壳摇晃去垢

水壶中有了水垢，可放入一把捣碎的蛋壳，加点清水，左右摇晃，即可去垢。

(6) 可乐除垢

把可乐倒入水壶里，放上1天再清洗，这样能够清除壶里面的残垢，让内部变得清洁。

(7) 电热水壶的清洁

把500毫升食用白醋倒入水壶，浸泡1小时倒出，用湿布擦去残留的沉淀物，再将清水注入水壶烧开后倒掉，用清水冲洗4~5次，水壶就可以再次使用。

(8) 丝瓜络防结垢

取适量丝瓜络放在水壶内煮水。一段时间后，取出丝瓜络，洗去上面积累的水垢，重新放入水壶，便可有效防止水壶生垢。用一只干净的口罩代替丝瓜络，也可吸附水垢。

(9) 煮山芋防止积垢

在新水壶内，放半壶山芋，加满水，将山芋煮熟即可。以后再烧水，就不会积水垢了。水壶煮过山芋后，内壁不要擦洗，否则会失去除垢作用。

柠檬水清洗饮水机

饮水机一定要定期清洗，但是一定不能用消毒水来清洗，因为残留液如果没有冲洗干净，对健康是非常有害的。那可以用什么来清洁呢？可以把柠檬切成一片一片的，放在开水里面煮沸，用柠檬汁的水来清洗饮水机，不仅能让饮水机非常干净，而且水里面还有一股清香的柠檬味。

清理门板有窍门

门板的一般污垢，可使用家用清洁剂，用尼龙刷或尼龙球擦拭，再用湿热布巾擦拭，最后用干布做最后擦拭。

肥皂或油脂凝，可使用尼龙布擦拭，使用含甲醇酒精或煤油喷涂凝结处，然后用尼龙刷擦洗，再用干布擦。

印泥和标记可用湿热布巾擦拭。

铅笔渍可用水及碎布和橡皮擦擦拭。

毛笔或商标印可用布巾蘸上甲醇酒精或丙酮擦拭。

油漆渍可使用丙醇或香蕉水、松香水擦拭。

强力胶渍可使用甲苯溶剂擦拭。

家中污物的消毒处理

(1) 煮沸

这个方法适用于玻璃、搪瓷、金属、耐热塑料、食具、衣服等，煮沸 15 分钟以上即可。

(2) 暴晒

这个方法适用于被褥、枕头、毛毯、书籍等。利用太阳光中的紫外线进行消毒，要晒6小时以上，还要经常翻动。

(3) 熏蒸

用蒸笼对各种物品蒸半个小时或1个小时后，取出烘干。

(4) 干热

碗、筷等洗净后放烤箱中干热杀菌。

(5) 燃烧

金属品、搪瓷等可用酒精燃烧消毒。

怎样洗涤带花边窗帘

可用弱碱性洗衣粉洗涤带花边的窗帘。洗之前应把挂环拆下来，或用布或塑料布把环包起来，以免伤害窗帘本身。人造丝等缩水率大的窗帘，应预先做长一些，留出缩水量。

第一次洗涤时，把预先留长的部分拆开。窗帘如果有较多刺绣或钩织品，应把窗帘放到网袋再用洗衣机洗，并应减缓洗衣机水流。漂洗后，可用浴巾、旧床单把窗帘包起来挤压干。

怎样去除居室异味

可在电灯泡上滴上几滴香水，然后打开灯，几分钟后，异味消散，满室生香。

在锅里用低温烤一个小片柠檬皮，不仅除去室内异味，而且还可使室内香味扑鼻。

如在夏季，可喷洒一些花露水，或点燃几支卫生香。

清洁茶杯的诀窍

在茶杯中放入些已榨过的柠檬皮的汁，然后再加些温水，每隔几小时就换一次热水，即可将污垢去除。将洗净的土豆皮放在茶杯中，再倒入开水，盖上盖，闷上5～10分钟，再上下摇晃几下，里面的茶垢就很轻松地去掉了。若茶杯上有些黄色的茶渍，可以用软布蘸些碱粉或少许食盐进行摩擦，然后用清水洗干净即可。

凉席清洁和保养技巧

使用前，用温湿毛巾将凉席正反面擦拭干净，晾干后即可使用。使用中要经常擦拭，以保持凉席的清洁光滑。用抹布蘸着稀释的醋擦拭凉席，擦拭后用湿抹布再擦拭两遍，以去除酸性液体，这样能够让凉席光亮，避免泛黄。擦拭后的凉席应放在通风处阴干，以防止发霉。

发霉的凉席，可用干布蘸取清洗液擦拭。如果凉席被烟蒂熏黄，可用棉花棒蘸取双氧水擦拭，能去除黄色痕迹。草凉席上撒落粉末状的物品时可以撒些粗盐，再用力拍打凉席，污垢就会与粗盐混合。再用吸尘器吸取，即可有效清除污物。

四、节能省钱

洗餐具巧节水

（1）不叠放碗盘

收拾碗盘时，把没有油污的和有油污的分开收。有油污的碗盘也不叠放，这样就可节省冲洗盘底油污的用水了。

（2）先擦后洗

洗餐具前，最好先用废纸把餐具上的油污擦去，然后再用热水清洗。这样可以减少用水冲洗的次数。

（3）先泡再冲洗

洗餐具时，先将餐具泡在水中洗干净，再放入冲洗池中用水冲洗。用笔心粗细的水流量冲餐具就可以了。

（4）焯青菜水来刷碗

烫完青菜的水，可用来清洗油腻的碗筷，不仅能减少洗涤灵的用量，而且也能去除油污。

（5）多个碗一起洗

洗碗时，我们先用洗涤剂一次性把碗依次洗净，然后再一起用水冲洗，这样可以减少冲洗的次数。

（6）用淘米水洗餐具

用淘米水清洗餐具，污垢会很容易被洗掉。

低泡洗涤剂更省水

目前尚难有有效的方法来确定洗衣机固定的用水量。但从洗衣机的正常洗涤程度和节约程序判别，水、电、时间是成正比的，减少漂洗次数和时间要从洗涤剂的质量及功能上入手。

低泡洗涤剂在洗涤过程中产生的泡沫少，清除泡沫快，可减少漂洗次数，省水、省电。夏天衣服脏污程度不高，可以适当少放洗涤剂，以减少漂洗次数。此外，洗涤前先将衣物在洗涤剂中浸泡一段时间，根据其脏污程度来选择洗涤时间等做法，都能省水省电。

热水器如何节水

学会调节冷热水比例，不要将喷头的水自始至终地开着。尽可能先从头到脚淋湿一下，全身涂肥皂搓洗，最后一次冲洗干净，不要单独洗头、洗上身、洗下身和脚。洗澡要专心致志，不要悠然自得，或边聊边洗，不要利用洗澡的机会顺便洗衣服、鞋子。在澡盆洗澡要注意，放水不要满，1/4～1/3 盆就足够用了。

衣服集中洗涤节水

脏衣服堆成堆了才洗可以节约水。洗的时候，可以用较大的盆，放些消毒液，避免相互污染。

然后再将两三件衣服一块漂洗，漂洗前一批衣服的水可以继续漂洗后一批，依次漂洗所有的衣服，漂洗完后所剩下的水，还可以用来洗拖把、冲马桶或者拖地用。漂洗第二遍的时候也如此，一件紧接着一件来洗，可避免中途浪费水。

洗衣机省水洗衣法

（1）集中洗涤最省水

衣物集中洗涤，可以减少洗衣次数。使用半自动洗衣机漂洗时，先把衣物上的洗衣粉泡沫拧干，或者甩干后，再漂洗，可以减少漂洗次数。

先浸后洗，提前搓洗。洗衣服前，先把衣物在洗衣粉水中浸泡 10 分钟，然后再洗。衣服的易脏部位，如袖口、领子先搓洗几次，再放入洗衣机。

（2）分色洗衣

分色洗涤，按先浅后深的顺序，把不同颜色的衣服分开洗，这样浅色的衣服就不会被染上其他颜色。

（3）分清薄厚

一般质地的化纤、丝绸织物，比质地较厚的棉、毛织品洗涤的时间要短，分开洗，不仅洗得干净，而且也洗得快。

（4）小件衣物用手洗

小件衣服，如手套、袜子、内衣等，用手洗比用洗衣机就省水。

（5）放多少洗衣粉

有人认为，洗衣粉越多洗得越干净，但这样浪费水也浪费洗衣粉。其实，根据衣物的大小、数量及油污的程度，放适量的洗衣粉，衣服就会很干净了。

（6）水位段设多高

洗衣机洗少量衣服时，水位定得太高，衣服在水里飘来飘去，洗不干净也浪费水。可根据需要选择不同的洗涤水位，没过衣服就可以了。

（7）洗多长时间

根据衣物的种类和脏污程度确定洗衣时间。一般，合成纤维和毛丝织物洗涤3～4分钟就可，棉麻织物6～8分钟，极脏的衣物10～12分钟。

（8）循环利用洗衣水

漂洗衣服的水，可以用来洗第二批衣服。

家庭的一水多用

一般来说，淘米水、煮面水洗菜、洗碗筷、浇花，既节水，又减少洗洁精的污染；洗菜、淘米、热奶后刷奶锅的水可用来浇花；用洗衣水、洗脸水、洗澡水擦地板、冲厕所，效果都是不错的。

一水多用巧节水

（1）用家庭废水浇花

洗过盛豆浆、牛奶杯子的水，用来浇花，不仅省水，还能促进花木的生长。此外，洗菜水、淘米水、养鱼的水、煮蛋的水，都是浇花的好水源。

（2）巧用洗脸水

洗脸水用后可以洗脚，也可以洗小件衣服，然后还可以冲厕所。用洗手的水，就可以洗抹布。

（3）洗碗水妙用

洗碗时，最后冲洗的水很干净，可以收集起来，用来刷锅、擦桌子，也可以用来洗抹布等。

（4）淘米水洗桃

桃的外表有一层绒毛，不但难洗而且农药等很容易附着在上面。

把桃放在淘米水中浸泡5分钟，再用流动水反复冲洗，既可以洗净残留的农药，又节省了用水。还可以在水中撒点盐，也有助于洗净桃毛，消菌杀毒。

(5) 淘米水洗脸洗头发

用淘米水洗脸，可以使皮肤白嫩光滑。淘米水也可以洗头发，长期用淘米水洗头，头发会越来越乌黑发亮。

(6) 淘米水洗衣

把不小心沾了水果汁、汗渍的毛巾，泡在淘米水中煮十几分钟，污渍就没有了。将脏衣服在淘米水中泡10分钟，再用肥皂洗，洗出的衣服格外干净。带有霉斑的衣服用这种方法，霉斑就可除掉。

节省燃气好习惯

◆用高压锅来做主副食，用比较薄的铁炊具来代替既笨重又厚的铸铁锅。

◆用液化气或者煤气来做饭菜时，最好将一个炉子上的几个炉眼一块使用，这样既可节约时间，又可节省燃料。

◆大块的食物应该先切成小块，然后再下锅，这样可节约时间，熟得也快。

◆在蒸东西的时候，不要放太多水在蒸锅里，一般以蒸好后，锅里面只剩下半碗水为好。

◆先将壶、锅表面的水渍抹干后，再放到火上面去，这样既可使锅外面的热能很快地传到锅里面去，也可以节约用气。

◆在饭、菜快做好时，可稍提前一两分钟将煤气关上，让炉灶上的余热来持续着烹饪；做汤的时候，所加的水也要合适，不要太多，若水太多会消耗更多的煤气。每次可多做些米饭，吃不完的也可以先妥善放好，然后可以用来做一些比较简单的快餐。

◆要将锅底铲干净，锅底很容易积聚些黑色的锅灰，且有时会是厚厚的一层，这样锅的导热性会变差，要经常把锅底的灰清除干净，这样，传热会比较快些，日积月累，即可省下不少燃气。

◆灶头与锅底距离一定要适当，其最佳的距离应该在20～30毫米。

正常情况下，火苗的高度分低中高3个层次，可以根据使用目的的不同，而采用不同高度的火苗。

开始下锅炒菜时，火稍大一些，火焰最好覆盖锅底，以便快速提升锅的温度；烹制的时候，炉火适中；菜将要熟的时候，及时调小火焰；盛菜时，火减到最小，直到第二道菜下锅再将火焰调大（需要的火量）。这样不但节省燃气，还能减少空烧造成的油烟污染。

做饭的时候，锅的大小及种类选择要跟炉眼的大小相匹配，大锅可以用大炉眼，小锅则可以用小炉眼，若锅小而火大的话，只会将燃气热能白白地消耗掉。在炒菜的时候，火焰只要刚好将锅底布满，即可达到最佳烹饪的效果。直径大一些的平底锅比尖底锅要更加省燃气。

电脑省电窍门

（1）关闭显示器

一般在电脑用于听音乐时，调暗显示器亮度、对比度，或者干脆关掉显示器。

（2）尽量使用硬盘

硬盘速度快，不易磨损，一开机硬盘就开始高速运转，不用也在运行中。

（3）进入“休眠”状态

暂时离开或不使用时，尽量使用“睡眠”或“休眠”模式。

（4）要经常保养

注意防尘、防潮，保持环境清洁，定期清洁屏幕，可以达到延长机器寿命和节电的双重效果。

家用照明巧省电

（1）将白炽灯泡换成荧光灯

54瓦的白炽灯泡，与12瓦的荧光灯相比，亮度相同，耗电量却是荧光灯的4倍，使用寿命也比荧光灯短。

（2）反射与反光能提高亮度

充分利用反射与反光，比如，灯具配上合适的反射罩可以提高亮度，利用室内墙壁的反光也可以提高亮度。

（3）用调光器减少浪费

如果把卧室的灯具用调光器来调节灯光，不仅方便，还能起到节电的效果。

（4）走廊灯换成感应灯

把走廊的灯换成感应灯，可以避免晚上起夜忘记关灯。

电饭锅省电窍门

电饭锅节电首先要保持它的内锅和热盘接触良好，经常保持清洁，保证传热好。另外当电饭锅自动断电的时候，要及时把插头拔掉，可以充分利用它的余热，假设不拔掉插头的话，当电饭锅温度低于70℃的时候，它会自动启动，反而费电了。

电热水器省电窍门

（1）设定合适温度

夏天的洗澡水不需要像冬天那么热，因此把电热水器温度设在60～80℃之间，这样可减少电耗。

（2）选择合适容量

应根据家庭人数及用水习惯选择合适容量的热水器，不要一味追求大容量，容量越大越耗电。

（3）洗澡最好使用淋浴

因为淋浴比盆浴更节约水量及电量，可降低费用2/3。热水器温度设定要合理，开停时间要根据实际需要确定。

设置保温状态，如果您家里每天需要经常使用热水，并且热水器保温效果比较好，那么您应该让热水器始终通电，并设置在保温状态，这样不仅用起热水来很方便，而且还能达到省电的目的。

电冰箱的节能技巧

（1）冰箱变成“蒙面大侠”

把冰箱保鲜室蒙上大小合适的保鲜膜，这样，取东西时掀开保鲜膜，能防止进入热空气，达到省电的目的。也可以用其他包装袋，做一个冰箱门帘。

（2）在冰箱内放些冰块

如果冰箱里的食物过少，最好放些冰块，增加容量，以节约电能。也可以在冰箱内填一些泡沫塑料块。

（3）拧下冷藏室的灯泡

光线较好的房间，冰箱内的照明灯可拧下不用，既节省了灯泡本身所消耗的电能，又防止了冰箱升温。

(4) 密封冰箱门封条

如果冰箱门的封条密封性不好，会使冰箱漏气，增加耗电量。用电吹风吹变形的门缝处，门封条变软后停止吹风，冰箱就不会漏气了。

(5) 冰箱周围保留空隙

冰箱周围至少留出5～10厘米的空隙，用来散热。如果散热不通畅，就会增加耗电量。散热器上的积尘也需要及时清除。

(6) 冰箱内保持适度空间

冰箱要保持适度空间，让空气流通顺畅。储存食物过多过密，不利于冷空气循环，会增加耗电量，也会影响食物的保鲜效果。

(7) 及时除掉冰箱里的积霜

要及时除掉冰箱里的积霜。把装有80℃热水的盒子放入冰箱，隔一段时间更换盒内的热水，冰箱内的霜会脱落。

(8) 避免冰箱开太久

冰箱门开关过于频繁，箱内温度会上升，也容易结霜，增加耗电量。取东西前先盘算好，避免冰箱开太久。

(9) 巧用调温器旋钮

利用夏季昼夜室内温度变化较大的特点，睡前调到“2”，白天调到“4”。这样既能节电，也保证了散热片散热。另外，将冰箱冷冻室温度设在－18℃，代替常用的－22℃，既能达到同样的冷冻效果，也可以节省耗电量。

(10) 冰箱门边需清洁

冰箱的门边也需要经常清洁，这样冷气不容易流失。

(11) 食物冷却后放进冰箱

把食物晾凉后再放入冰箱。食物的热气会冷凝成霜沉积，增加耗电量。

(12) 冷冻室的东西用透明包装

放入冰箱的食物，用透明包装，一目了然，可以节省翻找时间，缩短开冰箱的时间。

(13) 不往冰箱上面放物品

如果冰箱周围没有散热的空隙，会影响冰箱散热，增加耗电量。所以，冰箱上面不宜用来存放物品。

空调省电有窍门

不要贪图空调的低温，温度设定适当即可。因为空调在制冷时，设定温度高2℃，就可节电20%。

选择制冷功率适中的空调。制

冷功率不足、制冷功率过大的空调都会造成空调耗电量的增加。

空调要避免阳光直射。在夏季，遮住日光的直射，可节电约5%。

出风口保持顺畅。不要堆放大件家具阻挡散热，增加无谓耗电。

过滤网要常清洗。太多的灰尘会塞住网孔，使空调加倍耗电。

电熨斗的省电窍门

（1）先熨烫耐温较低的衣服

熨衣服时，先熨烫耐温较低的化纤衣物。待温度升高后，再熨烫耐温较高的棉麻织物。断电后，利用余热还可再熨烫一些化纤衣物。

（2）同质地的衣服一起烫

熨衣服的时候，可以将同质地的衣服重叠在一起烫，这样可以减少烫衣服的时间，节省耗电量。

（3）一次熨平衣服的皱痕

熨衣服时，力争将皱痕一次熨平，多次反复熨烫，又慢又耗电。

（4）晒衣服时将衣服拉平

晒衣服时将衣服拉平，晒干后的衣服不会有褶皱，即使要熨衣服，时间也会很快。

数码相机节电招数多

数码相机就是一个“电老虎”，它吃电能力很强，如果您使用的是不匹配的电池或不注意节省，电池就会在您没拍摄几张照片时已耗尽，所以采取一些巧妙办法可节省电池用量。

尽量避免不必要的变焦操作。

闪光灯是耗电大户，因此避免频繁使用闪光灯。在调整画面构图时最好使用取景器，而不要使用液晶屏幕。

日常记账省钱法

日常生活中要养成记账的习惯，虽然有些琐碎，但却能帮助了解每个月所花的费用。同时还可借此考虑有些是否为不必要的花费，就会又节省一笔钱。其实养成记账的习惯并不是遏制消费，而是有意识地学会理财，该买的一定要买，用不着的，即使再怎么便宜，也不要买。

不要为了一些赠品而不砍价

一些店铺为了吸引顾客而采用赠品的方式。其实有时候我们看到一件商品很满意，但价格却很高，就会和店主磨蹭，有的店主这时会提出赠送一件赠品，缺少经验的朋友会觉得“花一份的钱买两样东西”很值。其实最后仔细算一下所赠的赠品也就两元钱左右，以至于不但没省钱，还多付了很多。

用批发省钱法

日常生活中要养成批发的好习惯。如有些经常使用到的东西可选择批发，这样非常省钱。如果自己家用不了，可以约朋友和同事一起批发。例如，去水果市场批发柚子，一般单买一个会非常贵，要是和朋友一起批发几十斤，价格会几乎低一倍。

掏钱之前想 1 秒

常常是刚买的东西，就觉得没有用处。刚付了钱，便意识到东西买得不值。怎样才能不花冤枉钱呢？1000 元的皮靴打折 300 元，掏钱包时，想 1 秒，有搭配的衣服吗，什么时候能穿？700 元的漆光粉色鞋，好多人都穿这款紧随时尚潮流的皮鞋，掏钱包时，想 1 秒，这样的鞋能穿几天，700 元值不值？

在刷卡消费前，更要分清“想要”和“需要”，消费的第一守则应该先满足“需要”，有余力再应付“想要”。

菜篮子里的省钱之道

买菜是一门学问。只要稍微注意一点，可以从中省下很多钱。

（1）巧打时间差

如果说卖菜要“赶早”的话，那么买菜则要“赶晚”。捡便宜的最佳时间在下午 5～6 点之间，这时买卖已近尾声，水产、蔬菜的价格要比早上便宜多了。

（2）买菜农的菜

菜贩子一般有固定的摊位，花色品种多，他们因要交固定的工商税、市场摊位费，菜一般都比菜农贵，而菜农的菜一般数量不多，花色品种很少，成本比菜贩子低，卖得不贵。因此，向菜农买菜比向菜贩子买菜省钱。

(3) 关心天气预报

尽可能在好天气去买菜。如果气候一旦变坏，菜就肯定会贵。在这种情况下，你如果是个有心人，注意天气预报，在天气变坏之前，赶快多买点菜，吃个两三天，天气变坏了也不急于买贵菜，无意中就省了不少钱。

(4) 带杆弹簧秤

如今无论你到市场买什么菜，小菜也好，鱼也好，肉也好，都可能少秤。你买菜时若带上一杆弹簧秤，就可及时发现问题，避免菜贩子们短斤少两。

(5) 学点小知识

平时多积累一些识别死猪肉、变质鱼的购物常识，如今市场里猪婆肉、死猪肉、变质鱼、灌水牛肉等时有发现。你若不懂如何识别它们，就是上了当也不知道，这时候，你不但花了钱，还可能染上某些疾病，因此，积累购物常识可以避免在购物时上当受骗，买到不新鲜的物品。

减少一次性用品

现在的商场、超市一般都提供一次性塑料袋。很多家庭将所购物品带回家后就随手将购物袋扔进垃圾堆里。其实我们购物时最好能自带购物袋、购物篮，方便卫生又环保。同时已经带回家的购物袋应仔细收起来，以备下次使用，弄脏了的购物袋可用作垃圾袋。同时也应注意在外吃饭时，尽量不使用一次性用品，尤其是一次性筷子。

超市购物省钱8招

(1) 选择合适的超市

选择离家近、品种齐全、价格便宜、对常客有优惠的超市定点购物，不仅能享受优惠，节约钱财，还能参加各种抽奖，获得一份意外的惊喜。

(2) 定期去超市批量购物

定期去超市批量购物，可获得折扣优惠等服务，同时也节省了多次往返的车费及时间。逛超市次数少了，流出去的钞票也就少了。

（3）价廉的商品在哪里

商家喜欢把价廉的商品摆在超市入口，经常把价廉的商品摆在货架的底层部分，比较贵的商品，他们喜欢摆放在与人们眼睛平行的位置。

（4）使用优惠卡

首次购买一定金额的商品后，即可获得超市优惠卡。可选择一家超市集中购物，以获取优惠卡，以后每次购物都可获得优惠，日积月累，金额十分可观。

（5）电子产品去专卖店买

在超市购买生活常用品便宜方便，但有些商品很贵，如数码相机、数码摄像机、手机等电子产品，最好到电子产品专卖店购买。

（6）列出所购商品清单

超市购物前，制定好购物计划，把需要买的商品一一列出来，根据清单购买。

（7）最好使用购物筐

在超市里购物，购物车既轻松又方便，一见到喜欢的东西就放到车里，就这样浪费了很多钱。用购物筐就会好一些。

（8）“团购”更优惠

可以找需要购物的亲朋好友一起购买。比如，1000元的鞋返1000元的券，可以选好各自喜欢的鞋后购买。

信用卡省钱好管理

（1）使用免年费的信用卡

弄清楚信用卡免年费的次数和金额，免得每年刷不到次数要付年费。另外，现在好多信用卡都免年费，申办时可咨询。

（2）使用自动还款功能

使用信用卡自动还款功能，可以避免因忘记还款多付利息。在申请信用卡时，办理此项业务，可由银行自动从储蓄卡中扣款。如中国银行、招商银行等有此项业务。

（3）保存刷卡收据

刷完信用卡后，将收据整理好，这样不但可以随时对账，而且可以提醒自己，哪些是应该买的，哪些是浪费掉的。

（4）减少持卡的张数

减少没必要的持卡张数，可以减少乱花钱的概率。同时，将花费集中在数张信用卡上，容易算出自己花了多少钱。

五、收纳整理

收纳整理的几大原则

（1）检视脏乱状况，以便预先作好规划

为了使收纳达到“整齐、美观、方便”的目的，我们在收纳前应事先对家中环境做一个全面的观察，了解现有东西的大概状况，然后结合现有的空间条件、可用的材料、自己想要达到的观感以及实用的目的，找出最完善的解决方法。

（2）分门别类，缩小物品收纳空间

给物品做一个分门别类，这样不仅可以增加取用时的便利，也可以依据物品的特性规划出美观的排列。

（3）根据使用频率安排收纳方式与空间

可以根据物品类别的不同，找到特别的排列方式，这可以按个人使用习惯而定，但最要紧的一条，是要考虑到取用时的方便与否。每一种物品依其使用方式，放在自己认为最便利及合适的地方，好拿好用、看了舒服，并遵循物归原处、随时整理的最高指导原则。

（4）物尽其用，善用各角落与巧思

仔细观察一下你的房间，有哪些空间是你疏忽的、没有善加利用的？要善于充分利用每一个角落，想办法增加收纳空间，尽量用隐藏式的收纳方式给你的房间营造一个宽广整洁的视野。

（5）物归原处，定期清理

要想真正有一个良好的居住环境，除了做好收纳与整理，平时的保持也是必不可少的。物品使用后，要及时物归原处，随手加以整理。

挑选不同材质的收纳箱

(1) 塑胶收纳箱——放置常换洗的衣物

塑胶收纳箱最好不要用来放杂物，以免因为塞了一大堆东西懒得拿，久而久之变成囤积在家中的大型垃圾。几个彩色的塑胶收纳箱可以组合成漂亮的收纳组合，用来放置经常换洗的衣物。

(2) 藤制收纳箱——美观轻盈，值得选购

藤制收纳箱无论放在客厅还是卧室，都是个很好的点缀。藤制收纳箱可以放一些受湿度影响比较小的物品。

(3) 木质收纳箱——调节湿度功能最好

讲求自然风的木质收纳箱，因其具有调节湿度的功效，用来收纳衣服效果最好，但一般都用来放置比较贵重的物品。缺点就是价格偏高也比较沉，不方便搬运。

(4) 无纺布收纳箱——摆放在干燥的环境

利用无纺布做成的收纳用品款式极多，最常见的有多格收纳盒、真空压缩袋、衣物防虫防尘套及挂式收纳袋等。

找出最佳收纳地点

市场上可以买到的整理箱大都是长方形的，如果存放占用空间太大，可以考虑放到床板底下。

衣柜的上层空间取拿不方便，适合放置不常穿的换季衣物，由于衣柜上层较高，隔板承重有限，不能放置太多太重的衣物。衣柜中的衣服要分类挂放，长短衣物分别集中挂放，下面的空间可以放整理箱或鞋盒。

喝过的茶叶渣和咖啡渣可以作为天然的除臭剂来使用，晒干之后放进整理箱或者棉布袋中可以起到香料的作用。

衣物要定期检查是否有蛀虫，并做好定期防虫、晾晒和保养工作。

利用墙角巧收纳

墙角往往是一个被人们忽略的角落，其实只要选择了合适的家具，墙角也能“变废为宝”。一个可以沿对角线折叠的小方桌是您用来改造墙角的好帮手。折叠起来后，它就变成了富有情趣的小角桌，在使用的同时，还可以装饰墙角。展开后，它就成了小方桌，吃饭、工作时都可以使用。

羽绒服卷成卷收纳

把羽绒服卷成卷更容易存放，即使用力压也不要紧。

事先将羽绒服清洁好，铺放平整，压出衣服中的空气（有吸尘器的话，可以使用衣物收纳袋将羽绒服中的空气吸出），再将衣服袖子和帽子归纳整齐，卷起来就会方便很多。

羽绒服卷起来之后，可以用毛巾被或者长袖衫包好、打结，这样就能存放过季了。

依照衣物长短收纳节省空间

要想让衣柜有更大的收纳空间，一定要按照衣服的长短挂放衣物，按照长、中、短的顺序依次悬挂好。这样，衣服的下面就呈现出梯形的收纳空间，可以用来放置高、中、低的收纳箱，箱子里再分类存放各种合适的衣物，以利于更加节省空间。

雨伞的收纳技巧

雨伞清理干净并晾干后，要扎好，放在干燥通风的地方。放得太久而没有用过的雨伞应该定期检查，看看有没有长出锈迹或发出霉味，如果有，应及时清理干净。可以将雨伞用作太阳伞，既增加使用的频率，又可使伞定期晒太阳，杀灭上面附着的细菌，从而延长其使用寿命。不能将雨伞长期放在阳台等地方，以免阳光暴晒和风吹雨淋，否则伞面的布很容易褪色，伞骨也容易折断。

浴室收纳妙招

可以使用浴室用的转角架、三角架之类的吊架将其固定在壁面上，放置每日都需要使用的瓶瓶罐罐等盥洗用品，或是用合乎尺寸细缝柜收藏一些浴室用品、清洁用品，马桶上的空间可以用浴室专用的置物架增加马桶上方的置物空间，放置毛巾及保养用品等，这些都是很好的空间创造法，可以让卫浴空间更井然有序。

怎样摆放好找好拿

衣服折好后如果只是叠成一摞，刚开始很整齐，但只要一拿取，就很容易变乱，所以最好的办法是把衣服卷好直立排放，方便拿取而且不容易弄乱。

把衣服按照颜色、材质以及功能分类摆放在不同的地方。同一种类的物品，不要分散陈列，并尽量让色系统一，以降低视觉的复杂度。根据衣物的使用频率要高低错落地放置衣物。一般可按照纤维的性质分层存放：棉质衣物、合成纤维放在衣柜的下层，毛织物放在中间，绢织品则必须放在顶层。

利用“空中”巧收纳

要想充分利用卧室中的垂直空间，悬吊式收纳袋和壁挂式收纳袋是两件必备法宝。悬吊式收纳袋具有良好的透气性，并且不使用的时候可以折叠起来，十分节省空间。壁挂式收纳袋外形充满现代感，质地柔软，不仅可以帮助你整理卧室中的小件物品，还装点了卧室墙壁。

书籍的收纳要点

（1）合理布局

依据房子的实际情况，选择合适的书柜和理想的摆放位置。

（2）分类整理

根据布局空间的实际尺寸，结合使用功能，选择合适的、不同款式的书桌、书架、书柜，分类整理书籍。

（3）空间巧利用

如果居室无法开辟出一间房间做书房，可充分利用其他空间，比如通顶的书柜，就可成为充足的藏书空间；将书桌做成弧线造型，可充分利用墙角的空间摆放图书。

（4）注意防虫

书籍一旦受潮，很容易滋生蛀虫，因此，应做好防潮和防虫的措施。

利用抽屉巧收纳

你有没有为如何放置自己各种各样的皮带和好久不用的小饰品苦恼过？那就试试这种衣橱里的“魔术抽屉”吧。又大又浅的抽屉内被分隔出许多小空间，正好可以容纳卷起来的皮带和各种小玩意。当抽屉被推进衣橱，谁也想不到那个小小的空间内竟然还藏着那么多“宝贝”。

充分利用有限空间

一些过季的、使用频率较低的衣物，可以收纳在收纳盒、纸箱、收纳袋中，摆放在衣柜的最顶端。

只要在衣架上套个连接挂钩，就可以把衣物上下成串挂着了。厚重的外套利用压缩袋可以把衣物体积压缩到原有的1/3，从而有效扩大收藏的空间。除此之外，压缩袋还有防虫、防潮湿、抗菌的作用。

吊挂的衣服下方会有一部分空出来，在这个空间里摆放收纳箱、纸箱，可以存放更多的衣物。另外，把怕被压变形的皮包放在此处，也是个不错的主意哦。

阳台做个储物柜

在阳台做一个白色的储物柜，柜内按照物品的不同用途分类整理，不仅能够增加储物空间，还能对阳台进行分区。衣柜处为干燥区，另一侧为晒衣区。这样处理不会占用太多空间，还能在增加美观的同时减轻卧室储物柜的负担。

冰箱创意收纳

冰箱是家中一个比较隐蔽的杂乱场所，不妨试试下面两种方法，让你的冰箱整齐有序，一目了然。

多使用置物盒或收纳盒。一些容易被其他东西遮住的小东西或瓶罐，可使用置物盒或收纳盒先分门别类再集中管理，如调味料、果酱、奶油、食料等。

收纳架的使用。冰箱内有效地使用收纳架可增加许多空间。如使用餐盘置物架就可将餐盘堆起来，就不用一个菜盘压着一个菜盘，还可以多收藏几盘了。在冷藏蔬果时可将蔬果直立起来，放在蔬果收纳架内，不仅能保鲜又能避免相互压挤。

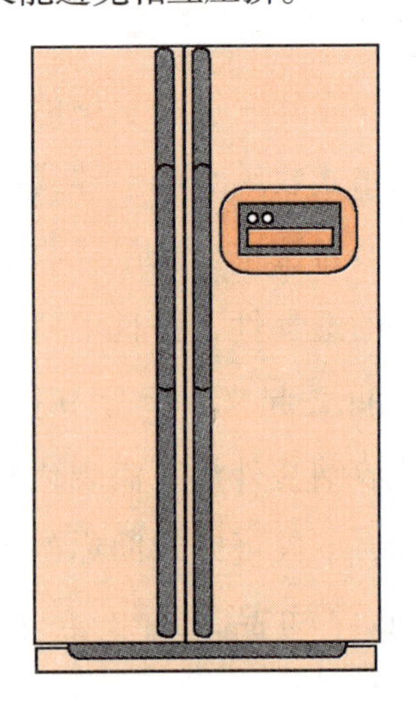

袜子的超创意收纳

利用多格收纳盒，就可以将家里的一堆袜子收纳得整整齐齐。但是，如果暂时没有收纳盒，袜子就只能乱糟糟地堆在一起吗？还可以用什么方法来收纳袜子呢？

找一些扎头发的皮筋，把皮筋一个接一个地穿成一串。把家里的袜子叠好，再把叠好的袜子一个一个地套在皮筋里。把皮筋挂在衣架上，想穿哪双随手一拿，非常方便。

小卧室造嵌入式衣帽间

嵌入式衣帽间比较节约空间，容易保持清洁，适用于面积有限的空间。可以利用现有空间的隔墙，只要增加一道推拉门，增加衣帽间的防潮功能即可。

为了充分利用衣帽间里的有限空间，可以运用统一规格的格子单元，也就是用固定的竖向隔断划分大格局，用可调节的隔板搭出小单元，小单元可以随意组合，灵活性好，可根据需要设置挂衣杆、抽屉、箱子等，便于细致收纳。

鞋子收纳的超实用窍门

（1）分类摆放省空间

鞋子的分类没有统一的标准，首先可以把不常用的、过季的鞋放在鞋柜底下，而同款式、花色相近、高度相近的鞋摆在同一排，可节省鞋柜空间。

（2）收纳时鞋尽量归盒

收纳鞋的时候可以用原来的盒子装上。在鞋架两层之间，可以利用空鞋盒来提高存放量，鞋盒的大小和鞋子要吻合，也利于保护鞋子。

（3）在鞋盒上开个小洞方便找

在鞋盒上开一个小洞，或者在鞋盒外面贴上标签，这样不用打开盒盖，就可以清楚地知道鞋子的颜色和款式，选择起来就容易多了。

（4）轻便的鞋直接挂起来

布鞋、轻便的旅游鞋以及宝宝的鞋通常小巧轻便、质地柔软，可以直接将它们挂在墙壁上，或者挂在柜门内侧，这样能充分节省空间。

（5）抽屉收纳鞋

如果家中有靠近客厅或玄关、深度比鞋盒稍深点的抽屉，把鞋柜放不下的鞋子放在此处也是个不错的收纳法。但是由于抽屉的封闭性，要做好防异味准备。

此外，在鞋柜的门内侧装几个毛巾架，就可以把拖鞋摆放在上面，摆得又多又整齐。

票据收纳小窍门

票据个子虽小，可多了真让人头疼，又不敢扔掉，恐怕哪天会用到，找的时候又很麻烦，而且平时又不好整理。花上不到 5 分钟的时间，做个专门收纳的盒子就会非常方便平时的随时查阅。

将牙膏盒朝上的那一面开一个盖子，就可以将票据整齐放入了。或是将牙膏盒竖起，头部切开，用双面胶贴在墙壁上，也就可以直接放票据了。

塑料袋收纳好办法

通常大家都会把买东西时的塑料袋留下来，当作垃圾袋第二次使用。但攒起来的塑料袋胡乱塞的话，也比较烦人。现在只要一个薯片桶和一根绳，就可以把这些塑料袋通通收纳在桶里面，不但节约空间，而且取用也方便。

在薯片桶的盖子上割出一个“米”字形切口，再将桶底切出一个开口。将要收纳的塑料袋打结，保留两个提手处。把第一个塑料袋右边提手穿过左边提手，以此类推使塑料袋环环相扣。再把绳子穿过所有塑料袋的把手，再将第一个塑料袋连同绳子穿过盖子，线尾穿过桶子底部，并用胶带固定。最后将串联塑料袋全部塞入桶中。

床下大有用武之地

选择床下收纳箱的 5 大重点：

（1）尺寸

购买收纳箱之前，一定要先量一下床下的空间尺寸，尤其是地面和床板间的高度，以免收纳箱太高，放不进去。

（2）材质

市售的收纳箱材质种类很多，如藤制、塑料、无纺布等皆有。如果担心地板湿气太重易受潮，建议选择塑料制品会更理想。

（3）收纳物

选择收纳箱前，先要想想打算收

纳哪些物品，再选择适合的收纳箱。

(4) 拿取便利

床下收纳箱的尺寸通常会比一般收纳箱大，建议选择附把手的款式，或者底部有轮子的收纳箱，可以增加取用的便利性。

(5) 辨识度

床下摆了一整排的箱子，要找东西时，一时还想不起来到底在哪一个箱里。为了避免此困扰，建议选择透明色系的箱子。

厨房餐具的收纳

厨房空间通常较小，但厨房的东西却相对较多，为了避免厨房拥挤，不但应合理利用现有收纳空间，还应善于“开发”、利用零散空间。

可尽量使用重叠、竖立、吊起或抽屉等方式，或在厨架上放置物品。

餐具要放在靠近供餐和进餐区，但是距水槽也不能太远。

容易受潮的物品应立刻烘干，否则器具容易发霉。

玻璃器皿可收纳在透明的柜架上。

盘子最好直立地放在搁架上，再依大小安放妥当。

一般常用炊具要放在合适的位置，比如长柄煮锅可挂在柜架的挂钩上或放在浅抽屉里；而较重的锅应放在腰部以下高度的柜架里，方便取用。

卧室情调收纳

卧室是淋漓尽致地展现浪漫的地方，是完全私人化的领地，如何实现轻松收纳呢？床头的几柜、床头上方的“风景”、窗台边的盆花，都在不经意间提升了卧室的浪漫情调。

(1) 墙壁上方

墙壁的上方可以用搁板放置一些 CD 或者书，甚至是精美的小摆设和花盆。在搁板的下方可以挂照片和装饰画，让墙壁不仅有收纳功能，同时又成为一面风景。

(2) 门背后

干干净净的房门背后，是许多人容易忽略的可利用空间。可以挂个收纳袋，摆放手机充电器、记事本等小物品。

(3) 床头柜

选择一个方正的几柜，里面就可以放置小抱枕等其他常用品，上面仍然可以摆放花草、装饰品。

(4) 床底下

用有轮子的收纳盒收放衣物，可以把换季不穿的衣物统统压在床底，既不影响活动又隐秘，拿取也非常方便。

六、日常物品妙用

自制居室清新器

与其浪费金钱在那些华而不实的罐装空气清新剂上，不如来试试这个省钱又有效的办法：找些小罐子（比如口香糖罐），在上面戳几个眼儿，在里面装满苏打粉，然后在每个房间的角落里都放一个，一个月更换一次。苏打粉能吸收潮气和异味，使房间的空气保持清新怡人。

旧奶粉罐可以做垃圾桶

将空的奶粉罐拿来做垃圾桶刚好：先用自粘贴布帮奶粉罐穿上漂亮的外衣。将原奶粉罐的盖揭掉，只留外圈，就成了固定塑料袋的好帮手，就算用小一点的塑料袋也不怕滑落。迷你尺寸的垃圾桶放在梳妆台上，或者书桌角落都很合适。

漂亮包装盒变身存钱罐

现在市场上有很多食品都带有精美的包装，如做工精致的饼干桶，晶莹剔透的玻璃瓶，造型别致的塑料盒等。食品被吃完后，这些漂亮的外包装总是让人舍不得丢掉，空放着的话又很占空间。如果不是密闭性能很好的容器，就不宜再用来存放食物，不如拿来做存钱罐，把平时收到的硬币放到里面，用的时候再取，比买的储蓄罐更方便实用，而且也不失美观。

食物袋变废为宝

肉买回来后要切成若干小块放在冰箱冷冻室内，但是肉往往会冻结在一起很难掰开。如果利用方便面袋或者牛奶袋，这个问题就可以避免了。具体方法是：买回肉后可将肉根据不同用量切成大小不一的肉块，然后把每一次食用的量分装在不同的方便面袋或牛奶袋里，下次使用时可直接取出。这样既有效利用了废弃的包装袋，肉也不会像用普通塑料袋装入时一样和袋子紧紧地冻在一起了。

电动剃须刀可修整衣服

有些衣服穿不了多久，尤其是洗后，会起很多小球，且越来越多，若是跟其他衣物一起洗，还会沾上小毛，很不美观。用电动剃须刀像剃胡须一样，将衣服剃过一遍后，衣物上沾的小毛、尘土能被吸去，衣服可平整如新。需提醒的是，用电动剃须刀修整衣服，最好是在刚起小球时，球大了就不太好修了。

巧制拖把

旧毛巾、旧衣物可以收集起来，改造成拖把，具体的做法是利用坏拖把的棍子，把脏的那一头用毛巾裹起来，要紧密一些，毛巾的一头略长于棍子头，用结实的绳子，在距离棍子头六七厘米的地方把旧毛巾绑牢，把毛巾长端折向棍子头，折出来的毛巾要和原来就长于棍子头的毛巾齐平，然后用结实的绳子固定牢就行了。

洒水壶摇身变花盆

破旧的洒水壶，千万不要扔掉它，这是给你带来灵感的工具。在水壶里面填上土，再把买回来的鲜花移植进去，很快就会开出灿烂的花朵。水壶的造型和鲜花的特点相得益彰，真是能给人带来意外的惊喜。

废茶渣用处多

茶叶经反复冲泡后味道会越来越淡，茶渣（泡过的茶叶被称为茶渣）就会被倒掉。其实，废弃的茶渣本身还具有一定的利用价值。首先，茶渣洗净去除杂质后可以加入到菜肴里一起烹饪，既能提高菜肴的清新味道，还能补充膳食纤维；其次，将茶渣埋在花盆里，还是一种很好的酸性肥料；另外，如果把每次喝剩的茶渣收集起来，洗净晒干，作为枕芯装入枕头，能清心明目，对治疗头痛也有很好的效果。

牙膏的妙用

（1）去腥味

手上若有腥味，可先用肥皂洗净，再在手上抹少许牙膏揉搓片刻，最后用清水冲净，即可将腥味除去。

（2）去茶垢

搪瓷茶杯，日久茶垢沉积表面，很难洗去。只要用细纱布蘸一点牙膏擦拭，就能很快除去表面茶垢。

（3）清洁熨斗煳锈

电熨斗时间用长了，在其底部会生出一层煳锈，只要在断电冷却的电熨斗底部抹上少许牙膏，再用干净软布轻轻擦拭，即可将其除去。

（4）清洁反光镜

手电筒的反光镜时间长了会变黑，只要用细纱布蘸上一点牙膏轻轻地擦拭，就能使其光亮如新。

（5）除划痕

手表蒙面上经常会有划痕，影响平常的使用，只要取一点牙膏涂在蒙面上，然后用软布反复擦拭，即可除去这些细小的划痕。

丝袜的再利用

人们通常会将穿破的旧丝袜扔掉，其实，可以利用废旧丝袜制作花等工艺品。比如，将丝袜染成各种各样的颜色，利用铁丝加以支撑，可以做出各种各样的造型，然后将其拼起来，就会成为各种式样的花。这种花看起来颜色很鲜艳，不容易坏，特别是可以发挥自己的想象，真是一举多得。

巧用衣架 DIY 卷筒纸架

找一个旧衣架，先用钳子把衣架的中间剪断，再剪掉两头各 10 厘米左右。将衣架下部扭成长方形。拿出一些发卡，或者一些过时的饰品（这些小东西的魔力可大了，千万不要扔掉，自己动手做的东西好不好看，可全靠它们了），最好挑一个发卡，用发卡卡住衣架的脖子部分，作为装饰，就完成了。

巧用纸巾盒插花

用完了的纸巾盒大家通常都是随手扔掉，有没有想过可以用它来插花呢？当然可以。为了避免被水浸透，先用塑料薄膜把纸巾盒的内壁包裹起来，再把盆栽的鲜花移植进去，然后用干净的小石子遮住裸露在外面的泥土，让花茎和花头从取纸的地方露出来。只要寥寥几枝鲜花，就可以完成这样有创意的作品，简单而别致。

自制刮鱼鳞的小工具

每次处理鲜鱼时，刮鱼磷都很麻烦，不但容易弄得到处都是，而且鱼鳞又滑又硬很容易伤到手。这时，可以找一块与牙刷的长短相差不多的小木条以及几个废弃的啤酒瓶盖，将瓶盖错落排列在木条上，用钉子钉牢，就可以做成鱼鳞刮。自制的鱼鳞刮用起来不但顺手，刮得也干净。

肥皂的妙用

（1）清洗锅底积垢

锅底的煤烟垢特别难洗净，如果在使用之前涂一层肥皂于锅底之上，用后再加以清洗，就可减少锅底煤烟的积垢。

（2）去霉味

如果想防止在盛放衣物等用品的壁橱、抽屉、衣箱里出现难闻的霉味，只需预先在里面放一块用纸张包好的肥皂即可。

（3）去衣物折痕

储藏衣物时，常常将其折叠，但时间一长，旧折痕就很难消除，此时可将肥皂涂于旧折痕处，然后铺一张报纸，用熨斗一熨，折痕立即就会消除。

（4）润滑地面

日常家庭中，要移动大件的家具等重物十分费力，此时可擦一层肥皂在其要移动的地面上，这样只要在移动时稍微用一下力，这些重物就很容易被推拉到位。

(5) 防止室内返潮

如果室内返潮，可将家具用微温肥皂水擦拭一遍，除去沾附在上面的油脂、汗液等，可减轻返潮的状况。

(6) 清洗油漆

自己动手油漆房间或家具时，手上和准备油漆物件的把手、开关上很容易沾上油漆，一旦沾上便不好清洗，为避免这样的情况发生，可以事先在手上和其他物件上抹上一层肥皂水，即使沾上油漆，也很容易清洗。

(7) 糊壁纸

壁纸时间长了容易因糨糊硬化而剥落，如果在糊壁纸时向糨糊中加一点肥皂，不但很容易糊上，而且不容易剥落。

(8) 防止镜片雾气

用手指蘸肥皂液，在镜片两面涂抹数次，可以防止镜片上产生雾气。这样，在吃热面条、去浴室洗浴，或者雾天骑车时，眼镜的镜片上就不会因产生雾气而影响视线了。

巧用保鲜膜防滑

除保鲜功能外，保鲜膜还可以巧妙地加以应用。比如，放在厨房门口起到吸水作用的脚垫会因为沾上水和油而打滑，这时，剪下几块保鲜膜均匀地贴在垫子的底部，就可以轻松防滑。除此之外，炎热的夏天在木制的椅子上铺上竹垫再坐上去就十分凉爽，可是竹垫很容易滑到别处，这时也可以在竹垫底部贴上一层保鲜膜来防滑。

小鱼缸变花瓶

角落里的鱼缸，因为早已不养鱼而废弃不用，其实它也并不是因为金鱼而生的。擦干净它的灰尘，让它变成鲜花的容器吧。找两片足够长而且宽大的叶材，叠在一起利用张力紧贴在鱼缸的内壁，将新鲜的花朵按照自己喜欢的形式插在两片叶子中间，注意高低的搭配。同样，鲜花会因为叶子的张力而被固定住。再在鱼缸中加水到可以让花的茎部底端补充水分的地方，一个惬意的设计又完成了。

围巾变短裙

拿出学生时代的格子围巾，将它从颈部移到腰间，再加上旖旎的饰带和璀璨的环扣，转瞬间，清纯不再，取而代之的是妩媚的淑女风范。准备英伦风情的格子围巾1块，长度约为1米，色彩越鲜艳越好；荧光丝带、各式蕾丝花边若干；装饰环扣1个；胶水和别针。首先把格子围巾打开，熨平。然后将荧光丝带与围巾的上下边缝合。接着按照你喜欢的方式把蕾丝花边环绕在装饰扣后面及周围，并用胶水固定。在装饰扣后部、绕好的蕾丝花边上装上别针。这样，只要将围巾随意地在腰间交叠，再别上做好的装饰扣，就是一条风情又时髦的格子短裙；而取下环扣，向上移动，裹住你娇嫩的颈部，它又重新成为一条防寒保暖的围巾。

除居室烟味

◆用浸过醋的毛巾在室内挥动，或用喷雾器来喷洒稀醋溶液，或者将一小纸杯醋放在室内，也可清除居室内的烟味。

◆用清水将柠檬洗净后，切成块，放入锅中，加入少许水，将其煮成柠檬汁，然后将汁放进喷雾器里面喷散在屋子里面，即可将臭味去除。

◆室内最低处点燃1～2支蜡烛，约15分钟左右后开窗通风，可使室内烟味消失。

用易拉罐巧做烟灰缸

易拉罐是现在最常用的饮料包装材料，一般我们喝完饮料，那罐子也就随手丢掉了。其实小小易拉罐也有它的新用途的。做起来又简单又方便，也不用什么工具，只要一把剪刀即可。喝完饮料的易拉罐，第一步就是一定要洗干净。将罐子在顶部1/3处剪开两边。剪开两边后修一下毛边，修平整点就行了。然后就围着罐子均匀地剪开它，不过不要太长。接着将剪好的边，一片一片地翻下来，像花儿一样。接着将顶部的1/3罐子，也按刚才的方法剪好、折好了，放在一起。烟灰缸就完成了。

巧用茶叶

茶叶除了可以饮用外，还有许多妙用，吃了含有大蒜或洋葱的菜肴之后，口腔中往往会有难闻的气味，这时，口中含几片茶叶，咀嚼一会儿再吐出，用清水漱一下口，气味就会被轻易去除。此外，用喝剩的茶水倒入洗碗水中，洗出的碗会光亮如新。同样，煮过腥臭食物的锅或盆，用茶水煮一下也可以有效去除腥味。

用夜来香驱蚊子

在夏日，阳光下吸收足够的热量的“夜来香”花，在夜晚来临时，会释放出大量的香气，无论室外或室内，只要有棵“夜来香”在身旁，就不会被蚊虫叮咬。因此，在炎热的夏夜，放一棵“夜来香”在家里，同时具有香味驱蚊虫的作用。

自制茶杯刷

准备好自己不用的牙刷 1 把、打火机 1 只、尖口老虎钳子 1 把。材料很少，制作很简单，首先用打火机慢慢加热牙刷刷子的背面到一定程度（小心别烫着自己），再用老虎钳子，把加热后的牙刷折弯。一个可爱的小刷子就完成了。这样做出来的茶杯刷，能够把茶杯底座缝隙的污渍刷洗得干干净净。如果用卡通牙刷，做出来会更可爱。

巧用旧衣物做脚垫

用旧衣物制作脚垫，把不穿的厚呢子衣服剪成方形或椭圆形，再在上面粘上一块旧的腈纶衫，把二者贴牢或者缝在一起，这样一块精致的脚垫就做好了。把它放在家门口，每天回家的时候脚垫就可以吸附脚上从室外带回的尘土。还可以根据自己的个人喜好做成各种形状。

出行篇

一、外出旅行注意事项

旅游的诀窍

(1) 轻装上阵

请记住，你旅游的目的并非是让别人看你，那么就请带上旅途中的必需品，把漂亮的服装留在家中。

(2) 满含期望

你要参观的地方都是一个个即将为你打开的魔盒，请将你奇异的期望贯穿起来。

(3) 满含希望

满怀希望的旅行要比只到达一个地方强得多。

(4) 待人谦虚

他人的传统和生活方式可能与你有所不同，在参观或访问时应给予尊重。

(5) 礼貌待人

尊重你的旅伴和你旅途中所见的一切，将会给你增添无限的乐趣。

(6) 向别人致谢

感谢旅途中所有给你带来快乐的人们。

(7) 开放的态度

将你所有的偏见丢在家中。

(8) 保持好奇

并非是你将旅行多远，而是在感知的金矿中你探索了多深。

(9) 理解他人

花时间去理解他人，学几句“你好”、“再见”之类的当地话，你将会备受当地人的尊重。

(10) 具有国际公民精神

你将会发现世界上所有的人基本相同。你应使自己成为一名“友好”的使者。

为旅游做好开支预算

旅途中一般包括以下几项开支：

(1) 交通费

选择旅行交通工具应从时间、费用、便利等诸方面来考虑。交通工具的花费是旅游中一笔较大的经费开支，选乘时要全面考虑，从自己家庭的实际出发，不能盲目决定。

(2) 住宿费

一般按中下标准的价格计算，有时要做好选择借宿农家的准备。

(3) 膳食费

除日常饮食外，还要准备品尝各地风味菜的费用。夏季冷饮费用也要计划进去。

(4) 摄影费用

要记得备一些洗印照片的费用。

(5) 购物费

包括买各地土特产、纪念品和礼品的费用。

(6) 娱乐费

包括门票和游乐票。

怎样选择最佳旅游时间

最理想的旅游时间是春末夏初，这时我国的北方春暖花开，万物生长；南方更是到处莺歌燕舞，一片山清水秀。

一般来说，春秋两季无疑是旅游的最佳季节。此时气温适宜，物产丰富，出行不用携带更多的衣物。

对于学生和教师来说，暑假是旅游的最佳时期。此时出行行装简单，生活方便，休假时间长，在紧张学习后可轻松一游。

冬天旅游也富有特色。北方人到南方旅游，可以享受北方已见不到的青山绿水、湿润空气带给你的愉悦；而南方人到北方旅游，则可以领略漫天的飞雪、晶莹的冰雕带给你的独特享受。

了解各地名城美味

北京：北京烤鸭、涮羊肉、仿膳宫廷菜、炒肝、卤煮、炸酱面、爆肚、烧麦、小窝头、萨其马、打卤面、豌豆黄、果脯、桂花陈酒、六必居酱菜、王致和臭豆腐。

上海：浦东鸡、盐水火腿、熏火腿、猪肉灌肠、蜜饯、五香豆、鸡肉灌包、三黄鸡、鸡鸭血汤、油炸臭干子、大闸蟹。

天津：狗不理包子、桂发祥麻花、耳朵眼炸糕、天津银鱼、天津紫蟹、小站米、锅巴菜、煎饼果子、棒棒鸡、面茶、煎焖子。

太原：八珍饼干、八珍汤、刀削面。

重庆：山城小汤元、担担面、熨斗糕、鸡味锅贴、荷叶软饼、萝卜丝饼、凤尾酥、蝴蝶酥、金鱼饺、玉兔饼、玲珑鱼脆羹、三色凉糕、香麻一品酥、重庆火锅、板鸭、金钩豆瓣酱。

广州：开煲狗肉、炒田螺、艇仔粥、烧鹅、叉烧包、虾饺、沙河粉、烤乳猪、金丝烩鱼翅、豹狸烩三蛇。

武汉：武昌鱼、老通城豆皮、四季美汤包、棉花糖、热干面、凉面、瓦罐鸡汤、鸭脖子。

杭州：杭州煨鸡、西湖醋鱼、幸福环、猫耳朵、虾爆鳝面、肉粽、油渣面。

宁波：汤团、威菜大汤黄鱼。

扬州：五丁包子、春卷、黄桥烧饼。

无锡：肉骨头、无锡第一菜。

镇江：水晶肴蹄、蟹黄汤包、锅盖面、香菜等。

南宁：肉粽、粉饺、瓦煲饭、田螺。

九江：桂花酥糖、九江桂花茶饼。

长沙：火宫殿狗肉、油炸臭豆腐、椒盐馓子、姊妹团子。

苏州：春卷、酱汁鸡、樱桃肉、松鼠鲑鱼、糕团。

大连：鲍鱼、海参、螃蟹、红烧海味全家福。

沈阳：熊掌、麟面、熏面大饼、老边饺。

哈尔滨：欧式肠、大面包、酒心糖。

南京：板鸭、咸板鸭、醉蟹、牛肉锅贴。

济南：糖醋黄河鲤鱼、奶汤蒲菜、蒲菜烧肉、清汤燕菜。

青岛：青岛啤酒、高粱饴、奶油气鼓、奶油花生糖、酱什锦菜。

桂林：马肉米粉、鸳鸯马蹄、尼姑面、珍酱脆皮猪、南乳肥羊。

兰州：白兰瓜、兰州拉面、高三酱肉、热冬果、千层油饼、臊子面、空米果、八宝蜜食、杂肝汤。

成都：夫妻肺片、麻婆豆腐、

龙抄手、赖汤元、珍珠元子、麻辣烫、肥肠粉、三合泥、麻辣兔丁、钟水饺。

昆明：过桥米线。

乌鲁木齐：馕、烤薄皮包子、手抓肉、烤羊肉串、烤全羊、手抓饭、拉条子、葡萄、哈密瓜。

西安：羊肉泡馍、腊汁肉夹馍、腊羊肉、春发生葫芦头、饺子宴、柿饼、秦镇米粉面皮、哨子面、西安稠酒、西安葫芦鸡。

台湾：台南市度小月担子面、鼎边趄、棺材板、基隆甜不辣。

怎样利用旅游资料

出游之前，应查阅一下准备前往地区的有关资料文献，了解当地历史文化、风景文物、经济物产、奇闻轶事、典故传说等，以便对旅游地区做到心中有数，避免虽身临其境却收获不多。

出行时，最好带上旅游点的交通图、导游图，到目的地后可按图寻路。

另外，还应对所去地区的地理气候、交通情况、食宿条件以及当地少数民族风俗等诸方面的情况有所了解，以免碰到意外情况时毫无准备，措手不及。

如何与旅行社签订旅游合同

明确当事人行为的合法性。在正式签订合同之前，应要求对方出示《旅行社业务经营许可证》正本或副本原件、《营业执照》正本或副本原件及《工作证》，以确定与您签订旅游合同当事人行为的合法性。

明确约定合同内容。按照《旅行社管理条例》规定，旅行社与旅游者所签合同的内容应包括旅游行程、旅游价格、变通运输费、用膳费、住宿费、游览费用、导游服务费、旅游意外保险费等。

违约责任。根据《中华人民共和国合同法》规定，具有合同关系的双方当事人，任何一方违约，都须承担由此给合同另一方当事人带来的损失。因此旅游者必须树立一个观念，即一旦合同签订，便不但拥有权益，也要履行合同的相应义务。

如何注意合同内的细节问题

所乘坐的交通工具特别是客运

汽车一项，应就其产地、品牌、型号、有无空调、多少座位等内容作明确描述。

旅游景点一项，应包括在旅行社所作广告中所见所有景点，并明确开始与结束参观时间，必要时，可将旅行社所作广告日程约定为合同的附件。

住宿标准中应注意对“标准间”一词的理解，只有在星级饭店里，“标准”一词才有具体意义。当住宿设施是一般的旅馆、招待所时，应明确约定住宿房间内的床位数、有无卫生间、有无电视机、有无电话等设施、设备。

购物一项，应明确购物次数、购物点名称及在每个购物点所逗留的时间。

旅游价格一项，应尽可能地细化，明确到上文所列各项交通费、各住宿点的食宿费用、景点门票费、导游费等费用。

违约责任一项，应包含纠纷处理方式、投诉受理机构等。

行前注意事项

行前要注意健康情况，注意带上常用药品，做到有备无患。

出门旅游最好不要随身携带重要文件或贵重物品以防失密、失窃，造成不应有的严重损失。

行前要注意与旅行社确定出发时间与集合地点，并索取旅程表，清楚地掌握旅程安排。

行前要检查是否已携带有效身份证及车、船、机票，以免耽误了行程。

即便是随团旅游，最好也能带上一本导游手册，以助游兴。

旅游路线巧安排

来回的路线不要重复，要尽量做到水路、旱路搭配，最好能轮流乘坐火车、汽车、轮船和飞机，这样既可以减轻疲劳，又可以增加新鲜感。

选择点、面结合的路线，即直达某地区，再以此为中心去四周旅游点游览。这样可以放下过重的行李，简装出游，又可以不断回到中心地区补充给养。

考虑亲友的居住地点，在旅游的同时又探访了亲友，可有更大的收获。

如果时间紧张的话，要抓住重点，放弃无关紧要的旅游点。

如果经济较为窘迫，要量力而行，不要勉强从事。如果经济上较为宽裕，应尽量利用快捷的交通工具，以争取更多的旅游时间，并减少旅途劳累。

年老体弱的旅游者应选择旅途近、游程短、多坐船、少坐车的路线，不可凭一时兴趣贸然成行，以免力不从心，影响身体健康。

旅游必备的物品有哪些

旅游当然应该是轻装上阵，但是，一些必需的物品还是应该携带，这些物品有：

(1) 洗漱用品

牙刷、牙膏、毛巾、香皂、梳子、剃须刀（男士）。

(2) 日常用品

杯子、水壶、手电筒、火机、不锈钢饭盆、小勺、衣夹（或衣架）、绳子（晾衣或捆物用）。

(3) 洗衣服

衬衣（2件）、内衣裤（2套）、袜子（2～3双）、睡衣或运动衣、游泳衣（裤）。

(4) 鞋帽

拖鞋、旅游鞋、皮鞋各一双，夏季凉帽，冬季保暖帽。

旅游热点的特色

如果对祖国的悠久历史和灿烂文化比较感兴趣，可选择去北京、西安、洛阳、开封、南京、杭州、安阳七大古都，以及成都、曲阜等一些历史文化名地，还可考虑去湖南长沙等著名的文物出土地。

喜欢石刻壁画的旅游者，可选择去甘肃敦煌莫高窟、山西大同云岗石窟、河南洛阳龙门石窟，那些地方都是享誉世界的艺术宝库；西安碑林、四川云阳张飞庙、泰山的摩崖题等，是历代书法精品的汇集之地，是书法爱好者向往的“圣地”。

如果想游历名山大川，选择余地就更大。要登名山奇峰，有五岳（东岳泰山、西岳华山、南岳衡山、北岳恒山、中岳嵩山）、佛教四大名山（山西五台山、四川峨眉山、安徽九华山和浙江普陀山）以及黄山、庐山、武夷山等。要游名川，有气势雄伟的长江三峡、山清水秀的桂林漓江以及碧波浩渺的太湖、洞庭湖等。

近几年少数民族地区的旅游热正在兴起。像祖国北疆蒙古族的那达慕大会、新疆的戈壁风光、西藏高原探秘，以及云南边疆的傣家风情，等等，都是极具特色和吸引力的。

其他还有一些具有地方特色的活动，如广州的花市、哈尔滨的冰雪节、山东潍坊的风筝节、青岛的啤酒节、北京和辽宁等省市联合推出的“末代皇帝专项旅游”等，也都吸引了成千上万的海内外游客。

依据气候选择旅游地

夏季旅游可以选择清凉温润的山区、湖区、海滨和高纬度地区。

冬季度假以避寒为目的，则可以选择云南、贵州、海南、广西等热带或亚热带地区。

采摘活动多在秋天，在南方地区观察候鸟只能在冬天，而在北方就必须在夏天。

特殊人群选择旅游地有讲究

西部探险的目的地多为海拔2000米以上的高原地区，对身体较弱的老年人或一些健康状况不好的人来说就不适宜。

春天，阳光明媚，鲜花盛开，正是出门旅游的好时机。但对于有花粉过敏史的人来说，还是足不出户为好。

夏天旅行多选择在山区或海边，但是，患有高血压病、肺心病、冠心病、风湿性心脏病、先天性心脏病等疾病的人，切不可去高原或上高山旅行，只能去气候温和、地势平坦的地方旅行。

秋冬季节，雨水稀少，气候干燥，无论南方还是北方，都非常适合旅行。但对患溃疡病的人或患过溃疡病的人来说，这个时节是不适合旅行的。因为胃溃疡特别是十二指肠溃疡在秋冬和冬春交接季节最容易复发。

冬天，北国冰天雪地，景色奇丽，冰上运动、雪地运动、冰雕艺术对生活在南方温热带的人来说有着极大的吸引力。然而，对患有肺气肿、肺心病、慢性支气管炎、过敏体质的人和60岁以上的老年人来说，冬天则不宜北上旅行。

自驾车旅游的注意要点

自驾车旅游以确保安全为重，以下几点值得注意：

◆最好不要个人租车旅游，特别是刚刚才学会开车的司机，不要将旅游当作一次练车的经验，对车或路况不熟悉，均容易发生事故。

◆自驾车旅游，最好找一辆或更多的车同行，万一出了事故还可以互相有个照应。多辆车同行时，一定要保持车和车之间的距离不要太远。

◆旅游不是赶路，最好不要走夜路。走夜路不但危险，而且易疲劳还会影响旅游者的心情。

◆不要把油用光了才加油。当油跑完了一半，看到好的加油站就随时加一些油，千万不要怕麻烦，即使加不到好油，将好油与次油“和”着烧也要比单烧次油对车的损坏性小一些。

◆如果是短途旅游，最好不要将汽油带在车上，如果是远途旅游而且离公路较远，最好携带1～4个安全的铁汽油桶以备用。

◆合理地安排好行车距离，避免疲劳驾车。日行车的最多里程为：普通公路200～300公里，高速公路300～400公里。停车的时候，要注意锁好车门、车窗并将贵重物品随身带走。

外出旅游前药物准备

在外出旅游的时候，应备好以下几种常用的药物：

（1）防暑药

如藿香正气水或藿香正气丸、十滴水、仁丹、清凉油、风油精等。

（2）感冒药

新速效感冒片、感冒清热冲剂、白加黑感冒片、速效伤风胶囊、银翘解毒丸、通宣理肺丸、日夜百服宁、桑菊感冒片等。

（3）抗肠道疾病的药物

磺胺类药或广谱抗菌药。

（4）抗过敏药物

如息斯敏、扑尔敏。

（5）晕车药

如舟车宁、乘晕宁。

（6）治疗外伤的药

如创可贴、云南白药喷剂、胶布、绷带等。

此外，心脏病、高血压等患者，还应带上必备药。

乘车巧防盗

不要争挤，按秩序上下车，以防混乱时放松对钱物的注意，给小偷钻了空子。

上车后不论坐或站，都不要忘了留心钱物。

上车前准备好零钱买票，最好不要在车上拿钱包买票，不给小偷发现目标。

对车上挤你的人特别提高警惕，或挪位或发出“挤什么”的警告，当有人用胳膊、书报、提包或其他物品挡你视线时，要避开，并特别留意自己所带钱物。

上车后不要挤在车门口，要向车中间走，对车上来回乱挤、目光可疑的人要警觉。

一旦在车上发现被窃，要立即呼喊，让司乘人员和群众一道擒拿窃贼。

自助旅游应注意哪些

自助旅游也就是自己出去，一切自理，它的优点是可以随心所欲地选择想去的地方、想走的路线，不受任何限制，时间也可以自由支配，并能打破常规地游览项目，还能自主地控制旅游开支，选择适合自己消费水平的餐厅就餐，选择自己喜欢的旅馆投宿。这是一种纯粹个人化旅游方式。但是采取这种旅游方式，要求旅游者具有较丰富的旅行经验，制订出详细的旅游计划，这种计划不仅包括行程和线路安排、资金预算，还要查找一大堆资料以了解旅游目的地的环境、交通、景点分布状况、服务设施和条件。此外，在旅行过程中，需要自己解决交通问题，在偏远地区甚至有时完全要靠徒步旅行，安全系数较低。

夏季旅游藏钱技巧

夏天穿的衣服比较单薄，口袋也少，把钱藏入口袋中，会显得很鼓，不雅观也不安全。利用以下的技巧可以解决这种问题：

◆最好将钱藏在随身带的小包

内或胸前的腰包里，用有背带的小包最好，把包夹在腋下，背带吊在肩上。注意：在公共场合千万不要将包背在背后，否则窃贼有可能将包划破或将包抢走。

◆要掌握好将钱拿出来的技巧。在旅游的途中，旅游者要采用“按囊取钱”的方法将钱拿出来，比如：要买几块钱的东西，就不要往装着50元钱的口袋里拿钱。而且要一直平衡各种面值的钞票。在购物、吃东西的时候要花一些中等面值的钱，在付款的时候，最好要付多少整数，就拿几张整钱出来。如果零票花完了，要及时在没有人的地方拿出大面值的钱，在下一次消费的时候将其换成中小面值的钱。

◆应该注意的是，对藏钱处既要做到时时小心，但又不可太显眼，旅游者千万不要因为怕失窃而总是抱住或攥紧自己的钱袋。如果是跟随团队旅游，旅游者最好是结伴而行，相互也好有个照应，这样就算小偷盯上了游客，也不容易找到机会下手。

地方节庆因素影响旅游地的选择

传统的地方节庆活动蕴藏着深厚的民间文化，与静态的自然风光和人文景观交织在一起，构成一幅生动活泼的地方历史与民俗立体画卷。旅游者可以在游览风景名胜的同时，或深入了解当地的风土人情，或增长历史文化知识，或购买到质优价廉的地方特色产品。因此在选择旅游目的地时，要尽可能地结合地方节庆活动，增加出门旅游的价值。

防止晕车晕船的办法

在上车船之前不要吃得过饱，过饱容易造成胃部不适，引起恶心、呕吐；也不能太饿，太饿容易造成低血糖，也会出现头晕、出汗等现象。

乘车船时，尽可能选择前排的座位，以减少颠簸；尽量不去看窗外那些晃动飞逝的景物，以免眼花缭乱，引起眩晕不适。

勒紧腰带可以减少内脏的动荡，经常通风可以减少不良刺激，以缓解症状。

预先服用一些治疗晕车晕船的药物，如晕车宁等。

在乘车前将伤湿止痛膏贴在肚脐上，即使每天乘车 8 ~ 9 小时，也不会有晕车现象。

上车前在左右手腕动脉处各贴一块药用胶布，可保一路平安。

在口罩上涂点清凉油，上车船时戴上可防晕车晕船。

晕船的人在船上可多喝浓茶，愈多愈好，对防晕船有一定效果。

在上车前 1 个小时，用新鲜的橘皮（橙子皮也可）向内折成双层，对准鼻孔，用手指捏挤橘皮（橙子皮），橘皮中喷射出无数细小的橘（橙）香油雾，并被吸入鼻孔，在上车后继续随时挤压吸入，可有效地预防晕车。

游玩时应注意哪些

搭乘快艇、漂流木筏、参加水上活动时，请按规定穿着救生衣，并听从工作人员的指导。

海边戏水，请勿超越安全警戒线，不熟悉水性者，切勿独自下水。

患有心脏病、肺病、哮喘病、高血压者切忌从事水上、高空活动。

妥善保管钱物，切忌在公共场所露财，购物时也不要当众清点钞票。

不要轻易与陌生人交友，以免上当受骗。

时时处处讲文明礼貌，不要恶语伤人，尽量不与人争执，以免破坏自己和同伴的游兴。

怎样乘飞机旅游

携带身份证到民航或联航售票处购买机票。12 周岁以下儿童乘飞机必须有成人陪伴。机票一旦遗失，应立即向民航挂失。

如因故退票，一般应在班机起飞 2 小时前办理，每张核收适当退票费；若在班机规定起飞时间 2 小时内退票，只退给 80% 的票款，20% 为退票费。

提前到售票地点乘坐专门接送旅客的班车到机场。到达机场后，听机场广播通知到候机室出口办理检票、托运等手续。按规定，每位乘客可随身携带不超过 5 千克的物品。其他物品可按每张成人票或儿童票免费托运 15 千克。

机密文件、有价证券、易碎物品、贵重物品等不能当行李托运，必须由旅客自己携带和照管。

上机后按登机牌上填写的座号对号入座。旅客座椅上备有安全带、活动小桌、阅读灯、调节座椅钮、呼叫铃等设施。在椅子上方的壁板上有空调控制开关，可根据需要自己选择使用。

飞机在中途站停留时，旅客应下机到候机室休息，不得在机上停留。民航有权拒绝违反政府有关法令或民航有关规章的旅客乘机。

到达目的地后，旅客凭行李牌到行李房提取托运的行李。机场可免费保管 3 天，逾期者将按规定收取保管费。如发现行李丢失损坏，民航将根据实际情况给予处理。

旅途失眠怎么办

不少人会在旅游中失眠，因为生活规律被打乱、环境的更改、白天旅途的见闻令大脑兴奋等等都可能引起失眠。要减少和避免旅途中的失眠，那么睡前不要喝茶、抽烟，不要和旅伴聊天聊得太久太兴奋，尽量让被褥的厚薄、枕头的高低和自己平时所习惯的相似，洗温水澡或泡热水脚，在晚餐时饮少量的酒或睡前饮热牛奶都能很好地帮助睡眠。

如果已经失眠，要尽力保持情绪安定。越焦躁越不易入睡，不停地看时间只会人为地制造紧张感，使人因担心失眠而失眠。要尽量找一个舒适的姿势，令全身肌肉放松，思绪平静，慢慢培养睡意，直至感到眼皮沉重而自然入睡。即使一时难以入睡，闭目养神也比翻来覆去烦躁不安要好得多。另外，服用安眠药也是办法之一。常用的药有利眠宁。每次 1～2 片，睡前服用。但是，旅行中的失眠并非病态，不到不得已时不要以服药来帮助入睡。

出国旅游十提醒

(1) 准备好行装

到外国旅游，应事先拟出一个单子，写上要带的东西。很多人以为国外的饭店啥都有，不用准备，这就错了。东南亚国家的多数饭店，别管多高档次，牙具、拖鞋都不给您预备。如果您忘记带，小事也能让您很尴尬。

（2）带好必备的药品

旅行当中带些必备的药品，是聪明的办法。谁能保证自己旅行途中不生病呢？一旦身体不适，身边的小药就能救大急。

（3）了解外国的民俗民风和规矩

泰国小孩的头摸不得，印度小孩抱不得——异国他乡的一些特殊规矩，最好还是适当了解一些。否则引起不必要的误会就不好了。

（4）拿一张饭店的卡片

到语言不通的国家去旅行，一到饭店，先在总台拿一张饭店的卡片。别看小小一张卡片，用处可大了。卡片上有饭店的地址、电话，您可以给司机看，立刻就能让对方清楚明白。

（5）了解饭店房间里的付费情况

饭店房间里什么东西可用，什么东西不可用，这可要先请导游帮助问好了。房间里有些电视节目看了是要付费的，冰箱里的东西用过后多数也要付费。东南亚的饭店房间里一般没有热水，冰箱里有两瓶矿泉水，可以用来解渴。如果您不知道，也是一种浪费。

（6）贵重物品应存放在总台保险柜

在外出时，将您的贵重物品存放在饭店总台的保险柜中比放在房间里保险。一般饭店的总台都有这种保险柜，免费给客人存放贵重物品。钥匙由饭店留一把，您自己拿一把。顺便说一句，外国的饭店很多都有规定，您的贵重物品如果在房间里丢失，他们并不负责赔偿。

（7）购物时要慎重

外国也有假冒伪劣产品。在东南亚一些国家选购金银首饰、宝石制品等高档商品时，断不能只听信商家可退可换的承诺。您一定要想好了再买。

（8）身上带钱要适量

在国外单独上街，您身上带的钱一定要适量。因为中国人多不用信用卡、旅行支票等支付手段，总爱带大量现金在身，所以国外有些强盗专门打劫中国人。身上一分钱不带也不好，在一些治安不好的国家，为保安全，无论如何您也应带上 20 美金在身。

（9）选择一家服务好信誉佳的旅行社很重要

因为中国公民目前出国旅游一般是选择旅行社团队的旅游方式，找一家服务好质量优的旅行社就是至关重要的问题了。

（10）千万别忘了护照、机票

参加团队旅游时，领队会帮您保管护照。但在某些国家，可能警察会在街头查验护照，所以您还是要自己随身携带护照。

徒步旅行的注意事项

徒步旅游最好是结伴而行，至少是 3 个人以上，途中可以互相帮助，互相照顾。行李应该少而轻，但一定要带一些常用药品。

出发前，应全面了解旅游地区各方面的情况，自己的身体状况（例如有下肢血管病、皮肤溃疡及扁平足症者不宜徒步旅行），以及当时的气候条件等。

夏季徒步旅游时，要避开上午 11 时至下午 3 时这段最热的时间，而且要戴草帽，带足水，以免中暑。

要掌握步行速度，一般是两头稍慢，中间稍快，开始行走要慢行，几天后再加快速度。每天途中至少停下休息 1 次，一般在中午。休息地点应避免烈日直晒处或低洼、潮湿处。

要保证足够的睡眠时间和营养的补充，不要长时间仅仅食用干粮，要尽量多吃新鲜的水果、蔬菜。

徒步时最好穿旅游鞋，因为这种鞋有一定弹性，对大脑能起到适度的缓冲作用，还能减少因长距离行走而引起的脚胀，也可以穿半新半旧的胶鞋。

如果是进行长途徒步旅游，出发前最好进行几次适应性训练，逐渐加大运动量，以增强耐力。行走时，用脚板着地，用力要适中，保持身体平衡。

每天步行结束后，要用温水洗脚，以解除疲劳。脚掌有水疱时，可用针（先用酒精棉球擦一下或在火上烧一下）穿孔引出水，再涂上红药水，防止感染。

自驾旅游的选伴

自驾车旅游时，选择旅伴是件很重要的事。通常选择旅伴需注意以下几点：

◆远途开车，选一个懂得车辆基本维修技术的人同行最佳。

◆同伴的人数最好按座位的额定数来确定。

◆最好是男性人数多过女性人数。

饮食注意事项

注意旅途中的饮食卫生。餐馆是否有卫生许可证、有清洁的水源、有消毒设备，食品原料是否新鲜、无蚊蝇、有防尘设备，周围环境是否干净。

尽量保持就餐的时间规律，忌暴饮暴食，在车船或飞机上要节制饮食。

注意饮水卫生。旅途饮水以开水和消毒净化过的自来水为最理想，江、河、塘、湖水千万不能生饮。

吃瓜果一定要去皮。瓜果除了受农药污染外，在采摘与销售过程中也会受到病菌或寄生虫的污染。

旅行中食物中毒的处理

一旦发现旅游者食物中毒最要紧的就是催吐，让中毒者把吃进去的食物呕吐出来。催吐的方法是将筷子或手指伸入中毒者的嘴里轻挠喉咙，促使病人呕吐。如果有条件可给中毒者喝盐水或生鸡蛋清帮助呕吐。

轻度中毒患者吐了以后可以喝些稀面糊，以保护患者的胃，还可给中毒者喝些浓茶，有解毒和利尿的作用，促使毒素尽快从尿液中排出去，也可让中毒者喝些食用油把毒素吸收排泄出去。

严重的中毒患者在催吐之后要尽快送往医院抢救。

高山旅游的准备

（1）旅游前进行健康检查

启程前应进行必要的健康检查，并认真听取医生的意见。在准备药物时，要充分估计到内外科急性发病的可能性，如腹痛、腹泻、心律失常、中暑、休克以及外伤、出血和骨折等情况。

（2）旅游食品与用品准备齐全

旅游食品与用品的准备既要适

当，又要卫生。天气炎热时旅游，食物不宜带得过多，以免变质；衣物不要带得太多，以免造成不必要的负担。爬山穿的鞋子宜宽大松软和不易滑坡。

上山下山最好再备一根简易拐杖。旅游中不要乱吃乱喝。每人在上山前，可带足盐开水1壶（1千克），咸蛋、咸菜各2份，主食带0.5千克蛋糕、面包或花卷馒头即可。在力所能及的情况下，可带些洗净的香瓜或西瓜。为了预防肠道感染，每人带些生大蒜头、鲜生姜。

(3) 旅游出发前做些准备活动

旅游出发前，要做些准备活动。重点活动踝关节、膝关节和腰关节，两手推拿腓肠肌和大腿肌，使之灵活舒张，以防关节肌肉发生意外；精神轻松自如，使大脑皮层的兴奋与抑制处于协调状态。

(4) 行进速度适中

行进中，开始速度以每小时1～1.5公里为宜，30～60分钟后，逐渐增加至每小时1.5～2.5公里。上下山时，每走15～30分钟，最好休息5分钟，亦可躺卧，脚放高处，以利静脉血液回流。到达目的地后，稍事休息，即要洗澡更衣。进食后要散步，卧床后应推拿下肢肌肉，这对恢复疲劳大有好处。

购物注意事项

(1) 以地方特色作取舍

地方特色商品，不仅具有纪念意义，而且正宗，有价格优势。

(2) 以小型轻便为首选

人在旅途，不宜购买体积笨重庞大和易碎的商品。

(3) 不要贪便宜

很多风景区都有假冒伪劣商品兜售，如珍珠、项链、茶叶之类，游客可要禁得住价格和叫卖的诱惑。

旅游不可坐的车

为了旅游安全，以下的几种车不可坐；

(1) “病”车

车况不太好的车辆就像一个隐形炸弹，若经过了长途的奔波或连续的行驶陡坡、弯道等路段的时候，就有可能不定时“引爆”，造成严重的后果。通常从外观看，“病”

车有以下几种情况：外表不整、歪斜，部件陈旧、破烂，车躯欠稳。

（2）超员车

每种车辆都规定了载客载重的标准，若超负荷运行，难免发生交通事故。尽量不要在乘车高峰期乘车，或改乘其他的交通工具。

（3）沾酒车

醉酒或酒后开车非常危险，如果遇上这种沾酒的车，在任何的情况下，都不要搭乘，最好报警。

（4）农用车

通常用于拉沙运土、农业生产等车就是农用车，它完全不具备载客的条件，但是不少在边远山区旅游的游客为了贪图便宜、方便，经常毫不思考地搭乘农用的三轮车，而常因司机对车况、路况不太清楚等原因，出现了很多车毁人亡的事故。交通法规严格禁止农用车营运和载客。

（5）黑车

千万不要去乘坐“黑车”和无牌无证的车，它们会带来很多的麻烦。

（6）疲劳车、超速车

为了增加经济收入，一些客运司机、车主多拉快跑，日夜兼程，疲劳驾驶，以致引发事故。为了生命安全，要坚决拒乘。

旅游巧防暑

夏天外出旅游最容易发生中暑现象，轻者头晕眼花，胸闷心慌，脸色苍白，恶心呕吐；重者突然昏晕，四肢痉挛，甚至因虚脱而死亡。如何预防炎夏中暑呢？

宜穿棉布或丝绸衣服，因其吸热慢，散热快，穿着凉爽，不易中暑；而尼龙、化纤服装吸热快，散热慢，穿着闷热，易中暑。

要戴隔热草帽，不仅遮阳，也可隔热。

中午要休息：早晨空气新鲜，气候凉爽，夏季旅游出发时间宜早，中午休息，下午3~4点钟再进行活动。

多喝盐开水：夏季旅游出汗多，体内盐分减少，就会出现中暑，多喝些盐开水可以补充体内失掉的盐分，要每次少量分多次喝，能有效地防止中暑。

还可带上些人丹、清凉油等防暑药物。

旅游中多吃瓜果

旅游中可多吃瓜果蔬菜。吃杏使人精力充沛；柑橘汁可以防伤风、流感、心脏病；甜菜可增强消化系统功能，也能通过帮助细胞吸收更多氧来达到增强免疫系统的目的；芹菜可起到缓解关节炎、消除疲劳、减轻胃溃疡和帮助消化的作用；苹果是奇妙的解毒剂，可清除体内垃圾，缓解便秘及其他的消化障碍；梨是高能量水果，能治疗便秘和帮助消化。

旅行疲劳巧解除

（1）用温热水泡脚

睡前用热水泡脚，能促使局部血管扩张，加快血液循环，降低足部肌肉张力，从而能预防下肢酸痛，消除脚部疲劳与肿胀。如果再用手反复按摩脚心、脚跟，还可以防止腰腿酸痛和其他疾病。

（2）练习放松

仰卧床上，放松腰带，四肢舒展，下肢可稍垫高，两眼微闭，心神平静，做深长缓慢的呼吸，同时默念“放松”二字，让四肢、躯干、头颈各部的肌肉都放松下来，10～20分钟即可。

（3）慢慢喝温茶水

心平气和地慢慢喝茶，若天气异常炎热，可适量喝些冷饮。

（4）洗漱后再入睡

即使十分困乏，也应在吃完饭并洗漱后入睡，否则不利于健康，不易解除疲劳。

（5）每天洗热水澡

有条件时应每天归来时洗一个热水澡。

手表助你辨方向

方法很简单，将你所处的时间除以2，再在表盘上找出商数的相应位置，然后将这个数字对准太阳，表盘上“12”点所指的方向就是北方。如上午10点，除以2，商为5。将表盘上的“5”对准太阳，“12”的方向即为北方。北方一旦确定，其他方向就一目了然了。但要记住，如果是在下午则应按24小时记时法计算。如下午4点，就要按16点计算。用这种方法求方向不亚于指南针的准确度。

穿越灌木丛技巧

走灌木丛要带上眼镜、帽子，拉上冲锋衣的拉锁，队员之间至少要保持 1.5 米的距离，防止前面的队友带倒的树枝反弹回来伤到自己。同时，还要时刻提醒后面的队友注意距离不要过远，以免迷路。

徒步经过自然灌木丛时最好有辅助设备，同时还要由经验丰富的领队或当地向导探路先行，要注意灌木多带短刺，且蚊虫较多，建议穿高帮防滑鞋底、纹路大且凹凸较深的丛林靴，要穿长袖、长裤，注意脸部的保护。

相较于自然灌木丛，人造灌木丛灌木高且多刺，建议准备手套（最好皮质）、长袖高领防刮衣裤和防滑抓地能力好的登山鞋，在徒步此类灌木丛时尽量走土质不滑、较宽的路，最好扶着枝干新鲜且可以支撑手力的活树枝，换手扶枝要牢固，落脚要稳要慢。

二、交通工具及安全

年底购车实惠多多

年底是厂家及经销商结算一年销量的时候，厂商都需要清理掉一年中剩余的库存，为下一年的销售计划或新车上市做好准备。经销商和厂家通常都会采取降低价格或增加售后服务年限等优惠政策来增加销量，以求完成一年的销售计划。因此，这时候购车很实惠。

选车的窍门

选车的窍门包括望、闻、问、切。

（1）所谓“望”，就是要多看：看市场，看车型，看产品

先去市场和专卖店，看清楚企

业的实力，与销售顾问交谈；对厂商的背景和产品资料予以了解。再看车型是否气派、大方，要对车型有着高明的预见，才能购到车而不后悔。

(2) 所谓“闻”，是要多听：听一听产品的“声音”

这里产品的“声音”，就是指轿车发动机运转的声音，高速行驶时的噪声和车辆密封隔音的功能。6缸车行驶时的宁静度非常高，是4缸车无法相比的。所以从国际标准来考察，这两种车处于不同的档次上。

高档车（一般指6缸和6缸以上的车）的一个显著特点就是车内的安静性。先进的发动机在运转时，声音稳定悦耳，马力的强劲、输出的稳定都表现了出来。良好的密封隔音功能，使得车辆行驶时，彻底隔绝了窗外的噪声和风声。所以行家听一听，便能搞清楚一部车的好坏。

(3) 所谓“问”，是问一问未来的售后维修服务是否健全

购车者要看清楚零售商及售后服务的专业水平，考察厂商的销售顾问人员能否提供专业的服务，了解厂商能否提出令人满意的方案，以解决车主关心的问题。

(4)“切”，就是要试车

购车者应该要求经销商提供试车的机会。如果不试车，怎么知道避震是否良好，怎么知道车辆的操控性、制动性能是否优秀，怎么能知道高速行驶时噪声究竟有多大。只有试车，才能使购车者最大限度地了解产品的性能和特点，帮助购车者挑选符合自己要求的车辆。

购车要选好时机

购买私家车时，能不能选准时机很重要。时机选准了，买到的车不仅价格好，而且综合服务也比较令人满意。

一般购车应选择在汽车市场比较平稳的阶段，在市场不稳定时买车，风险太大。为此，需要多方面了解生产商和销售商的举措，如价格的涨落、车型的改进情况、市场发展目标等。

就最近几年中国的汽车消费现状看，春夏季节市场相对比较清淡，在此期间，购买者相对较少，而销售商的服务力度相对比较大。因此在这一时期，您可以充分挑选、试驾各种看好的车型，同时又可以得到专业性较强的优质便捷的售中、售后服务。相比之下，秋冬季节汽车销售最为火爆，是汽车交易的“黄金季节”。也正因为购车人多，如果跟着扎堆，有时商家对个人的服务力度反倒会跟不上。

最好是在正常上班时间内去购车。因为在这个时间段，多数人都没空去看车，业务清淡的销售人员肯定会备加珍惜您这个“唯一消费者”，因而服务态度上佳，您也可以较为轻松随意地挑选自己想要的车。到了周末或假期，因为时间充裕，购车看车的人特别多，针对每个人的服务力度肯定会大大下降。

购车询价

在经销商样车间里，样车玻璃窗上面通常会贴着价格说明。价格说明的内容一般有三个方面：一是列出制造厂商建议的零售价；二是列出这个建议价所包括的配置；三是另外有哪些装件可以选用，价格各不相同。还价的程度跟该车的车型是否热门有关。对于热门车，能够还价的可能性要小些。在购买车的时候，要货比三家，但也不应该只接受最低价。如果其中一家能够提供比较好的服务，即使价格要高一点，对于购车人来说，仍然有利。同理，各种车型和保用项目的多少和保用期的长短也是各不相同的，要把这些弄清楚才能全面地评价售价的高低。由于推销选装件的利润比整车要高，所以，经销商在谈妥整车的车价后，会全力推销其选装件，这时购车者千万不能松懈，要全神贯注地审查、比较，并衡量自己的预算。

面对销售人员要有备而来

前往车店，你应该有所准备，考虑一下有哪些问题需要提出并加以考察。如果能提出十分内行的问题，销售人员会很乐意回答你。你还可以提出一些挑战性的问题，如：这个车和另一品牌相比怎样？一般来说，销售人员会努力推荐自己所经销的品牌，而他们的职业道德又不应该贬低其他品牌。如果你听到销售人员采用客观委婉的方式比较不同品牌，并且与自己考察的结果相近，说明该销售人员诚实、业务过硬，该车店管理有方。如果他大肆贬低其他品牌，而且又与事实不符，这样的销售人员是不称职的，他的话只能作参考。

新手验车窍门

（1）看底盘和电瓶

趴下身看车底下有没有机油点，底盘有没有油污。看电瓶接头是否腐蚀，小窗是否绿色。注意电瓶接头一般是松的，开走前一定要经销商拧紧。

（2）拉出机油尺看机油颜色

有些新车不接里程表跑了许多路，显示还是十几千米。看机油要看车熄火后3分钟，拉出油尺用纸巾擦拭，油黑的淘汰掉。

（3）检查做工

要看各个线头连接情况，是否有晃动等，各个部位都要看。

（4）远听发动机声音

打着两辆车，站在中间位置，离两车距离相等，感觉到声音大的淘汰掉，转个身再听，以免你两耳听力不同出错觉。

（5）细听发动机声音

打开前盖，用螺丝刀一端顶在发动机上，另一端顶在耳朵上听声音，好的发动机只有一种呼噜呼噜声，不会有其他的杂音。如有人能帮忙踩油门提高发动机转速，自己再听声音判断更好。再堵住排气口，假如发动机声音明显变沉并几秒钟就熄火，就是好车。

（6）看全车外观

看车门的缝隙是不是均等，玻璃是不是原配的（玻璃下角有标记），以免是辆有过事故的车。事故中如伤及轮胎，只要经销商不换，就会有痕迹留下。

（7）检查驾驶舱

进驾驶舱，对着说明书检查各种按钮、开关是否都有效。灯光、音响、空调、座椅、安全带、电动窗等要一个一个测试。留意是否会有控制台面板上刮掉的漆。可自带CD去测试音响。

鉴别新车质量的技巧

(1) 座位

若座位不舒服，会令驾驶者疲劳或者精神涣散。应检查一下座位能否调整，看它有无足够的支撑力，检查一下后座椅腿部。

(2) 操控

离合器、方向盘、变速箱及制动操作要轻便，方向盘要能感知地面的情况，且不会有强烈的震荡。

(3) 引擎盖

将引擎盖掀开，能够很容易触摸到箱内的各个部件，便于日常的保养和检修。

(4) 悬挂系统

在高速公路上行车的时候，贴地面不要太近，悬挂系统不能太软，否则转弯的时候容易发生摇摆。

(5) 开关擎

在试车的时候，将安全带系好后，所有的开关都能轻易地触及和调节。

(6) 行李箱

检查一下行李箱的大小及看能否很容易拿取备用的轮胎。

(7) 通风设备

闷热的车厢容易使人疲劳，太冷也让人感觉很不舒服，所以，暖气通风系统要能保持车内空气清新、暖和，且车窗没有水汽凝聚。

(8) 噪音

噪音一般来源于引擎、道路噪声和风，容易使人疲劳，所以在试车的时候要留心倾听。

挑车8项注意

◆要注意车身玻璃、油漆、锁、车门是不是完好，不要有损坏迹象。

◆要注意反光镜支架和反光镜的油漆是否完好。

◆要注意螺帽、轮胎有没有松动，轮胎里有没有足够的气。

◆要注意检查雨刷杆、雨刷器及割片是不是有效的，且不能有老化现象。

◆要注意汽油盖及冷油箱、滤网是不是完好。

◆要注意座位、车厢是不是完好。

◆要注意各种灯光，包括方向灯、大小灯、眼灯、后灯是不是完好，并且是不是正常工作的。

◆要注意车后的发动机，没有杂音才是正常的，当车子发动以后，要注意仪表板上各个表的显示是否正常，电瓶、喇叭是否正常显示及手刹车、离合器、刹车是否有效等，这些都是不能忽视的，对安全特别重要。

选购汽车驱动方式

（1）前轮驱动

优点：传动效率比较高，油耗比较低，自重比较轻，在平路上行驶的时候，地面的附着力比较大。缺点：在走陡坡或拖挂时，前轮着力会减少，由于前轮既是转向轮又是驱动轮，轮胎的磨损比较大。

（2）后轮驱动

其优缺点跟前轮驱动刚好相反。

（3）全轮驱动

优点：在无路地面和泥雪地面的行驶性能好。缺点：油耗、车价、修理费用都要比前两种高。

欧美系车和日系车的比较

欧洲人造汽车的理念是强调技术上的先进性和高度安全性，在制造技术、零部件的制造和选材方面较严格，拥有良好的技术性和耐久性，但车价相对偏高。

美系车强调舒适性和动力性，兼顾安全性，但油耗大。

日本车的设计理念即油耗最小、使用成本最小，舒适性和使用便利性最大。比较适合家庭使用。

试汽车的安全性和适用性

试车的时候，要看安全带是不是方便、舒适。驾驶员的座位是不是能调到自己最方便的位置，以便能跟所有操纵的手柄接触到。不管是白天，还是晚上，是否都能看到仪表的读数。看后视镜、刹车踏板的位置跟自己的要求是否符合。万一发生撞车的时候，膝部、胸部、脸部都会碰到哪里。

此外，还要看车门是不是好开、好关，进出的时候是否方便，乘员的人数是否跟自己的要求符合，行李箱的容积够不够，在调整行驶的时候噪声能否忍受得了，车内的通风是不是能有效地保持空气新鲜，转弯的时候车身是不是倾侧得厉害，驶过路面突出地方的时候是否颠簸得厉害，看看是否会出现不舒适的感觉。

新车如何验收

新车验收也需要一些技巧。首先，要核对汽车型号。多数汽车的型号代码比较长，核对时一定要细心。核对发动机型号与说明书、发票上的是否相同，发动机是进口机还是国产机。核对发动机号码、车身（架）号码，要与说明书上的一致，还要查看汽车出厂日期。其次，要重点检查漏水漏油的状况。检查散热器是否有漏水现象以及发动机和供油系统是否漏油。再次，对车内设施做一个全面检查。看各个部位是否无破损，安装得是否牢固严密，使用起来是否顺利便捷，还要看乘坐起来是否舒适。第四，出于安全起见，对仪表、喇叭和车灯等设备要重点检查。看灯是否工作正常，喇叭是否响亮，各种仪表及报警装备是否正常等。

最后是对边角部位的检查。要仔细检查轮胎、润滑油和附件维修工具。

选购车辆赠品的技巧

现在消费者在购车时一般都会要求商家给予一些赠品，并且要求赠品的数量越多越好，但是赠品的质量往往会让人大失所望。因此，本着既方便又实惠的原则，可向经营商要求赠品为车的配件，如车罩、拐杖锁、防腐防锈处理、椅套、遮阳纸、防盗遥控锁、电动打气机等必需品。赠品最好是品牌产品。

汽车拍卖会上很实惠

（1）安全可靠

如果在拍卖过程中，汽车的瑕疵被隐瞒，消费者可以要求返还购车款，并可追加赔偿。参加拍卖的汽车，全部都是经过车管部门和相关部门检验的。不仅来源合法，而且交易手续齐全，买家完全可以放心购车。

（2）手续简便

通常汽车拍卖会举办现场都配备了代办公司，如果竞拍成功，拍卖公司会委托代办公司交易过户，并代办完成相关手续，不让购车者费心。

新旧车购买的优劣对比

（1）购买新车的优势

消费者所购买的新车一般有2～3年或者5万～10万千米的质量保险，并且以后可以付钱延长保险期，所以新车能够获得制造厂商或者代理机构的优良服务。另外新车可能相对省油，日常用油费用较低，乘坐的舒适度和感觉也是比较不错的。

（2）购买新车的劣势

消费者可能需要一次性支付很大的金额，且新车相对有很多的保险费用，按照规程还要有有计划的各种保养，日常使用也需仔细照顾。

（3）购买旧车的优势

消费者需要一次性支付的金额较低，比较经济实惠，而且旧车维护保养的成本也是较为低廉的。保险费用也相对较低，日常使用不需要相当仔细。

（4）购买旧车的劣势

消费者所购买的二手车，其运行状况不是十分良好，日常可能需要支付一些小型零件的更换或修理费用，这些费用累计起来可能会是一笔不小的开销。但如果置之不理的话，可能会增加事故发生的概率。

旧车保养程度巧识别

选购旧汽车，要看汽车保养的程度如何。一部旧车保养得法，不但可以延长使用寿命，而且由于故障率低，会节省一笔修车的费用。

检查旧车的方式与检查新车相似，也是利用汽车5大系统——发动机系（动力系）、底盘系、传动系、电器系、车身系一项一项地检试。如果主要构件有问题，还是不买为好。

巧选二手车

购买二手车时，车龄问题很重要。比如2年以内、2～5年或5年以上的车龄，车的质量就不相同。

购买1～2年的车最划算，而购买5年以上的车，则需要很多维修费。与其花钱来维修，还不如用钱来买好车。选车时，汽车的价位及年份都刊登在汽车杂志上，可供购车者参考。

价格、车龄选定后，下一步就要去看车。一般出售旧车有 2 种方式：

（1）由销售商出售

销售商通常会把汽车美容保养一番，使车的外表十分华丽，但价格要贵一些，所以应该货比三家，才不致于吃亏上当。

（2）个人销售

个人出售汽车，在价格上伸缩性比较大。但是有些车主接受车行（出租店）的委托，把出租过的汽车拿来出售。所以，与车主们打交道，必须查看原始牌照登记书。有的车明明已经看中，也不要着急买下来；缓两天时间，确定车主所说，再将车买下。

识别进口摩托车的技巧

标记和票单，是检验摩托车是否为进口车的两个重要依据。

（1）标记

合格的进口摩托车，其车架主体前部位两侧应贴有一个黄色的圆形标记，并印有“CCIB”字样，在该字母的下方印有“S”字样。目前，该标记是符合我国对机动车所执行的安全标准证明。

（2）票单

进口机动车辆随车检验单的表面为黄色，由数枚小的“CCIB”字样所构成单证的图案底色，单证上印有办理进口车辆须知和对外索赔的有关条款与内容，同时还附有进口货物证明。这些单据印刷都很规范、工整，且附有正规的商业发票。

选购摩托车怎样试骑

在购买新摩托车时，一般都会试车，这样可便于判断新车的性能。通常试车的方法可参考以下几点：

◆转向手把要灵活而没有死点，转向立柱间隙适当。

◆在油门开大开小时，转动要灵活，摩托车反应要灵敏，关闭点火开关时，发动机应立即熄火。

◆离合器、变速器、制动手把和脚踏板等操作灵活，无卡滞现象。

◆要检查摩托车的加速性能和制动距离、排烟是否正常（二冲程发动机为浅蓝色烟，四冲程发动机为灰白色烟），前后减震器是否良好，乘骑是否舒适等。

贷款买车注意事项

（1）押金不要随意交

买车时消费者需另行交纳的费用有：购车附加税、保险费、上牌费。如销售者代为办理，只能收取国家统一制定的资费标准。消费者不应缴纳各种形式的押金。

（2）合同条款要看清

消费者按揭贷款购车，如汽车销售商提供担保，其提供的合同大多为事先拟订好的。消费者应当仔细审查合同内容，对于不明白的应及时到律师事务所进行咨询。

（3）保险公司自由选择

目前凡经国家保监委审批合格的保险公司，都能提供规范的保险业务，但费率不尽相同。选择一家费率低、服务规范的保险公司，将会省去很多的金钱和时间。

低温启动的技巧

冬天，气温比较低，汽车往往很难启动。其实，在低温下启动汽车并不难。

低温启动时要预热。主要的预热措施有直接将开水或热水注入散热器；将热蒸汽用导管从散热器口或放水开关引入，使冷气排出，待发动机体升温后再启动；烘烤曲轴箱，用此种方法预热时要摇转曲轴，待阻力明显减小并有压缩感时方可启动，用此法预热要注意防火！

低温下汽车起步，首先要保证汽车无油路、电路故障。这就需要在低温下加强对汽车的保养。在起步时不要猛轰油门，要等到水温升到4℃以上再用低速挡起步行驶一段距离，待各装置充分润滑后，方可逐级加挡行驶，以免造成意想不到的机件损伤。

石子路驾车技巧

在石子路面上行车时，一定要注意慢行，集中精力，谨慎驾驶，尽量在公路中央行驶。缓慢加油，平稳加速，遇到会车、转弯和需要刹车时，更要注意进一步降低车速，多使用点刹车。特别需要注意的是，汽车转弯时必须把车速降低到车体不倾斜的程度才能安全转弯。

汽车磨合期内如何行驶

汽车磨合期，是指新车或大修后初运行阶段。汽车磨合的目的是提升机体各部件机能适应环境的能力。汽车磨合的优劣，会对汽车寿命、安全性和经济性产生重要影响。

在汽车磨合期，需要注意的是：

由于新零件表面较粗糙，其间有较多的金属粒脱落，使磨损加剧。所以要定期检查零部件，及时更新，保证安全。

由于装配时存在偏差，其中可能存在着一些难以发现的隐患，在磨合期间要注意，经常检查变速器、驱动桥和轮毂的温度，及时预防机件卡死、发热和渗漏等故障。

磨合期间，机油易氧化变质，致使较多的金属粒混入机油，使机油质量下降。因此要及时选用优质的机油更换。

磨合期间，化油器安装了限速片，造成混合气偏浓。同时，机件之间较大的摩擦阻力也使油耗增加，因此及时加油也是必需的。

汽车行驶至一定里程时，应该进行检修和例行保养。磨合期满应更换润滑油，拆除限速片，进行全面调整、紧固，使车辆达到正常技术状态。

冰雪路面如何行车

冬天下雪后，路况往往变得非常复杂，各种交通事故很容易发生。因而，行车时要特别小心，注意驾驶技巧。

出车前对汽车进行全方位的检查，保证车况良好。

起步时如果发现轮胎已和地面冻结在一起，不要急于启动，先挖开轮胎周围的冰雪、泥土，以防损坏轮胎和传动机件。

行车过程中，应对行车道旁树、路标、水渠等仔细观察，判明行车路线，沿着道路中心或积雪较浅处通过。

一定要控制车速，特别是转弯或下坡时必须将车速控制在能随时停车为好。

根据实际情况，与前车的距离

适当拉大，避免刹车不及，造成追尾。

尽量少超车，超车时一定要选择宽敞、平坦、冰雪较少的路段，不得强行超车。

转向时，一定要提前最大限度地降低车速，慢转慢回，尽量加大转弯半径，以防侧滑横甩。

多用手制动，排气制动，少用脚制动，避免紧急制动。如果情况紧急，可强行减挡，以大油门低车速阻碍汽车前进，同时间歇使用手、脚制动。

需要在冰雪路面上停车时，尽量选择朝阳、避风、平坦干燥处，不得紧靠其他较大物体，以防侧滑而发生碰撞。

雪对阳光的反射，容易导致雪盲症，所以在行车中应佩戴有色防护眼镜，并注意调整。

黄昏后不宜出车

日落黄昏后，路上行人、骑车人匆匆往家里赶，驾驶员在疲劳了一天后也想早点儿回家，于是不自觉地加快了行车速度。此外，黄昏时天黑得较快，而驾驶员眼睛的暗适应视力尚未充分形成。视距缩短，视力变差，即便打开车灯，因光纤对比度较弱的物体容易被漏看，若驾驶员的视力差，患有夜盲症，就更容易发生交通事故。因此，黄昏行车时应降低车速，认清道路交通动态。

高温行车的技巧

◆加强对发动机冷却系统的检查、保养。及时清除水箱、水套中的水垢和散热器芯片间嵌入的杂物，保证发动机的正常运转，防止发动机爆燃。

◆及时清洗燃油滤清器，保证油路畅通。一旦燃油系统产生气阻时，应立即停车降温，并扳动手油泵使油路中充满燃油。

◆经常检查蓄电池内液面高度，并及时添加蒸馏水，避免蓄电池因“亏水”而损坏。

◆及时检查调整制动系统，及时添加或更换制动液，彻底排净液压制动系统中的空气，并保证制动皮碗、制动软管和制动蹄片完好。

◆换季用机油，经常检查油量油质，并及时添加或更换。

◆预防中暑。驾驶员要多食用新鲜蔬菜，多饮用清凉饮料，并注意补充盐分。

◆高温路面上的灰尘较多，路面附着系数下降，降低了制动性能，需要小心驾驶。

如何保养摩托车

保持发动机清洁、不漏气、不漏油、不过热、容易起动，有良好的加速性能和动力性能，无异常响声。

保证离合器握把灵活，分离彻底、结合平稳可靠，不打滑、不过热，无不正常响声。变速手柄或变速操纵杆灵活、准确，换挡时无异常杂音。油门转把灵活可靠，减压阀操纵手把工作灵敏。

转向和制动机构操纵轻便，制动效果符合标准要求。解除制动时，制动蹄能自动复位，无磨擦声，整车滑行距离长。

前后减震器装置工作平稳可靠。轮胎气压正常。各电器元件工作下沉，仪表、车灯、喇叭等装置齐全，性能良好。

全车连接紧固可靠，无松动现象。无漏气、漏油现象，整车外表干净整洁。

各润滑点润滑充分。

蓄电池清洁完好，固定可靠，电解液比重和液面高度适当。

随车工具和备件齐全，无损坏或锈蚀现象。

洗车的注意事项

◆在发动机未彻底冷却下来就洗车，这样会使发动机过早老化。

◆避免在烈日下洗车，这样会在车身上留下干燥的水珠痕迹。

◆避免在非常寒冷的天气时洗车，这样就不会引起油漆涂膜破裂。

◆避免使用软水以外的水清洗，

包括热水、碱水和硬度较高的水。因为这些物质会损坏油漆。

◆避免用高压水流冲洗车身，水压过大，会损伤车身漆面。如遇车身上有坚硬的尘泥，先用水浸润，然后再用水冲洗。应用分散水流来喷射。

◆不要乱加洗洁剂。因为这些洗洁剂中含碱，它可能会洗掉漆面中的油脂，加速漆面老化，因此，一般洗车时不加洗洁剂。

◆避免乱擦。清水冲洗后，不少人喜欢擦一擦。擦拭主要存在两个问题：使用的擦布不合格和擦拭方法不对。若要擦拭，擦布应使用柔软的擦布或软而清洁的海绵。擦拭时应顺着水流方向，自上而下轻轻地擦拭，不能划圈或横向擦拭。

◆避免乱用去污剂。车身上可能会有腐蚀性极强的污渍，如沥青、鸟类粪便等，这些污渍较难清洗，方法必须正确。

◆避免乱用硬质的清洁工具清除脏物。如塑料刷、刀片来刮削污渍，这样很容易损害漆面。

◆避免用沾有油污的脏手触摸车身表面，或者是把有油污的工具或含有机溶剂的擦布置于车身上，这样容易在漆面上留下印痕或使漆面过早褪色。

夜间怎么正确使用灯光

机动车夜间行驶在路上，必须打开防眩目近光灯、示宽灯和尾灯。这样，车的前后左右都有灯衬托着，显示车的存在，以引起其他车辆和行人的注意，就可避免撞车事故。如果夜间行驶在没有路灯的路段时，须将近光灯改成远光灯，以便了解前面路况，避免发生追尾或碰撞。如果是同向行驶的后车，就不准使用远光灯，必须变换灯光，不准长时间使用远光。

汽车消毒有妙法

用化学方法消毒，主要是用一些消毒剂对汽车进行喷洒和擦拭以除去病菌。目前市场上常用的消毒液及使用方法如下：

（1）过氧乙酸

可用0.5%的过氧乙酸溶液喷洒

汽车外表面和内部空间进行消毒，但消毒后要通风30分钟以上。由于过氧乙酸具有腐蚀性和漂白性，所以车内的一些物品衣物最好先取出，消毒后对汽车的金属部件要进行擦拭。

(2) 来苏水

是一种甲酚和钾肥皂的复方制剂，溶于水可杀灭细菌繁殖体和亲脂病毒。汽车消毒的使用方法：可用1%~3%的溶液对车内进行擦拭或喷洒。对手进行消毒，可用2%溶液浸泡2分钟，然后用清水洗净。来苏水如与肥皂和洗衣粉一起使用，将减少杀菌力。

(3) 84消毒液

一般这种消毒剂含氯量为5%，使用时必须加200倍的水进行稀释，如果不按比例稀释会有一定腐蚀性。专家认为，84消毒液不具挥发性，对肝炎等病毒可通过浸泡起效，但对空中飘浮的飞沫没有什么作用。

(4) 臭氧消毒

目前，臭氧消毒法被许多汽车美容服务店广泛采用。

据专业技术人员介绍，臭氧消毒法是采用一个能迅速产生大量臭氧的汽车专用消毒机进行消毒的。臭氧是一种具有广泛性的、高效的快速杀菌剂，它可以杀灭使人和动物致病的多种病菌、病毒及微生物。它的消毒原理是：在较短的时间内破坏细菌、病毒和其他微生物的结构，使之失去生存能力。

臭氧消毒法是利用臭氧消毒杀菌，不残存任何有害物质，不会对汽车造成二次污染。因为臭氧杀菌消毒后很快就分解成氧气，而氧气对人体是有益无害的。

臭氧消毒法操作起来较简单，将一根连接着汽车专用消毒机的胶管伸入车厢内，打开汽车专用消毒机，消毒机把通过高压放电产生的高浓度臭氧，送到车内的每个角落，如此只需几分钟就可以彻底地消灭病菌。它的缺陷是，消毒后车厢里会留有一点臭氧味，不过由于臭氧可以很快分解为无色无味的氧气，所以只要将车窗打开一会儿，味道就会消失。

汽车地毯洗涤小窍门

汽车里面最容易脏的就是地毯，

如果使用毛刷头的吸尘机进行吸尘处理的话，可以使较脏的地毯看上去不那么脏。对于更加脏一些的地毯，就只能动用专用洗涤剂了。

一般是在用洗涤剂前先用毛刷头的吸尘机进行除尘工作，然后喷洒适量的洗涤剂，用刷子刷洗干净，最后用干净的抹布将多余的洗涤剂吸掉就可以了，这样可以使洗后的地毯既干净又跟以前一样地柔软。

最需要注意的就是地毯不要完全放入水中浸泡刷洗，一方面会破坏地毯内部几层不同材质的粘接，另一方面会使地毯在很长时间内不能干透而影响使用效果，引起车内潮湿。

如何保养汽车空调

相信很多车主朋友在进入夏季时，都首先会给空调做全面的检查保养，使之在炎热的夏天能正常运转。经过了夏天超负荷的运转后，进入秋季，还应该先做一次检查与养护。夏天雨水多，车辆经常会走一些涉水路面，空调冷凝器下部就不可避免地沾染泥沙，日久，泥沙及灰尘大量淤积，严重影响空调使用寿命。因此，秋季，再次检查保养空调是十分必要的。

自行车日常保养窍门

自行车骑一段时间后，各部件应进行检查与调整，以防零件松动脱落，滑动部位应定期注入适量机油，以保持其润滑。

车辆被雨水淋湿或受潮后，电镀零件应及时擦拭干净，再涂上一层中性油，以防生锈。

涂罩光漆的零件不可抹油擦拭，以免损伤漆膜，使其失去光泽。

自行车内外胎及刹车橡皮都是橡胶制品，应避免接触机油、煤油等油类制品，以防橡胶老化变质。

平时车胎打气要适当。打气不足，外胎易折裂；打气太足，易伤车胎和零件。

自行车载重要适量。普通自行车，载重量不得超过 120 千克；载重自行车，载重量不得超过 170 千克。由于前轮按设计只承受全车 40% 的重量，因此不要在前叉上挂重物。

骑车速度要适当。起动不要过猛，遇到不平的路面要慢速行驶。

自行车不用时，应放在干燥通风处，以免锈蚀；同时，车胎要打足气，以免车胎被长时间挤压而裂开或变形。

汽车座椅清洁方法

座椅沾上脏东西使人很不舒服。一般不是很脏的时候，建议使用长毛的刷子和吸力强的吸尘器配合，一边刷座表面，一边用吸尘器的吸口把污物吸出来，效果相当不错。对于不同材质的座椅使用此方法都有很好的清洁效果。

特别脏的座椅，则要进行几个步骤才能彻底打扫干净。首先，用毛刷子清洗较脏的局部，然后，用干净的抹布蘸少量的中性洗涤液，在半干半湿的情况下，全面擦拭座椅表面。

特别要注意的是，擦拭时抹布一定要拧干，以防止多余的水分渗入海绵中，因为坐潮湿的座椅很难受，同时更容易被灰尘污染；最后，用吸尘器再对座椅清洁一下，以消除多余的水分，尽快使座椅干爽起来。

此外，平时在车里吃东西时一定要注意，不要让食物的细渣掉落在车座上，避免滋生螨虫或其他微生物而产生怪味。

汽车爆胎后不要立即踩刹车

当轮胎泄完气后，与钢圈的结合变得很松，轮胎接触路面的部分会变形而与钢圈脱离，加上踩刹车，爆胎的那一边车轮因阻力大，速度降得快，容易刹住，造成钢圈与轮胎的彻底脱离。而另一边车轮却不易刹住，可能继续前进，致使汽车发生翻滚。

因此，在高速行驶中如果发生爆胎，尤其是前轮发生爆裂时，绝对不能立即踩刹车。

切忌驾车超速

超速行驶的汽车超越以正常速度行驶的车辆，经常处于跟车状态，跟车时缩短与前车的间距，很容易发生追尾事故。

加速超车时，要占据中线，同

被超越车辆并进行驶，处理不当就有可能发生擦碰事故，因此，掌握好行车速度，是保证安全行车的重要环节。

汽车内部不宜铺设地胶

很多人喜欢在车内铺设地胶，认为这既保护了地板，也便于打扫车内卫生。但是，专家指出，汽车在出厂前就已经铺设过保护地毯了，再铺上地胶，等于是多此一举。更何况，一套地胶重达 10 ~ 15 千克，将增加车辆的负重，油耗自然也就上来了。而且，一些不合格的地胶含有大量有毒物质，如苯等，挥发在车内对身体健康有不良影响。

医疗篇

一、家庭医护细节

服药好还是打针好

人生了病，免不了要吃药、打针，这是两种常用的给药方法。要说哪一种方法更好些，很难一概而论，须根据具体病情而定。一般来说，口服药较方便，也较安全，但药物在体内起作用的过程较长，起效较慢，因此遇小儿或病情危急、昏迷、呕吐等急症，病人不能吃药，或吃完药就吐了，此时最好打针。其次，口服药物需要在胃肠中消化、吸收，如果胃肠功能不好，吃药不易消化，也不利吸收，故效果可能不好。还有一些口服药物在胃中就分解了，如青霉素等，也不宜口服。相反，打针药量准确，吸收迅速，起效快，而且不经过胃肠，不受消化功能好坏的影响，也可避免胃肠消化液的破坏。所以，凡病情危急不能口服的病人及儿童患者或不适于口服药物者都可以打针。但是，打针也有缺点，一是需由医生、护士操作。二是要使用严格消毒的一次性针具器械，如局部消毒不严，还可发生局部感染，并可传染乙型肝炎等疾病。

总之，吃药、打针各有优缺点，生病时要根据病情需要和医生的意见具体选择，不可片面强调哪种方法好。对家庭而言，如果吃药能够达到治疗目的，还是不打针为好。

买药时应注意的事项

去药店买药的时候，要注意以下几个方面：

(1) 在买药之前要先问医生

现在很多患者买药只凭自己的感觉，或是听信广告去买药，这样，可能会因为不对症下药而出现不良的后果。由于患病时会有各种反应及多种因素，若患者只凭广告或说明书买药，只是脚痛医脚，头痛医头，就会有安全隐患。而且，一些药物会有很大的毒副作用，有些甚至会危害到人的生命。因此，患者在去药店买药之前，应先看医生后再去买药。

（2）不可轻易相信坐堂医生推荐的药

现在有些药店的坐堂医生医术并不高，药店把他们聘来，完全是出于商业目的。他们为了给药店多卖药，往往会向患者推荐一些高档的药品，或是以小病当大病开处方。甚至有些坐堂医生，干脆是为推销保健产品而来的，他们从中获取一定的回扣，这样，就会给患者带来一定的经济负担。

（3）不要瞎买替代药品

如果在买药时遇到了短缺药品，有些药店为了营利，会给患者推荐一些作用大概相同的药品来代替。很多患者会因治病心切而听从了售药者的推荐，这种做法是非常不可取的。因为随便用药其隐患非常大，比如消炎药就有很多种类，但是，不同的病须选不同的药，如磺胺类药虽然可以消炎，但是有些人吃了就会过敏。因此，正确的方法是，应先去咨询医生，然后去买药。

（4）谨防买到假冒伪劣药品

现在的药店越来越多，其竞争也越来越激烈，有些药店生意清淡，就会打歪主意，用假冒伪劣药品来欺骗患者。因此，患者在买药的时候一定要特别留意，尽可能去正规的大药店买药。买的时候，一定要认真查看药物的有效期。在用药的时候，不要把它全部用完，要有意识地留下一点，以防被坑害以后没有投诉的依据。

家庭常备药物有哪些

（1）消炎药品及器械

碘酒、红药水、紫药水、胶布、绷带、纱布、脱脂棉、高锰酸钾、云南白药、体温计、镊子、剪刀。

（2）退热药

APC、去痛片、小儿退热片等。适用于牙痛、头痛、神经痛、肌肉痛、关节痛、月经痛等，但这类药物不宜长期服用，每次使用不应超过1周。

(3) 消毒药及止血药

酒精棉球、碘酒、创可贴、云南白药等。

(4) 止泻药

如黄连素、泻痢停等。如果病人腹泻不止、粪便带血等应去医院诊治。

(5) 抗过敏药

如息斯敏等。这些药物服用后有困倦、嗜睡的表现。

(6) 抗菌药

如复方新诺明、罗红霉素、螺旋霉素、先锋霉素等。

(7) 致泻药

有便秘、痔疮等症，家庭中应备一些致泻药，如开塞露、甘油栓等。尽量只用于应急，不宜长期依赖此类药物。

(8) 特殊药品

冠心病患者应常备硝酸甘油、速效救心丸；高血压病人应备心痛定、丹参片等；糖尿病人应备胰岛素、口服降糖药等。

药品储存应注意的事项

药物常因光、热、水分、空气、酸度、温度、微生物等外界条件影响而变质失效。因此，家庭保存的药物最好分别装入棕色瓶内，将盖拧紧，放置于避光、干燥、阴凉处，以防变质失效。

药品均有有效使用期和失效期，过了有效期便进入失效期，不能再使用，否则会影响疗效，甚至会带来不良后果；散装药应按类分开，并贴上醒目的标签，写明存放日期、药物名称、用法、用量、失效期。每年应定期对备用药品进行检查，及时更换。

喂儿童服药的窍门

给小孩喂药，是每位家长头痛的事情。可撕一小块新鲜的果丹皮把药片包住，捏紧。再放在孩子嘴里，用温水冲服，孩子就会乐意服用。此法适用于3岁以上的儿童。

老年人正确服药的方法

通常，老年人用药要比其他年龄段的人多，并经常服用多种药物，这时不良反应的发生率就会相对增加。因此，在用药时要特别慎重，一样的剂量，对老年人的作用往往比对青年人要强，比如安定类药物对老年人产生的不良反应要比青年人大3倍。所以，老年人在多药联用时，应尽量先服主要药物，以防相互药理作用的发生，必要时可请医生调整剂量（一般可用成人量的四分之三），或延长服药的间隔时间，以此保证用药安全。

用药时间巧选择

用药时间与治疗效果关系密切，但这却往往被人们忽视。一般来说，大部分药物在饭后15～30分钟服用较好，特别是对胃有刺激性的药物，如消炎药、抗生素等。

驱虫药，必须空腹服用，而且要在清晨；助消化药物需在吃饭时服用才能发挥作用，如胃蛋白酶、淀粉酶、多酶片等；保护胃黏膜的药物最好在饭前30～60分钟服用，如七味散、乳酶生等；止吐药、利胆药等都应在饭前服用。

睡前服用的药物一般应在睡前15～30分钟服用最好，如安眠药等。补益药宜在饭前服，因为补益药性味甘温、无刺激性，饭前服用既无副作用，又有利于消化。

自行用药应注意的事项

◆服药前要弄清药物剂量，“是药三分毒”，剂量弄错了，就会造成严重的后果。

◆不要自行加大剂量，自我用药者在按剂量服用无效后，应找医生咨询，问清是否需要加大剂量，或者改用其他药物。

◆要按时服药，通常“饭前”是指吃饭前30分钟内；“饭后”是指吃饭后30分钟内；“两餐间”是指饭后2小时之后，此时食物在胃中已基本消化。

◆宜单用的药物不宜合用。若想用两种以上药物，可以隔3个小时后再服用另一种药物，也可以遵医嘱服用。因为药物配伍不当，会降低药效或加重不良反应。

减轻良药苦口的方法

（1）减少药物接触部位

舌头是味觉感受器主要分布的位置，但舌头的味蕾功能不同：舌尖部的味蕾主要感受甜味；近舌尖部两侧感受咸味，舌后部两侧感受酸味，舌根部感受苦味。因此，服苦药时应减少药物与舌根部的接触。

(2) 降低汤药温度

人舌头的味感与温度有关，当汤药温度在37℃时，感受苦味的味蕾最灵敏；高于或低于37℃时，相应就会减弱。因此在服用中药汤剂时，应在药熬好后晾至37℃以下再服。

服药5忌

(1) 忌糖

服苦味健脾药可促进胃液分泌和增加食欲，与糖同服会降低药效。

(2) 忌盐

盐过量会使体内水、钠潴留而致水肿，心力衰竭。胃炎、高血压患者更要少吃盐。

(3) 忌茶

茶碱能使大脑皮质兴奋、抵消药效。治疗中枢神经系统的药更不宜与茶同服，茶中鞣质会使许多药物沉淀而影响药效。

(4) 忌酒

饮酒会引起兴奋，与药相抵触。

(5) 忌奶

牛奶含钙丰富，会影响铁制剂的吸收。

辨别药变质的窍门

药物是否变质，可通过色、形、味等形态来加以辨别：

丸药：变形，发霉，有臭味，变色。

注射剂：色度异常，沉淀，发浑，有絮状物。

片剂：表面粗糙或潮解，变色，发霉，虫蛀，发出臭味，药片变形或松散，表面出现斑点或结晶。

胶囊：胶囊变软、发霉、碎裂或互相粘连等，或出现变色、色度异常、发浑、有沉淀物。

糖衣片：出现黏片或见黑色斑点，糖衣层裂开，发霉，有臭味。

冲剂：糖结块、溶化、有异臭等。

粉针剂：药粉有结块、经摇动不散开，药粉粘瓶壁，或已变色。

混悬剂及乳剂：有大量沉淀，或出现分层，经摇亦不匀。

栓剂、眼药膏及其他药膏：有

异臭、酸败味，或见明显颗粒干涸及稀薄、变色、水油分离。

中成药丸、片剂：发霉，生虫，潮化，蜡封丸的蜡封裂开等。

不宜混用的中西药有哪些

人们不但应该注意中西药运用中的配伍禁忌，也不可忽视中西药混合使用可能产生的不良影响。现举例说明。

◆中药中含铁、钙等金属离子的赫石、石膏、龙骨及牛黄解毒片等不宜与西药四环素类、异烟肼同服混用，否则会使后者吸收减少。

◆西药降压类药不宜与中药甘草、麻黄、川贝精片、止咳定喘丸、麻杏石甘汤等同服混用，否则中药可使高血压病人血压升高，而降低西药的降压效果。

◆西药强心甙类药不宜与中药中富含钙的石膏、牛黄解毒片、麻杏石甘汤等同服混用，否则可增强强心甙对心肌的毒性反应；也不宜与中药麻黄、洋金花、颠茄、蟾酥等混用。

◆西药胃蛋白酶、多酶片等酶类药不宜与中药中含大量鞣酸的地榆、白芍、五味子、诃子等药同服混用，否则易形成沉淀而降低药效；酶类药也不宜与中药中含生物碱的麻黄、黄连、黄柏等药同服混用，否则会使前者失去治疗作用。

◆中西药注射剂一般不宜合并使用，如葡萄糖注射液若与丹参注射液混合，可使药液变混浊。

所以在病情需要中西药同时应用时，要注意将用药时间错开，如安排饭前或饭后半小时服西药，相隔 2 小时后服中药，尽量避免中西药同服混用，才有利于疾病的治疗。

服药期间吃柚子要注意

服药期间不宜吃袖子。柚子中含有一种不知名的活性物质，会令血药浓度明显增高。这不仅会影响肝脏解毒，使肝功能受到损害，还可能引起其他不良反应，甚至发生中毒。据临床观察，病人服抗过敏药特非那定时，如果吃了柚子或饮了柚子汁，轻则会出现头昏、心悸、心律失常、心室纤维颤动等症状，严重的还会导致猝死。现在已证实不能与柚子汁同服的药物有：冠心病患者常用的钙离子拮抗剂、降血脂药；消化系统常用的西沙必利、苯二氮卓类药物（如安定）以及含咖啡因的解热镇痛药物等。

正确使用肛门栓剂的方法

使用时如果栓剂太软，可先浸在冰水中或放在冰箱冷冻室内，片刻后取出，除去包装纸。

使用方法是：先清洁双手，用清水或水溶性润滑剂涂在栓剂的头部；人要侧卧，把小腿伸直，大腿向前屈曲，贴着腹部，儿童可伏在成人大腿上；放松肛门，插入栓剂，并用手指推进，把栓剂塞入肛门，婴儿约 2 厘米，成人约 3 厘米深；合拢双腿，维持侧卧姿势约 15 分钟，以防栓剂倒挤出来。

正确使用阴道栓剂的方法

使用时如果栓剂太软，可先浸在冰水中或放在冰箱冷冻室内，片刻后取出，除去包装纸。

使用方法是：先清洁双毛用清水或水溶性润滑剂涂在栓剂的头部；人要侧卧在床上，曲起双膝，将栓剂的尖端向阴道口，塞入栓剂并用手指轻轻推入阴道深处，合拢双腿，维持侧卧姿势约 20 分钟。使用阴道栓剂时最好在睡前进行。即使症状消失也必须继续用药，直到整个疗程完成为止。要严格按照说明书操作。

脾气突然变化是哪些疾病的信号

（1）忧郁症

会出现恐惧、极度紧张的情绪，甚至有自杀的念头，或者始终认为自己得了某种怪病。

（2）慢性病

严重的慢性疾病在病情进展过程中，可能导致病情加重，比如肺心病患者会出现幻觉、言语错乱等，肝硬化患者会出现烦躁、易怒的反应。

（3）更年期综合征

脾气变得急躁、好生闷气、爱挑剔、抑郁、焦虑不安，并伴有失眠、多汗、心悸等症候。

（4）老年性痴呆

70 岁以上的人，性格变得主观、固执、多疑、急躁、自私，甚至蛮横无理或行为古怪，有可能是老年性痴呆的前兆。

（5）精神分裂症

出现情感淡漠，对周围的事漠不关心，思维紊乱、意识清楚，但讲话内容缺乏逻辑性，可能患上精神疾病。

体重突然减轻要注意

临床实践表明，糖尿病、癌症、甲状腺疾病都可能造成体重下降。在各种癌症中，除淋巴癌、血癌及肝癌初期对体重的影响较小外，其他癌症在初期都会使体重下降，其原因就在于癌细胞影响人体营养素代谢及免疫能力，病人没有食欲，勉强吃下又消化不了，因而导致体重减轻。

冰块的妙用

在冰箱里储存些自制的冰块，不但可以用来消暑解渴，还有应急的功用。

（1）冰块可止痛

当您不小心指尖扎进了小刺，需用针头剔除时，可将手指尖先在冰块上冻至发麻，再剔刺时就不觉得疼痛了。

（2）冰块可止痒

身上出现痒块，用手抓搔易感染，而且会越抓越痒，如用冰块冷敷，则可以消除痒感。

（3）冰块可止血

皮肤表面或皮下出血时，用冰块敷于出血处可帮助凝血。

（4）冰块可抑菌

病菌感染处用冰块冷冻，就可有效地防止细菌繁殖，防止感染。

（5）冰块可治灼伤

如果不慎将手烫伤，可将冰块倒入盆内，然后将烫伤处伸入盘内冷冻，不但止痛，并且能防止出现红肿和水泡。

（6）冰块可除脏

在嚼口香糖时不慎将糖渣掉在地毯上，想清除却越擦越黏。这时可取些冰块放在脏污处将糖渣冷却板结，就容易清除干净了。

指甲颜色变化暗示着健康变化

（1）甲泽变亮

如果指甲上有块状或者条状部位变亮，多与胸膜炎、腹腔出现积液有关；如果整个指甲都像涂了油一样，变得光亮无比，而且指甲变薄，多见于甲亢、糖尿病、急性传染病患者。

（1）甲色偏白

指甲颜色苍白，缺乏血色，多见于营养不良、贫血患者；如果指甲突然变白，往往见于失血、休克等急症，或者是钩虫病、消化道出血等慢性疾病；如果指甲白得像毛玻璃一样，便是肝硬化的特征。

（2）甲色变灰

指甲呈灰色，多是缺氧造成，常见于抽烟者；不吸烟者的指甲突然变成灰色，最大可能是患上了甲癣。

（3）甲色变黄

常见于甲状腺机能减退、肾病综合征、胡萝卜血症等。

感冒正确用药

（1）头痛发热的用药

头痛发热时，可选用三九感冒冲剂（含扑尔敏、扑热息痛、咖啡因）、感冒通（含扑尔敏、双氯灭痛、人工牛黄）、去痛片（含阿司匹林、非那西汀、咖啡因）、克感敏（含扑尔敏、氨基比林、非那西汀、咖啡因）、泰诺胶囊（含扑尔敏、扑热息痛、伪麻黄碱）、速效伤风胶囊（含扑尔敏、扑热息痛、人工牛黄）等，以治疗头痛、高热为主，兼抗呼吸道炎症，无抗病毒作用，因其中的许多成分有骨髓抑制等毒副反应，婴儿、孕妇不宜服用。

（2）流感发热的用药

流感发热时，可选用康必得（含锌、扑热息痛、异丙嗪、板蓝根）、快克（含扑热息痛、氯苯那敏、金刚烷胺、人工牛黄）、臣功再欣（含葡萄糖酸锌、布洛芬）、锌可康（含锌、扑尔敏、布洛芬）、阿锌（含阿司匹林、锌）、可立克（含扑热息痛、扑尔敏、金刚烷胺、人工牛黄、咖啡因）、新速效伤风胶囊（含扑尔敏、氨基比林、金刚烷胺）、必利康（含扑热息痛、人工牛黄）等抗菌药和镇咳药。

如哮喘，可吸入色甘酸钠或异

丙肾上腺素等，前者对外源性哮喘特别有效，后者又名喘息定，舌下含服，或用0.5%溶液气雾吸入，但伴有心绞痛、心肌梗死及甲状腺机能亢进的老年人忌用。另外，这种药也不可长期服用，以免引起耐药性。氨茶碱在老年人体内清除率极低，容易引发不良反应。肾上腺素、麻黄碱等可诱发老年人震颤，应用时须高度谨慎。

通过面色识病

正常人的面色红润而有光泽，是人体精充神旺、气血津液充足、脏腑功能正常的外在表现。若面部色泽异常，称之为病色，常有5种表现，即白、黄、赤、青、黑，为常见病面色。不同的病色，可反映不同性质的疾病。

(1) 白色

表现为面色发白，多为气虚血少；若为淡白无华，色白带青灰，毫无光泽，多见于急性休克、虚脱的病人。

(2) 黄色

有萎黄，证见面黄肌瘦，多为营养不良、气血虚损；有黄胖，面色黄而虚胖，多见于消化不良、营养吸收障碍；有黄白而晦暗如烟熏样面色，多为肝脾疾病；有黄疸、面目一身俱黄，色如鲜橘皮色，多为黄疸性肝炎；若黄而晦暗，为阻塞性黄疸。

(3) 红色

面色赤红，多见于发热病人；满面通红，多见于感情冲动或高血压病人；午后两颧潮红，多见于肺结核病人；两颧经常紫红，多见于心脏病人；若久病、重病病人本来面色苍白，却时泛面红如胭脂妆，游移不定，多为病危。

(4) 青色

有淡青或青黑，多属寒症、痛症；面色与口唇青紫，多属于缺氧，多见于肺及心脏疾病；面色青黄相间，多见于肝病。

(5) 黑色

面色黑暗，多为慢性肾功能衰竭或肾上腺疾病；面色黑而焦干，多见于肾虚伤津；两眼眶周围发暗黑，多为失眠，或寒湿带下病。

正确认识维生素的副作用

过多服用维生素A会引起急性

中毒，可导致患者头痛、恶心、呕吐，小儿可产生脑水肿、少尿等不良反应。

过多服用B族维生素，会引起中毒，可致过敏反应、抽搐、脏器损害等。

长期大量服用维生素C，会促使胃溃疡疼痛加剧，严重者还可酿成胃黏膜充血、水肿，导致胃出血；过多服用维生素C，会减少对维生素B_{12}的吸收，使恶性贫血加重，还可诱发溶血性贫血，危及生命；每日服用4克维生素C，极易形成泌尿道结石；注射维生素C不当可致溶血，甚至死亡。

大剂量单一使用某种维生素可破坏机体内维生素平衡状态，造成其他维生素相对缺乏。

老年人用药6忌

（1）忌用药种类过多

老年人服用的药物越多，发生药物不良反应的机会也越多。此外，老年人记忆力欠佳，药物种类过多，易造成多服、误服或忘服，最好一次不超过3～4种。

（2）忌用药过量

临床用药量并非随着年龄的增长而增加。老年人用药应相对减少，一般用成人剂量的1/2～3/4即可。

（3）忌滥用药物

患慢性病的老人应尽量少用药，更不要没弄清病因就随意用药，以免发生不良反应或延误治疗。

（4）忌长期用同一种药

一种药物长期应用，不仅容易产生抗药性，使药效降低，而且会对药物产生依赖性，甚至形成药瘾。

（5）忌依赖安眠药

老年人大多数睡眠都不太好，但长期服用安眠药易发生头昏脑涨、步态不稳等，久用还可成瘾，并损害肝肾功能。治疗失眠最好以非药物疗法为主，安眠药为辅。安眠药只宜用于帮助病人度过最困难的时刻，必须应用时，最好交替轮换使用毒性较低的药物。

（6）忌滥用泻药

老年人易患便秘，为此常服泻药。其实老人最好通过调节生活节奏和饮食习惯来治疗便秘，养成每天定时排便的习惯，必要时可选用甘油栓或开塞露通便。

5 种上腹疼痛巧鉴别

胃部疾病包括溃疡病、慢性胃炎、胃癌、胃黏膜脱垂等，这些疾病均可引起上腹部疼痛。

急、慢性肝炎患者疲劳后可出现右上腹胀痛，休息后可减轻。肝癌患者大多感到持续性右上腹痛，随着病情加重，疼痛难以忍受，需用镇痛剂才可缓解。

胆囊炎、胆结石常表现为右上腹阵发性绞痛，可放射至右背部，一般在进油腻饮食后诱发。

暴饮暴食后常会诱发急性胰腺炎，表现为中上腹部持续性剧烈疼痛，常放射到左腰及背部。

急性阑尾炎早期表现为急性上腹痛，有时伴有呕吐、腹泻，症状同急性胃肠炎相似，但数小时后腹痛转移至右下腹部。

二、家庭急救技巧

家庭常用的止血法

常用的止血方法有指压法、加压包扎法和止血带止血法。

指压法是在伤口上部找到搏动的血管，用手指或手掌将血管压在附近的骨头上，以达到止血的目的。

止血带止血法应选用弹性比较好的橡皮管或橡皮带子，亦可用其他布条；止血部位，上肢在上臂上1/3，下肢在大腿中部，使用止血带前，要先垫上几层棉布、毛巾或衣服等软物，防止损伤皮肤；止血带松紧要适当，以达到止血目的为限；要写明止血带的扎带时间，每隔1小时左右放松止血带3~5分钟，止血带使用时间过长，会使肢体缺血而引起坏死。

其他部位的动脉出血可以用加

压包扎止血方法，即先用干净的纱布或敷料填塞伤口，外加干净的纱布垫，再用绷带加压包扎。

怎样测量体温

测量体温的高低，必须使用体温计，一般来说，测量体温的方法有3种。

(1) 口腔内测量法

测温前，应先将体温计用75%的酒精消毒，再将表内的水银柱甩至35℃以下，然后将体温计水银端斜置于舌下，闭口，勿用牙咬，用鼻呼吸，3分钟后取出。一般成人正常口腔体温在36.2~37.2℃之间，小儿可高0.5℃。

(2) 腋下测量法

先将体温计水银甩至35℃以下，解开衣扣，揩干腋下，然后将水银端放于腋窝中央略前的部位，夹紧体温计，也可用另一只手握住测量侧的手肘部，以帮助固定。腋下测温需10分钟。正常人腋下体温为36~37℃。

(3) 肛门内测量法

肛门内测量法需选用肛门表。先用液体石蜡或油脂滑润体温计含水银一端，再慢慢将水银端插入肛门3~4.5厘米，用手捏住体温计的上端，防止滑脱或折断，3~5分钟后取出，用纱布或软手纸将表擦净，并阅读度数。肛门体温的正常范围一般为36.8~37.8℃。

拨打急救电话的方法

在拨打急救电话时，要清楚地告诉接线员病人或伤者所在的地点、发生的情况以及目前病人的情形，并留下求救者的联系方式，时刻保持通讯通畅，保证急救车能尽快赶到出事地点。若病人或伤者呈昏迷状态，要简单说明可能导致昏迷的原因及昏迷者目前的情况。

高热急退热的方法

(1) 多饮水

要病人多饮些盐糖水、果汁、菜汤、牛奶等。吃奶的孩子，奶可调稀些或多喂水。多饮水不但有利于退热，还可防止因高热引起的脱水。

(2) 温湿敷

温水一盆，以不烫手为度，浸

湿毛巾，不断擦浴病人的胸、背、四肢，擦后将湿毛巾敷于病人胸部。要经常换水，保持一定温度，水凉不能使小血管扩张，以致达不到利用体温使水蒸发、把大量热带走而降温的目的。此方法对于皮肤苍白、四肢发凉者较适合。

（3）冷湿敷

冰水或冷水一盆。用小毛巾或旧布折叠数层浸湿，拧成半干，敷于头部、腋窝、肘窝、腘窝、腹股沟（大腿根部），毛巾或旧布热后再浸湿交换。此法适合于皮肤很温热的病人。

（4）酒精浴

用50%～85%酒精或白酒加水少许擦浴四肢、头额、颈、后背，对腋下、肘部、腹股沟和腘窝等大血管附近处，擦浴时间稍长些，每次擦浴时间小儿10～15分钟，成人15～20分钟。擦后半小时再测体温，若烧未退，可重复擦。需注意，擦头额部时要防止酒精流入眼内，且一般不用酒精擦腹部。此外，擦浴时要避免过多暴露身体，以免受凉。

怎样用酒精擦浴

酒精擦浴为一种简易有效的降温方法。因为酒精是一种挥发性的液体，其在皮肤上迅速蒸发时，能够吸收和带走机体大量的热量。

酒精擦浴，即将一块蘸浸了5%的酒精的小纱布置于擦浴的部位，先用手指拖擦，然后用掌部做离心式环状滚动，边滚动边按摩，使皮肤毛细血管先收缩后扩张，在促进血液循环的同时使机体的代谢功能也相应加强，并借酒精的挥发作用带走体表的热量而使体温降低。

使用酒精擦浴时要注意酒精的浓度，一般以30%～50%的浓度为宜。酒精擦浴通常是先从颈部开始，自上而下地擦拭，每个部位擦拭3分钟左右，擦拭腋下、肘部、掌心、腹股沟、腘窝、足心等部位时停留时间应稍长些，以提高散热效果。擦浴后用毛巾擦干皮肤。

酒精擦浴的注意事项

◆高热寒战或伴出汗的患者，不宜用酒精擦浴。因寒战时皮肤和毛细血管处于收缩状态，散热少，如再用冷酒精刺激，会使血管更加收缩，皮肤血流量减少，从而妨碍体内热量的散发。

◆高热无寒战又无汗的患者，采用酒精擦浴降温，能起到一定的效果，但应注意避免受凉及并发肺炎。

◆胸部、腹部及后颈部对刺激敏感者不宜做酒精擦浴，否则可引起反射性心率减慢和腹泻等不良反应。

◆小孩皮肤娇嫩，在擦浴时动作要轻，以免损伤皮肤。

◆擦浴过程中如发现患者寒战、面色苍白等异常情况，应停止擦浴，盖好衣被保温，并及时请医生诊治。

◆婴儿和体质虚弱的小儿不宜使用酒精擦浴法降温。

中暑的急救处理

迅速将病人转移到阴凉通风处，让病人躺下，解开衣服，用冷毛巾擦身，或边用酒精擦身边用口吹，促使酒精快速挥发散热。

然后再为其进行四肢按摩，促进身体血液循环，让器官维持正常运作。患者想喝水时可以给他喝凉开水、盐水或绿豆汤等。

如重症中暑出现意识不清、小便尿不出来、血压心跳改变、皮下出血，甚至昏迷或抽搐，应马上送医院。

昏厥的急救方法

昏厥是暂时性贫血引起的短时间意识丧失现象。病人突然衰弱无力，眼发黑，皮肤及口唇苍白，四肢发冷，出虚汗。如受惊吓、站立过久或长期卧床突然起身引起的单纯性昏厥。

此时应让病人躺下，取头低脚高姿势的卧位，增加脑部血液供应，盖好被子注意保暖，保持安静，喂服热茶和糖水。

一般经过急救处理后，病人会恢复知觉。如是大出血或有心脏病史引起的昏厥，要送医院急救。

夜间突发急症的急救法

当胆囊炎胆绞痛发作时，应让病人静卧于床，并用热水袋热敷病人的右上腹，同时用拇指或食指压迫刺激患者的足三里穴位（双膝眼下），以缓解疼痛的程度。家中有阿托品片或山莨菪碱（俗称654－2）片也可服用，还可含服心痛定1～2片（10～20毫克），以解除胆绞痛。

急性胰腺炎病人，除了禁止饮水与禁食以抑制胰腺的分泌外，尚可用拇指或食指压迫“足三里”“合谷”（手虎口处）穴以缓解疼痛，有颠茄合剂时也可服用10毫升，以解痉止痛和抑制胰腺的分泌。

当心脏病人在家中发生心源性哮喘，即端坐呼吸，不能平卧，喘息不止时，则应取半卧位，让病人背靠棉被等物。两腿下垂，用布带轮流扎紧患者四肢中的三肢，每隔5分钟1次，以使回到心脏的血流量减少，从而减轻心脏的负担。

脑血栓形成（缺血性中风），最容易在晚上安静时发生，一旦遇到这种情况，应立即把病人的枕头抽去，同时将足部稍垫高，采取头低足高位，卧床静休，以保证脑子的氧气供给。切不可乱摇病人的身体，也不可大声喊叫呼唤，尽量使病人感到安静。

当冠心病心绞痛发作时，应让其坐起，不可多动，立即给予硝酸甘油1片或消心痛1片，嚼碎后含服于舌下。有贴保宁贴敷剂时则可贴于心前区。上述方法不缓解时，可以重复给药，并适当加大药物剂量，也可加服复方丹参滴丸或速效救心丸。

异物入眼的急救

普通沙尘等异物入眼：要以最快的速度将上、下眼睑翻开，暴露眼球，然后用清水充分冲洗眼睛，连续清洗几分钟，冲洗过程中受伤的眼球应向各方向转动，便于冲掉灰尘，然后再准备一大盆清水，让受伤的眼睛在水中眨动，或者在水中翻开眼睑，使眼睛受到充分的洗涤。

化学物品入眼：如石灰颗粒溅入眼睛，要先用消毒棉签剔除石灰颗粒，再用清水冲洗；如是酸性物灼伤，可用2%～3%碳酸氢钠溶液冲洗；如是用碱性物灼伤，可用稀醋冲洗，但最后都须到医院做进一步处理。

中风突发的急救

中风又称脑血管意外。西医学

将中风分为出血性和缺血性两类。高血压、动脉硬化、脑血管畸形常可导致出血性中风，而风湿性心脏病、心房颤动等常形成缺血性中风。

◆发现有人突然发生中风，千万不能惊慌失措，应立即呼叫120请求援助。

◆在救护车到来之前，若患者意识尚清醒，应立即让其处平卧位，并要注意安慰患者，解除其紧张情绪。

◆若患者意识已丧失，则设法将患者抬到床上，最好有2～3人同时抬，避免患者头部受到震动，让患者安静躺下，抬高床头。

◆病情稍稳定后再送医院抢救，但在送医院途中应特别小心。搬运过程中动作要轻柔稳健，头部要专人保护，减少头部震动。

穴位急救法

以下介绍几种常见疾病的简便易取、效果显著的点穴救治法。

(1) 点压至阳穴缓解心绞痛

心绞痛发作时，用硬币边缘按压至阳穴（位于背部第七胸椎下，病人卧位低头垂臂，两侧肩胛角下缘连线交于脊背正中点即是此穴），每次按压3～6分钟，心绞痛即可缓解。

(2) 点压劳宫穴治血压骤升

血压急剧上升时，可用大拇指从劳宫穴（握拳中指尖所指处即是）开始按压，逐个按压到每个指尖，左右交替按压，即可控制血压并使血压逐渐恢复正常。按压时保持心平气和、呼吸均匀。

(3) 点压合谷穴治晕厥

病人突然晕厥时，可用拇指掐捏患者合谷穴（虎口上），持续2～3分钟，晕厥会很快消失。

食物中毒的急救措施

(1) 催吐

进食时间在1～2小时内，可立即取食盐20克，用100毫升沸水稀释，冷却后一次喝下，如无效可多喝几次，促使呕吐。也可服用稀释的鲜姜汁，能够快速呕吐。

(2) 导泻

如果有毒食物的进食时间超过2～3小时，但精神状况仍较好，可服用下面的任何一种泻药：用大黄30克一次煎服；或元明粉20克用沸水冲服；或番泻叶15克一次煎服或沸水冲服等，促使有毒食物尽快排出体外。

(3) 解毒

如果进食了变质的肉、鱼、虾、蟹等食物，可用紫苏30克、生甘草10克，一次煎服，要趁热服用，有很好的解毒功效。

解酒精中毒

酒精中毒的表现为眼部充血、颜面潮红、轻度头晕、言语过多且语无伦次、言语不清、步态不稳、动作笨拙不协调、身体失去平衡，最后表现为昏睡、呼吸缓慢、颜面苍白、皮肤湿冷，有的陷入昏迷，严重者可因呼吸循环衰竭而死亡。常见的解救方法是：酒后多饮白糖水，可以达到解酒之功效。

米汤解酒法。米汤中含有多糖类及B族维生素，醉酒后饮服有解酒功效，如米汤中加适量的白糖，效果更佳。

牛奶解酒法。牛奶中的蛋白质在酒精的作用下会凝固，从而对胃黏膜起保护作用，缓解对酒精的吸收。所以酒后多饮点牛奶可以达到解酒的目的。

一氧化碳中毒急救

大部分中毒患者因大脑缺氧而昏迷。重症患者因急救不及时可导致死亡。其急救方法是：将中毒者安全地从中毒环境中救出来，迅速转移到清新空气中。

若中毒者呼吸微弱甚至停止，应立即采取人工呼吸。人工呼吸前应先清除口腔中的呕吐物。如果心跳停止，就要进行心脏复苏。给患者高浓度吸氧。氧浓度越高，碳氧血红蛋白的解离就越快。吸氧应坚持到患者神志清醒为止。

若患者昏迷程度太深，可将地塞米松10毫克放在20毫升20%的葡萄糖液中缓慢进行静脉注射，并用冰袋放在头部周围降温，以防脑水肿的发生，同时送往医院医治。最好是有高压氧舱的医院，以便对脑水肿给予全面有效的治疗。

在现场抢救及送往医院的过程

中，要给中毒者充分吸氧，并注意呼吸道的畅通。

误食干燥剂中毒急救

食品袋中的干燥剂分为氧化钙和硅胶。误食后，可分别采取以下措施：

◆不慎误食氧化钙干燥剂者，千万不要催吐，应立即口服适量牛奶或水，一般成人服 150 ~ 200 毫升，小孩可减半服用，同时要注意，不要用任何酸类物质来中和，因为中和反应释放出的热量会加重损伤。

◆若不慎误食硅胶干燥剂时，可不必担心，因为硅胶在胃肠道不能被吸收，可经粪便排出体外，对人体没有毒性。所以误服后不需要做特殊处理。

呼吸道有异物急救措施

异物堵塞声门，或引起喉痉挛，出现口唇和指甲青紫、面色青白等缺氧症状时，可将头部朝下，大力拍击患者背部，促使异物从喉室中脱落，解除呼吸道阻塞。

异物进入气管口时，应将患者平放，托起其下巴，用力做人工呼吸，将堵在声门的异物吹入气管，促进气流通畅，缓解缺氧状况；或让患者头部朝下，用力拍打其背部，借助震动使异物没入气管，暂时缓解窒息。

任何异物呛入气管，采取急救措施后都应尽快去医院接受检查。

溺水者的急救

◆当将溺水者救至岸上后，应迅速检查溺水者身体情况。由于溺水者多有严重的呼吸道阻塞，要立即清除口鼻内淤泥杂草、呕吐物，然后再控水处理。

◆迅速进行控水：救护人一腿跪地，另一腿出膝，将溺者的腹部放在膝盖上，使其头下垂，然后再按 压其腹、背部。也可利用地面上的自然余坡，将头置于下坡处的位置，以及小木凳、大石头、倒扣的铁锅等作垫高物来控水均可。

◆对呼吸已停止的溺水者，应立即进行人工呼吸。方法是：将溺水者仰卧位放置，抢救者一手捏住溺水者的鼻孔，一手掰开溺水者的嘴，深吸一口气，迅速口对口吹气，反复进行，直到恢复呼吸。人工呼吸频率每分钟16～20次。

癫痫发作时的急救

发现患者发病，应立即让其卧床，以防止跌伤碰伤，再松开衣领扣和腰带。病人发病时常会大叫一声后牙关紧闭，抽搐时易咬伤舌头以致出血，因此应常备一个用纱布或小毛巾包裹的压舌板，或临时用洗脸手巾折成条状放入患者的两臼齿间，切不能用金属的汤匙和筷子代替，以免造成牙齿损伤。有假牙者应取出。患者此时意识丧失，口内唾沫多，故抽搐后应立即侧睡，使口水流出，防止堵塞喉部或流入气管。手脚抽动时要轻轻保护，使其不致掉到床下，又要避免用力压住患者，造成骨折或脱臼。同时，可以指压人中穴（鼻下唇上正中）或是足底涌泉穴（脚掌中部），使发作时间缩短。由于患者神志不清醒，不宜灌药，以免呛入肺内。患者醒来后，应给予抗癫痫药物口服治疗。如患者高热，可用冰敷头颈部降温。若病人频繁发作，其间不醒转，呈癫痫持续状态，应急送医院救治。如果有注射条件，可在去医院前请医护人员先给予注射抗抽搐药物，如地西泮（安定）等。

吐血的急救措施

少量咯血无须特殊处理，少活动即可。

中量咯血应卧床休息，并让患者平卧，头偏向一侧或取患病侧卧位，可减少出血。

大量咯血应使病人取患病侧向下卧位，头低脚高，便于血液引流。

让病人将血咯出，不要屏住不敢咯出，并尽量不用镇咳、麻醉和镇静剂。

注意保暖，暂时禁食和禁止饮水。

患者已发生休克应及时清除其口腔内的积血，防止血液吸入气管而造成窒息。尽快联系医院，进行专业治疗。

急性阑尾炎的急救

急性阑尾炎是一种常见的急腹症，病情若被耽误，容易出现阑尾化脓穿孔，形成化脓性腹膜炎，引起休克而危及生命，所以需要立即到医院诊治。

入院前，可给予抗生素治疗，如甲硝唑、环丙沙星、左氧氟沙星、阿莫西林等。不要用止痛药，以免掩盖症状，贻误诊治。

（1）基础治疗

包括卧床休息、控制饮食、适当补液和对症处理等。

（2）抗菌治疗

选用广谱抗生素（如氨苄青霉素）和抗厌氧菌的药物，如灭滴灵。

（3）针刺治疗

可取足三里、阑尾穴，强刺激，留针 30 分钟，每日 2 次，连续 3 天。

（4）中药治疗

可分外敷和内服两种。

外敷。适用于阑尾脓肿。如四黄散（大黄、黄连、黄芩和黄柏各等份）、冰片适量，共研成细末后用温水调成糊状，供外敷用。

内服。主要作用是清热解毒、行气活血及通里攻下。根据中医辨证论治的原则，将急性阑尾炎分成 3 期，并各选其主要方剂。

异物卡住喉咙如何急救

在日常生活中，常常有孩子被异物卡住了喉咙，或者人们在吃鱼的时候不小心将鱼刺卡在喉咙里，这会引起很多麻烦，甚至引起炎症，从而需长期求医。异物卡住喉咙时：

◆首先要弄清楚有无异物，以及异物的大小、性质、形状。

◆用手电筒或台灯照亮口腔内部，用筷子或匙柄将舌面稍用力向下压，同时让患者发“啊”声，以便清晰看到咽部的全部情况。

◆可采用各种引起呕吐的方法，如用手指或筷子刺激咽后壁，通过呕吐将异物带出食管。

◆如果是圆形光滑的异物，可采

用饮少量水吞咽的方法，使异物进入胃肠道内，继之随粪便排出体外。

◆若是异物的位置较深，或是带刺、有棱角，不要乱捅乱拨，以免发生新的创伤，应立即去医院，由医生处置。

怎样进行人工呼吸

人工呼吸是指人为地帮助伤病患者进行被动呼吸活动，达到促使患者恢复自动呼吸的救治目的。人工呼吸的方法很多，家庭常用的为口对口呼吸法。

人工呼吸，即患者取仰卧位，抢救者一手放在患者前额，并用拇指和食指捏住患者的鼻孔，使患者头部尽量后仰，保持气道开放状态，然后深吸一口气，张开口以封闭患者的嘴周围，婴幼儿可连同鼻一块包住，向患者口内连续吹气 2 次，直到患者胸廓抬起，停止吹气，松开贴紧患者的嘴，并放松捏住鼻孔的手，将脸转向一旁，用耳听是否有气流呼出，并深吸新鲜空气为下一次吹气做准备。当患者呼气完毕，即开始下一次同样的吹气。

呼吸困难的急救措施

感觉到呼吸困难时，应首先减少活动，心力衰竭者应取半坐位，并给予吸氧。支气管哮喘造成的呼吸困难应尽快给予氨茶碱、喘息定、气喘喷雾剂等治疗。心力衰竭者，尤其是左心衰竭可给予舌下含硝酸甘油或心痛定，以减轻心脏的负担，然后送医院做强心、利尿、平喘治疗。按摩人中、合谷、内关、膻中、涌泉、曲池等穴，能增加一定的通气量。当自主呼吸微弱或呼吸停止时，应及时进行人工呼吸。

哮喘发作的急救

哮喘是一种慢性支气管疾病，一年四季均可能发病，以寒冷季节及气候急剧变化时患者数最多。病者的气管因为发炎而肿胀，呼吸管道变得狭窄，所以常导致呼吸困难。该病与患者自身体质密切相关。

哮喘发作时：

◆协助患者采取坐位，以使其膈肌下降，胸腔容积扩大，肺活量增加，减少体力消耗。

◆给患者吸入氧气，以便纠正

或预防低氧血症。

◆补充水分，可以防止因脱水、痰液过于黏稠及痰栓形成而加重气道阻塞。

心脏病发作急救法

一旦患者心脏病发作，让患者躺下；或立即将硝酸甘油或消心痛放于患者舌下。让患者取半坐位，口服1～2粒麝香保心丸。患者感到心跳逐渐缓慢以至停跳时，应连续咳嗽，每隔3秒钟咳1次，心跳即可恢复。

如心跳骤停，可用下列方法急救：

(1) 叩击心前区

施术者将左手掌覆于患者心前区，右手握拳，连续用力捶击左手背。心脏停搏1.5分钟内有效。

(2) 胸外心脏按压

患者仰卧硬处，头部略低，足部略高，施术者将左手掌放在患者胸骨下1/3处，剑突之上，将右手掌压住左手背，手臂则与患者胸骨垂直，用力急剧下压，使成年人胸骨下陷3～5厘米，儿童3厘米，婴儿2厘米，然后放松，连续操作，成人每分钟60～70次，儿童每分钟100次，婴儿每分钟120次。伴呼吸亦停止者，则应人工呼吸与心外叩击交替进行，直到将患者送至医院。

婴幼儿窒息急救

婴幼儿喂奶或服药窒息时，可立刻把孩子倒提起来，轻拍臀部，使其排出气管内的异物。

婴幼儿因棉被包得太紧而发生窒息，且面色青紫甚至停止呼吸，应马上松开棉被，立即采取口对口的人工呼吸，并迅速送医院抢救。

胃痉挛如何急救

正常人的肠胃时时刻刻都在做有规律的蠕动，当肠胃动力发生障碍时，就会引起肠胃运动功能失调。胃痉挛就是胃运动功能失调的一种表现，由胃壁平滑肌收缩引起，发作时腹痛难忍，严重的可发生恶心、呕吐。

当出现胃痉挛时，可采取以下急救措施：

◆当出现胃痉挛的时候，首先要做的是平静下来。最好在床上平躺，再用热水袋在上腹部热敷 20 ~ 30 分钟。

◆用边缘厚而钝圆、光滑、无破损、不会划伤皮肤的瓷汤匙、瓷碗、瓷酒杯、牛角板等作为刮痧道具来进行刮痧，上面可沾上一些可做润滑剂的香油、花生油、菜籽油、色拉油或清水等。

蜇伤急救

◆蝎子、蜜蜂等蜇人时，把尾刺留在人体皮肤内，有的尾刺有钩，有的无钩，要设法将断刺拔除。用清洁水冲洗伤口，以减少毒液，有条件时可用吸吮器或火罐把毒液吸出。

◆局部用冷敷，使血管收缩，减少局部血流量，也可减少毒液进入血液中。

◆拔毒刺时不要挤压伤口，更不要把毒囊挤破，而是用刀尖挑拨出，以免毒液扩散。

◆冷敷时不能把冰块直接放置在伤口上，而是用清洁塑料袋装着外敷。

宝宝坠落时的紧急处理

（1）固定伤处

婴幼儿从床上掉下后，要立即检查是否骨折。若婴幼儿跌落后剧烈哭闹或失去意识，且手脚不能活动，可能是颈椎受到伤害或脑震荡及颅内出血，要立即送医院。

（2）紧急止血

宝宝掉下床后如果发生流血的状况，可用一小块干净的纱布在伤口上直接加压，直到出血停止。同时可视现场情况而定，如果有必要应立即送往医院。

骨折急救

（1）止血

这是最紧急的处理，用加压包扎止血法，四肢大出血时可用止血带止血法，具体方法，按本书中家庭常用的止血法要求进行。

（2）检查全身状况

骨折后若出现神志不清、呼吸紧迫、血压下降等全身症状，必然是严重骨折，要及早拨打“120”，争取尽快送医院诊治。

（3）固定

应就地取材如木棍、木板、竹片、纸板等固定患处，中间可垫些软布绑好，注意不应过紧。

割伤的应急处理

轻度割伤使用止血药包扎后就能解决。严重割伤时，如在手臂，则应抬起手臂，使其高于心脏，然后直接压迫伤口；如在腿上，除压迫伤口外，还要压迫大腿上部的动脉。经上述处理后，尽快前往医院。需注意的是，千万慎用止血带，因为止血带会切断受伤部位所有血液供应，从而可能导致永久性损伤。

早产如何急救

早产是指在预产期前即完成分娩，孕期为29～36周，多见于18岁以下或40岁以上的孕妇。

孕妇出现破水或一阵一阵的腹痛时，要马上送医院。在来不及的情况下，要准备好干净的毛巾、布、纱布、大水盆、热水（不能太烫）、用打火机消毒的剪刀、粗线、包袱布、热水袋、产妇的衣裤等产前用具，叮嘱产妇不要用力屏气，要张口呼吸。当婴儿头部露出时，用双手托住头部，注意不能硬拉或扭动；当婴儿肩部露出时，用两手托着头和身体，慢慢地向外提出，然后等待胎盘自然娩出。等婴儿完全出来后，将婴儿包裹好以保暖，用干净柔软的布擦净婴儿口鼻内的羊水，不要剪断脐带，并将胎盘放在高于婴儿或与婴儿高度相同的地方，并尽快将产妇和婴儿送往医院。

头部创伤的自我急救

当头部受到创伤时，应立即用清水洗干净伤口，并在伤口上盖一块敷料挤压周围，以减少出血。

用手轻按压伤处约 10 分钟，即可缓解流血。

一只手固定伤口上的敷料，并将绷带端放在敷料上开始包绕头部。

继续缠绕伤口，使绷带上下缠绕并互相压叠。

包扎伤处时切记不要包太紧，然后立即送医院救治。

狗咬伤急救须知

狗已成为许多家庭的宠物，但狗可传播一种极其可怕的疾病——狂犬病。

这是一种烈性传染病，存在于疯狗涎液中的一种称为弹子的病毒进入人体后，会沿神经纤维传达到中枢神经，从而导致神经紊乱发生典型的痉挛，一旦发病则无法生还。

因此，人一旦被狗咬伤后，应当按疯狗咬伤处理，切勿麻痹大意。

急救方法如下：

◆在伤口的上、下方（距伤口 5 厘米处）用止血带或绳子、带子等紧紧勒住，并用吸奶器或拔火罐将伤口内的血液尽可能吸出。

◆如咬伤处仅有齿痕，可用三棱针刺之，令其出血，再用火罐拔毒。

◆经上述方法处理后，再用 20% 中性肥皂水或 0.1% 新洁尔灭或清水反复冲洗伤口至少半小时。必要时需要切除被咬的表浅组织冲洗消毒。冲洗后，用 70% 酒精或白酒涂擦局部。伤口禁止包扎、缝合。

◆咬伤严重者，应肌肉注射抗狂犬病免疫血清。此外，还应到医院或防疫站注射狂犬病疫苗、破伤风抗毒素及抗生素。

触电后的急救措施

首先要火速切断电源：拉下电闸、关上总开关或拔掉插头，若是接触有电的电线，应拔掉电源。户外的电线无法切断电源时，则可用干燥的木棒或木板立即将电线拨开。一时无法拨开电线时，一定要用于木棍把触电的人从电线处推开。抢救者最好戴上橡胶手套，穿上胶鞋或站在绝缘垫上。但是由于情况十分紧急时，临时去找此类东西，将花费很多时间，这可能影响到下一步的处理，贻误时间，甚至使触电者丧命，故应强调因地制宜，只要穿上干的塑料或橡胶拖鞋，手持干燥的竹竿或木棍，就可全力进行抢救工作了。

如果病人的意识、呼吸、脉搏已经消失的话，应立即采取保证呼吸道畅通、口对口人工呼吸、胸按压等心肺复苏的措施。此时最可怕的症状是心肌不规则的收缩，即心室颤动。与心脏停搏一样，心室颤动时是摸不到脉搏跳动的，此时唯一应坚持的是继续进行胸按压，即人们经常提到的心脏按压。方法是将患者置于硬板床上或台子上，救护者把一只手掌放在胸骨中央的下1/3处，另一只手放在此手背上，以加强力量。手腕挺直，慢慢地把自己的体重加上，用力压迫胸骨使之成人下沉3～5厘米，儿童3厘米，婴儿2厘米，然后减压。关键是压迫心脏时，不管遇到什么情况，都必须用力而不能松手，减压时，也要完全彻底，但手仍然不可离开胸壁。按压的要领是成人每分钟按80～100次，儿童每分钟100次；婴儿每分钟120次，一定要掌握好这个次数，过快或过慢均无作用。

如果触电者尚神志清楚，又已脱离电源，则应检查全身有无烧伤、外伤。若有烧伤应立即用酒精或水冷敷，用干净纱布覆盖。有时由于没有很好检查，可能发生大出血而尚未被发觉，这是很危险的。

踝关节扭伤如何急救

在外力作用下，踝关节骤然向一侧活动而超过其正常活动度时，容易引起关节周围软组织破坏，如关节囊、韧带、肌腱等发生撕裂伤，此时可采取一些急救措施：

◆外侧韧带损伤较轻、踝关节稳定性正常时，可抬高患肢，并冷敷，以缓解疼痛和减少出血、肿胀。

◆有骨折或受伤严重时，应充分固定受伤的部位，并立即送往医院治疗。

◆韧带完全断裂或有撕脱骨折，患者在约4～6周内需用短腿石膏靴固定患足，以免“矫枉过正”。可在石膏靴底部加橡皮垫或其他耐磨物以便行走。若踝部骨折块较大，且复位不良，则应切开复位和内固定。

三、常见病的偏方验方

咳　嗽

大蒜可治风寒咳嗽

方法1：将大蒜剥皮洗净，放入适量水中煮，水开后煮10分钟，趁热（以不烫嘴为宜）将蒜、水全部服下，晚间临睡前服用最佳。

方法2：将大蒜磨碎后，与相当于其一半剂量的小麦粉混合在一起，加适量水搅拌成糊状，再将其涂抹在纱布上，然后用另一块纱布覆盖其上，弄好后直接把它敷在胸口上，即可产生止咳的效果。

方法3：将大蒜数个捣烂如泥，加冰糖适量（忌用红糖），用沸水冲泡，温服数次，有快速止咳化痰之效。胃病患者空腹时，不宜用此法止咳。

萝卜止咳

◆把萝卜切成约5厘米厚的条状或片状，放入炉灶内烧（煤气灶则用锅烤），烧至半生不熟时，从炉里取出，趁热食之即可。

◆把萝卜切成片，用清水煮，熟后用茶杯或小碗将水滤出，待稍冷后喝下。此方对治疗咳嗽有显著效果。

◆取萝卜适量，白糖100克。将萝卜洗净、切碎，捣汁1小碗，加白糖蒸熟吃，用冰糖更好。临睡前服用，连服3～4天，即可有效治疗咳嗽。

生姜止咳

◆取生姜一小块切碎，在锅中加入少许香油，油热后打入一个鸡蛋，姜末撒入蛋中，炸熟后趁热吃下。每日2次，数日后咳嗽即好转。

◆生姜 250 克，捣碎，用纱布将汁滤出，按 1∶1 兑蜂蜜，上火煮开后再倒进碗里，早晚各 1 匙。

◆取豆腐 250 克，红糖 60 克，生姜 6 克，一起用水煎好，在睡前吃渣饮汤，连续服用 1 周，即可有效治疗咳嗽。

栗子肉治咳嗽

若风寒感冒咳嗽时吃栗子煮肉会有显著疗效。做法是：将栗子 250 克去皮，瘦猪肉 150 克洗净切块，用砂锅煲成汤，适当加点食盐及味精服食。大人适量饮用，小孩可分 2～3次服食。适用于风寒感冒咳嗽、老年体虚、慢性气管炎。

梨止咳化痰

◆每天早晨煮一小锅绿豆汤，放两个鸭梨，早、晚各吃一个梨和饮一碗绿豆汤，坚持服用两个月，可以治愈干咳。

◆像检查西瓜生熟一样，将梨从上端切开一个三角口，把梨核挖空，放入适量蜂蜜，再把三角小块盖好，开口向上放入碗内用锅蒸 15 分钟，取出趁热服用，即可有效治疗咳嗽。

◆梨 500 克，切成小块，与白酒 1000 毫升混合后加盖密封，每天搅拌一次，一个星期后即可服用。本方能起到生津润燥、清热化痰、止咳平喘的效果。

用冰糖香蕉止咳

取冰糖 5 克，香蕉 3～5 根，一起放在碗内上锅蒸，待开锅后用文火再蒸 15 分钟，即可食用，止咳效果较佳。适用于风热感冒引起的咳嗽。

葡萄泡酒治咳嗽

选取葡萄、冰糖和纯粮食白酒各 500 克。先将容器及葡萄洗净，葡萄粒不用去皮直接和冰糖混合后研成碎末，将其溶液放入容器内，倒入白酒，封好盖，置于室内 30 天后打开盖，即可饮用。每天晚上睡觉前服用 1 次，每次用量不宜超过 25 克。长期坚持，便可治愈咳嗽。注意：饮用时和饮用后都不应食用其他食物。

冰糖杏仁粥止咳定喘

甜杏仁约20克，用60℃热水将皮泡软，去皮后砸碎，与大米（50～100克）加水同煮，开锅后放入10克冰糖，熬成稠粥状即可。可经常食用。使用此方法还可治疗便秘。

感　冒

洗鼻法治感冒

反复用盐水冲洗鼻腔可将鼻腔中的病毒洗出，防止病毒在鼻腔中大量繁殖并不断侵入人体。此法可在2～4天内治愈感冒，且无副作用。平时早、晚盐水洗鼻也可极大降低感冒发生的概率，具有很好的预防作用。

可口可乐煮鲜姜防治感冒

鲜姜25克，去皮，切碎，放在可口可乐中（容量为大瓶1瓶），煮开后趁热喝下（温度掌握好），可防治感冒，还可治小孩恶心、呕吐、厌食、偏食等症。

薄荷糖治风热感冒

红糖500克放入锅内，加水少许，用文火熬稠，加入薄荷粉30克调匀，再继续熬至拉起丝状、不黏手时即停火，倒在涂有熟菜油的搪瓷盘内稍冷，切成小块即成。可随时食用。

大蒜防治感冒3法

大蒜的作用很多，主要是消炎、灭菌，对多种细菌和病菌感染性疾病有效。

将大蒜研碎，与等量蜂蜜拌匀，临睡服1汤匙，能预防流行性感冒。

100克糯米煮成粥，放入捣烂的葱姜蒜（各20克），煮5分钟后倒入醋，立即起锅趁热服下，每日早晚各1次，连服4次，可治愈外感风寒。

将1瓣蒜含于口中，口中生津则咽下，至大蒜无味时吐掉，连续含3瓣可治鼻流清涕和风寒咳嗽。

搓手可防治感冒

由于拇指根部（医学上称为大鱼际）肌肉丰富，伸开手掌时，明显突起，占手掌很大面积。大鱼际与呼吸器官关系密切。每日搓搓，对于治疗感冒、改善易感冒的体质大有益处。其方法是：对搓两手大鱼际，直到搓热为止。搓法恰似用双掌搓花生米的皮一样，一只手固定，转另一只手的大鱼际，两手上下交替。两个大鱼际向相反方向对搓，大约搓一两分钟，整个手掌便会发热。这样做可促进血液循环，强化身体新陈代谢，所以能增强体质，不易感冒。

鸡汤治感冒

鸡汤不仅可减轻感冒症状，在清除呼吸道病毒方面也有较好的效果，经常喝鸡汤可增强人体的自身抵抗力，预防感冒的发生。在鸡汤中加一些调味品，如胡椒粉、生姜，或用鸡汤下面条吃，都可以治疗感冒。

西瓜番茄汁可治感冒口渴

西瓜瓤 500 克，番茄 200 克去皮，一起用榨汁机榨成汁，并加入适量白糖调味。每天早、晚饮用，有生津止渴、消热解毒的作用，对感冒发热、口渴、烦躁、食欲不振、消化不良、小便不利等症有很好的疗效。

巧用白酒治流行性感冒

当患有流行感冒而又不愿吃药时，可用干净的纱布蘸酒（酒精度要高）来回擦拭耳根下方、颈部两侧、腋窝、手臂内侧、手腕、大腿根处、膝盖内侧、脚踝两侧、脚心等处，来回擦拭 30 ~ 40 次，立即盖棉被睡下即可好转。此方对怀孕期间感冒而不能服药的妇女更为适用。

鼻　塞

蒜包治婴儿鼻塞

婴儿鼻塞有时令家长束手无策。如果是因感冒引起，可把切成碎片的蒜头以布块包成 1 个小包挂在婴儿前颈部，借强烈而刺激的味道抑制鼻塞。要注意不能使蒜碰到眼睛。最好是拿着蒜包贴近婴儿鼻头让其嗅一嗅。

热水洗脚可疏通鼻塞

晚睡前用热水洗脚，能促使鼻黏膜充血消退。这样不但能解除鼻塞，同时也可调节大脑皮层的兴奋与抑制，从而促进睡眠。

鲜姜或生蒜塞鼻可治鼻塞

睡觉时在两个鼻孔内各塞进一鲜姜条（大小适中，防止吸入鼻腔深部），3 小时后取出，通常一次可通。倘若不行，可于次日再塞一次。用生蒜代替鲜姜也有同样的疗效。

热敷双耳治感冒鼻塞

患有感冒鼻塞很难受，可在临睡前把毛巾放热水中浸湿，稍微拧干热敷于双耳十几分钟，就可使鼻塞通畅。

捏鼻治婴儿感冒鼻塞

当婴儿患有感冒鼻塞时，可在喂奶前用炉火把拇指和食指烤热，然后立即轻捏婴儿的鼻梁，揉捏几下，手指凉后再烤热，反复数次，鼻子即可通气。

哮 喘

羊杂面治疗咳嗽气喘

面粉 500 克，羊舌 100 克，羊肉 100 克，羊肾 100 克，蘑菇 100 克，精盐、味精、胡椒粉、生姜各适量。将羊舌、羊肉洗净，切片；羊肾切去筋膜、臊腺，洗净，除去血水，切成片；蘑菇洗净，切丝；面粉加水揉成面团，擀薄后切成面条。将羊舌片、羊肉片、羊肾片放入锅内，加水，放入蘑菇丝、生姜，旺火烧开后改文火炖煮至烂，然后下入面条煮熟，用精盐、味精、胡椒粉调味即成。有温阳平喘的功效，适用于治疗咳嗽气喘、面白肢冷。

腌梨治哮喘

将没有外伤的鸭梨洗净擦干，容器也洗净擦干。在容器中撒上一层盐，然后码上一层梨，再重复撒盐放梨，直到码完为止。比例大约是 5000 克梨、250 克盐。从农历冬至一九腌到九九即可食用。用此法腌制的梨香甜爽口，对老年性哮喘的治疗很有帮助。

仙人掌茶治喘息痰鸣

仙人掌鲜品（去皮、刺）60克，洗净切细，置保温杯中，用沸水适量冲泡，盖闷15分钟。取清液，调入蜂蜜20克。顿饮或分几次饮，症状消失后可以停止饮用。清热解毒，止嗽平喘。适用于治疗喘息痰鸣、不能平卧、口干舌红等症。需要注意的是，脾肺虚寒、胃寒便溏者忌用。

生姜治哮喘

◆取15克生姜切碎，加入1个鸡蛋，调匀，炒熟食用即可。注意，这种方法只适用于寒性的哮喘病人。

◆取30克生姜洗净、切丝，加20克桔梗、20克红糖拌匀，置于暖瓶内，沏入开水，加盖闷1小时后代茶饮用。此法适用于慢性气管炎患者，久饮见疗效。

◆取生姜50克，大蒜60克，将上药共捣烂如泥，用布包裹，在背部第三胸椎处反复摩擦，擦热为度，对哮喘有一定疗效。

◆生姜15克，杏仁15克，核桃肉15克，将以上药物共捣烂，炼蜜为丸，每丸重3克。临睡前用姜汤送服1~2丸。适用于肾虚喘症。

核桃治哮喘

取核桃仁250克，黑芝麻100克，上锅微炒，不能炒糊，然后将其捣碎，再取蜂蜜1饭勺，水2饭勺，在炉火上煮沸，趁热倒入捣碎的核桃仁和黑芝麻中，用筷子搅拌均匀，放在笼屉上蒸20分钟即可食用。

葡萄治哮喘

◆将500克葡萄泡在500克蜂蜜里，装瓶泡2~4天后便可食用，每天3次，每次3~4匙，长期服用，即可有效治疗哮喘。

◆将500克葡萄、100克冰糖浸泡在500克二锅头中，并把瓶口封好，阴凉处存放20天后饮用。饮用时间为每天早上（空腹）和晚上睡觉前，每次饮用量为20克。此法对治疗支气管哮喘有显著效果。

鸡蛋蒸苹果可治哮喘

取一个苹果，用小刀在苹果顶

部连蒂削成一个三角形，留下待用；再将果核取出，并挖出部分果肉，使其内部呈杯状，但不能漏底；然后打入一个鸡蛋，再用原来的三角形盖好，放入笼内蒸1小时，温热服用，每天1个，连续3天，即能有效治疗哮喘。

香油煮蜂蜜能止咳喘

取蜂蜜、香油各125克，一起煮开，温热服用。每天3次，每次1汤匙，数日即有显著疗效。

气管炎、支气管炎

蜂蜜治气管炎3法

◆取2枚酸石榴（约500克），洗净去蒂，掰碎后连皮带子一同放入药锅，兑100克蜂蜜，加水没过石榴，用文火炖（不可煎糊），待水分蒸发干、石榴熬成膏状起锅，将石榴盛入洁净的大口瓶中，每日服用数次，每次2小匙，久服见疗效。注意，若食用时有酸涩味，可适当添加蜂蜜。年老体弱者要慎服。

◆取蜂蜜、藕粉、梨水（用500克鸭梨煮水200克）、姜水（用500克鲜姜煮成200克水）各200克，将其混合，用锅蒸半小时即可。每天早、晚各服1羹匙（约10克），每周为一疗程。伴有肺热咳可加川贝粉1~2克，每晚睡前冲服，但属风寒咳嗽的患者不宜。

◆将60~90个春天起蒜时的嫩蒜洗净，用蜂蜜浸泡封好后保存6个月。待秋冬时打开食用，每天吃1个。

蒸汽疗法治气管炎

腾空一间房，把屋子门窗闭合，让患者坐在屋内，再在屋内烧一大锅水，让水沸开一直冒着热气，直至屋内墙壁上凝结水珠停止，连续三四天。注意，治疗时其他房间要留人，随时观察，以防意外。

姜汁治气管炎

选用适量鲜姜，将其切碎后放入洗衣盆内，把身上穿的背心浸入姜汁内，浸得越透越好。盆内不要放水，几天后完全浸透，阴干。在秋分前穿上背心，直至第二年春分时再脱掉。

注意：为了保持身体清洁，可浸两件替换穿。同时要配合注射气管炎疫苗，此疫苗医疗机构有售，每周注射一次即可，从9月发病的季节到第二年5月份均应注射疫苗。

白萝卜治气管炎

◆将大白萝卜挖空一半，装进适量蜂蜜，放置3小时后，取汁用温开水冲服，日服3次，每次1汤匙。

◆用萝卜、牛肺各500克，苦杏仁10克（布包）；加水煮熟后分次服用。

◆萝卜切碎绞汁，加入豆腐200克、饴糖适量，一起煮熟后分2次食用，连服1周。

香油治气管炎

坚持每天早、晚各喝一小勺香油，可使因气管炎、肺气肿等引起的咳嗽减轻。注：香油是一种不饱和脂肪酸，人体服用后易于分解，并可促进血管壁沉积物的消除，有利于胆固醇代谢。

红枣山楂糊治慢性气管炎

用桂圆肉、大红枣、冰糖、山楂同煮成糊状（其中以大枣为主，冬天500克就够了，桂圆肉1个，冰糖、山楂适量即可），每天吃2饭勺（1次可多煮些，放在冰箱冷藏室保存）。每年从冬至开始，共服用81天。

杏仁治支气管炎

◆取适量均等的炒杏仁、炒芝麻，捣烂压碎后，每次用开水冲服，1次3克，每日2次即可。

◆选取新鲜的鸭梨，在中间挖一小洞，放入捣烂的杏仁9克，封好口后加水煮熟，食梨喝汤，每晚1次。

◆杏仁、桑白皮各9克，加水煎汤饮用，1天2次用完。长期坚持可治疗支气管炎。

海带拌白糖治支气管炎

海带浸洗后，切寸段，再连续用开水泡3次，每次约半分钟，倒去水，以绵白糖拌食，早、晚各吃1杯，连服1周，即有明显效果。此法对因毒瓦斯引起的咳嗽及一般老年慢性支气管炎，均有治疗效果。

头痛、晕眩

食疗治头痛

方1：取一个鲫鱼头，用冬虫夏草10克、枸杞15克、益智仁9克、田七6克，一同放入锅内煎服汤。连服数日，即可对肾亏性头痛有一定疗效。

方2：取一个鲫鱼头，用天麻9克、生姜3片，一同入锅煎服汤，一周3次，连服几周，即可对肝阳上亢型头痛有特效。

方3：取一个鲫鱼头，用生姜6片、白芷6克、川穹6克、天麻9克、一同入锅煎汤服食，每周可服3次，连用几周即可有疗效。此方对血虚风痛及外感性头痛有特效。

方4：用川穹、白芷各5~8克，鱼头250克，生姜适量，一同放入砂锅里，加水适量熬汤服食。每日1次，连用2~4天，即可对风寒外袭的偏头痛有特效。

按摩治偏头痛

每天早上坚持用两手在脖子前后，各来回搓摩30次，再用双手同时在两个耳朵后上下搓摩30次。

取仰卧位，头偏向健侧，医生先选用指揉法自风池穴起沿颈项部夹肌而下至颈根，如此上下往返3~5分钟；拿风池穴，拿颈项夹肌3~5遍。用手指按揉印堂、睛明、阳白、太阳、百会、率谷等穴各20~30次。抹前额、上下眼眶，3~5次。

用大拇指根部在头痛部位的寸关穴位连续向上推压，可达到改善脑部血液循环的作用，同时也可缓解因脑供血不足而引发的偏头痛。

用双手的大拇指和食指捏住两耳垂向下拉动，可缓解头痛。

双手同时用力掐捏双脚大脚趾的下部可缓解头痛、恶心的症状。

用一只手的拇指和中指使劲按两边的太阳穴，另一只手的拇指和食指按摩后颈部的颈窝，直到不痛为止。

梳摩可治偏头痛

得了偏头痛，如果吃药打针没有明显效果时，不妨试试梳摩疗法。患者可用双手10个指头放在头部最痛的地方，像梳头那样进行轻度的快速梳摩，每次梳摩约100个来回，每天早、中、晚饭前各做1次，通过梳摩，可将头部痛点转化为痛面，疼痛即可缓解。

用烟丝止头痛

取一根烤烟型香烟，折断后，将其烟丝倒在容器内，加水煮沸，然后取手绢浸蘸含有烟丝成分的溶液擦抹两侧的太阳穴，可起到提神、醒脑、止头痛的作用。

萝卜汁治顽固性头痛

用萝卜汁，向鼻孔吹入，左边头痛就吹入左孔；右边头痛，就吹入右孔；若左右两边都痛，则二孔都吹，马上见效。

盐治头痛3法

方法1：头痛严重而身边一时无药时，冲一杯淡盐水少量饮服，可以缓解头痛。或将食用精盐放在干净的小碟内，伸出舌尖舔食少许，也有疗效。

方法2：头痛时用盐擦擦额头，头痛症状可减缓。

方法3：取生桃树叶适量，加少许盐捣烂，敷病人太阳穴上，也可有效治疗头痛。

菊花可治血管性头痛

白菊花200克，用2000毫升水煎沸，倒入脸盆内，将头部置于离水面适宜的高度，蒙盖毛巾趁热熏蒸头部，待药汁温度降至体温以下时停止熏蒸，仅需1次就会有效果。

鸡蛋、丝瓜络治眩晕

鸡蛋7只洗净后，和去外皮和子的丝瓜络1只，加水4大碗同煮；鸡蛋煮熟后去壳，在蛋上划7~8刀，放入锅内再煮，至水减少到2大碗左右即成。喝汤吃蛋，分2~3次服完，可治眩晕。

白萝卜、生姜等治老年性头晕

选取白萝卜、生姜、大葱各50克，将其共捣如泥，敷在额部。每天1次，每次30分钟，一般贴敷2~3次，可治老年性头晕。

蛋煮红枣治头晕

2~3个鲜鸡蛋、1~2个鲜鸭蛋分别取蛋液，50克红枣去核，放入适量清水放在砂锅内煮沸，并加入适量白糖或冰糖。每天吃1碗，服用几次可愈。

呕吐、呃逆

小米治呕吐

脾胃气弱、反胃吐食、食不消化、汤饮不下时，用小米（粟米）250克杵成粉，制成梧桐子大的丸子煮熟后加入少许盐空腹和汁吞下，或纳醋中吞下亦可。

甘草水煎治呕吐

恶心呕吐而胃痛甚时，取甘草11克，加180毫升水煎煮后，趁热服一半，30分钟后将另一半加热再服，疗效佳。

口香糖止吐

服用会刺激胃部的药物后，可嚼食口香糖，即可消除药物引起的恶心，防止呕吐。

饮水止呃逆

倒杯九分满的开水，放在比自己肚脐低一点的桌上，两臂往后向上抬作九十度鞠躬状，下唇靠在杯子的前缘吸数口即可止呃。

水果止呃逆5法

方法1：呃逆不止时，取荔枝7个，连皮核焙干，研末，白汤调服。

方法2：打嗝时，吃2片山楂片，可止打嗝。

方法3：有些人一喝冷饮就打嗝不止，此时吃6～7颗草莓，片刻后就可止住打嗝。

方法4：吃两茶匙用橙皮和糖合制成的橙子酱，即可有效缓解打嗝。

方法5：每天吃两三个小柿饼，连续吃一段时间，可治打饱嗝。

妙引喷嚏止呃逆

方法1：打嗝时，可用鼻子去闻一下胡椒，这样打一个喷嚏就可以止住打嗝了。

方法2：呃逆时，用小草或纸捻轻轻刺入鼻孔中引起喷嚏，嚏出呃止。

生姜止嗝2妙方

方法1：经常吃些腌的生姜，或做菜时常放些生姜，能止呃逆。

方法2：用核桃大小生姜一块，

切成4～5片，放半碗清水煎约10分钟，弃姜，放少许白糖佐味，趁热喝下，片刻可止住打嗝。

胃　痛

酒类治胃痛

◆把1瓶啤酒和25克去皮拍碎的大蒜同时放入铝锅内，加热烧开，趁热喝下。每晚1瓶，连喝3天可见效。

◆取二锅头50克，将其倒在茶盅里，打入1个鸡蛋，把酒点燃，酒烧干了，鸡蛋也熟了。早晨空胃吃，轻者吃一两次可愈，重者三五次可愈，注意不加任何调料。

◆取普通葡萄酒500毫升，把其倒在敞口瓶里，放入洗净的香菜1000克，密封泡6天即可。早、中、晚各服1小杯，连服3个月。连同泡过的还保持绿色的香菜一起吃下去，效果更好。

红糖缓解胃痛

◆取韭菜子、红糖各200克，将韭菜子炒黄研末，与红糖拌匀，每次取1汤匙，用滚开水冲泡饮服，每天3次。

◆在酒盅内放少许红糖，倒入适量白酒（二锅头），用火柴点燃，再用筷子调匀，趁热喝下，可有效缓解胃痛。

鲫鱼汤治胃寒痛

鲫鱼1条（约250克）去鳞、鳃及内脏，洗净；生姜30克洗净，切片橘皮10克，胡椒3克，一起包扎在纱布内填入鲫鱼肚中，加水适量，文火煨熟，加少许食盐，空腹吃鱼喝汤。治疗胃寒痛一般几次即可治愈。

红枣黑豆治胃寒

黑豆500克，红枣500克，姜片250克，洗净后放在一起加凉水煮，熟后盛在容器内备用。每顿饭用碟盛五六颗枣、数片姜、一撮黑豆，放在锅内加热，佐餐食用，连吃数月即可痊愈。

生姜治胃痛

◆将白胡椒20粒和适量生姜片晒干晒透，然后切碎、研磨成细面，取适量开水冲服，每日早、晚各1次。加入葱白效果更好，可治因胃寒而引发的胃痛。

◆将150克牛奶与20毫升生姜汁一起放入碗内，加入适量白糖，隔水炖服，每日2次。

◆将鲜姜洗净，切成薄片，带汁放在绵白糖里滚一下，用筷子夹放在烧至六七成热的香油锅内，待姜片颜色变深，翻一下，又稍炸，出锅即可。每次2片，饭前吃（吃热的），每天2~3次，10天左右见效。

蜂蜜拌花生油治胃病

蜂蜜有消炎、愈合创伤、增强消化系统功能及滋补作用，它可调节胃肠功能，对胃和十二指肠溃疡、胃穿孔、消化不良及慢性胃炎等疾病均有疗效。

将500克蜂蜜倒入碗中，用锅将125~150克花生油（豆油亦可）烧热，以沫消失为准，然后将油倒入盛有蜂蜜的碗中，搅拌均匀，在饭前20~30分钟服用1羹匙，早、晚各1次，病重者中午可增加1次。

鸡蛋皮治胃病

3个鸡蛋洗净轻轻打开后，留皮，将皮在炉边烘干后研成粉末备用，待胃病发作时用温开水把鸡蛋皮粉末1次服完即可。稍后即可见效。

蛋清核桃泥治胃痛

鸡蛋一个，打一小洞，倒出蛋清（蛋黄不用），用蛋清同三个粉碎的核桃仁和5克白胡椒粉一起搅拌成泥，然后倒入蛋壳内，用纸封住洞口，再用泥将蛋壳糊上，然后放在炉火上用微火烤熟。每晚睡前制作，趁热服用。每次1个，连服3天即可。

热敷治胃痛

治疗方法1：以身体能忍受的最高温度为限，用热水袋或热毛巾捂胸口、腹部即可治疗。

治疗方法2：可将粗食盐1千克炒热，用布包成2包，反复轮换热敷痛处，有较好的止痛效果。

适用于胃酸过多及寒冷腹痛、受寒引起的胃痛。

白菜心小米粥治胃溃疡

白菜心20克洗净，小米150克淘洗干净，一起放入锅内，加清水适量，先用武火烧沸，再用文火煮熟成粥，放入精盐少许即成。当正餐食用，每日1次。疏肝理气，和胃止痛。适用于胃溃疡患者。

按穴止胃痛

胃痛时，用双拇指按揉双腿足三里穴（外膝眼下3寸，胫骨外侧1横指的地方），感到酸麻胀痛后5分钟，症状可明显减轻乃至消失。

腹泻

清凉油治单纯性腹泻

清凉油是用薄荷油、樟脑、桂皮油、桉叶油等加石蜡制成的药剂，对于因外感风寒引发的单纯性腹泻疗效甚佳。具体涂擦方法是：取适量清凉油在尾骨与肛门之间沟槽内涂抹，并来回搓擦，直到皮肤感到微热为止。另外，若在肚脐上也填入少量清凉油相配合，止泻速度更快。

鸡蛋治腹泻妙方

吃冷饮过多，引起肚痛、腹泻时，可在白水中煮一个鸡蛋，并趁热吃下效果很好。此方连吃几次即可治愈。适合一般性腹泻。

热水浴治疗腹泻

对于持续腹泻的病人，可每晚坚持在热水中泡浴30分钟左右，除头部外，身体全浸泡在热水中，水温以能承受为准，一般温度越高效果越好，通常浴疗一两次，腹泻便可明显减轻或停止。

民间治疗腹泻2偏方

◆取独头蒜2头，捣碎，在吃面条时，越热效果越好，趁热将蒜放在面条中，切勿入盐及其他调味品，趁热吃下，一般1次即可治愈。

◆取红糖30克、高度白酒50克，一同放入碗内用火点着，边烧边搅，直到将碗中的糖溶化，待稍凉时服下，此方对治疗拉肚子、肠炎1次即可治愈，重者2～3次见效。

淮山药治腹泻

将50克新鲜的淮山药洗净去皮打碎，加入100克大米及适量清水同煮粥，趁热加适量盐或白糖服食，可治疗脾虚泄泻。注意：炎症腹泻者忌服，脾虚腹胀者应慎用。

鸡蛋止泻两方

方法1：取等量的红糖、白糖混合搅拌均匀，放在盘子里，然后放在锅内加水煮3个鸡蛋，不能用凉水冰，要趁热剥皮蘸糖吃，蘸得越多越好，对止泻有很好的疗效。

方法2：用搪瓷器皿盛食醋150克，然后打入两个鸡蛋一起煮熟后，连同食醋一起服下，一次就可痊愈。此方既方便又有疗效。

鲜桃大蒜治腹泻

在饭前吃鲜桃1～2个，于饭中食用去皮的大蒜1～2瓣，可使腹泻立即停止或减轻。注意：若吃鲜桃和大蒜1天后腹泻仍不减，应速去医院诊治，以免贻误病情。

便　秘

葱治便秘的妙方

方法1：长期坚持吃炒葱头，可使大便通畅，效果颇好。

方法2：将适量葱头捣碎拌加少许面粉成饼，贴于肚脐上，用热水壶或装有开水的杯子烫葱饼，通大便的效果明显。

方法3：将紫洋葱头洗净切丝生拌香油，就餐时食用，每日2～3次，可通便。

方法4：洋葱若干，洗净后切成细丝，一斤细丝拌进一两半香油，腌半个小时后，一日三餐当咸菜吃，一次吃3两，常吃可以利于大便通畅。

香蕉皮治疗习惯性便秘

香蕉皮中含有多种维生素和矿物

质，有很好的润肠、通便作用。可将香蕉皮洗干净，放在锅中，加两碗水煮30分钟，滤取汁液饮用，连续喝上数天，可以治疗习惯性便秘。

牛奶治便秘

◆便秘患者只要在空腹时饮1杯冰冻牛奶，大便就会通畅。

◆每天早上坚持用鲜牛奶冲咖啡饮用，也可加入适量白糖，即有利于通畅大便。

◆每天吃早餐时用10克左右的燕麦片与牛奶（或豆浆）一起煮熟喝，治疗便秘的效果很好。

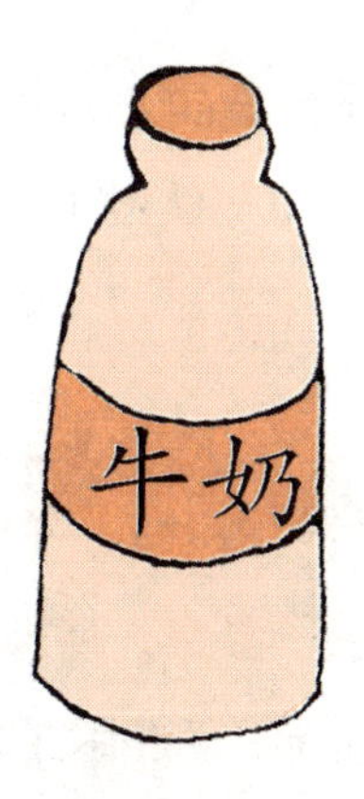

巧用萝卜治便秘

方法1：把萝卜洗净切成小块，用清水煮，每天食用250～500克和晚饭同食，亦可分为早、晚两次，对治疗便秘有显著效果。

方法2：将白萝卜150克、胡萝卜50克煮烂，加适量的冰糖，萝卜与汤同吃，可促使大便通畅。

方法3：将100克白萝卜洗净切碎，放在消过毒的纱布中，再捣碎取其汁，然后用少量开水加蜂蜜冲服，每日2次，数日即可治愈。

草决明治习惯性便秘

决明子100克，微火炒一下（别炒糊），每日取5克放入杯内用开水冲泡（可加适量白糖），泡开后饮用，喝完后可再续冲2～3杯，连服7～10天即可治愈。注意：决明子有降压明目作用，血压低的人不宜饮用。

多吃水果治便秘

慢性便秘患者，每天吃几个梨有较好疗效。如果便秘只是偶尔发生，可在早餐或午餐后1小时吃1个中等大小的梨，能够促进肠的蠕动。此外，葡萄和杨梅含有纤维素、糖类和有机酸，不仅能缓解便秘，还能治愈慢性便秘。

核桃通便

核桃有很好的润肠通便作用，每晚睡前吃核桃肉3～5枚，开水送服。大便通后每晚仍食3～5枚，连服1～2个月。治习惯性便秘。

用黄豆治便秘

选取新鲜黄豆200克，温水泡胀后，放入铁锅内加适量清水煮，待快煮熟时，加入少许盐煮沸便可。一般每天食用50克左右，3～4天即可治愈。

失眠

藕、藕粉治失眠

取鲜藕以小火炖烂，切碎后加适量蜂蜜，可随时食用，很方便。藕富含大量的碳水化合物，丰富的钙、磷等，并具有清热、养血、滋阴等多种功效，是老年人的滋养佳品。若在每晚睡前冲泡适量藕粉，加少许糖调味服下，对睡眠有特效。

牛奶治失眠

经常失眠、神经衰弱的患者，在每晚临睡前喝1杯热牛奶，可起到催眠的效果。牛奶中含有丰富的氨基酸，它是人体中不可缺少的一部分，对失眠、神经衰弱等症状有辅助疗效。

桂圆肉治失眠

◆用桂圆肉250克，蒸熟后随意食用。

◆将桂圆肉250克，放在一细口瓶中，加入60°高粱白酒400克，密封瓶口，每日振摇1次，15天后服用。根据各人的身体条件，每次服用10～20毫升，1日2次。

◆取桂圆若干，每晚睡前用清水煮沸后吃10～15枚有良好的催眠作用。

非药物治疗失眠的秘诀

（1）脑子要空，精神放松

睡了睡了，“一睡了之”，不要带着思想负担去睡眠，这是催眠的前提条件。

靠安眠药入睡的长期失眠者，睡前最好不看书报和少想问题，在室内外活动一阵子再上床休息，还要安排最佳时间催眠。如果你是脑力劳动者，想争取更短的入睡时间和最佳睡眠效果，那你最好将睡眠时间安排在晚上10点至凌晨两点半，因为这段时间激素水平和体温下降，各种生理功能处于低潮。

（2）津液催眠

如果你由于精神紧张或情绪兴奋难以入睡，请取仰卧姿，双手放在脐下，舌舔下腭，全身放松，口中生津时，不断将津液咽下，几分钟后，你便进入梦乡。

（3）眼球看眉梢催眠

眼球使劲地看自己的眉，坚持10来秒钟，眼疲自闭，可快速入睡。

（4）疲劳催眠

睡前进行较大活动量的体育运动，然后洗个热水澡或用热水烫脚。还可用健身球催眠。健身球在手掌中旋转时，能起到疏通经络、调整气血的作用，可消除疲劳，使血压恢复正常，改善睡眠。

（5）叩齿催眠

仰卧床上，轻轻叩齿，每秒2次，同时默数叩齿次数，由1数到100，再从1数起，一般情况下，叩齿200～300次即可入睡。

（6）摆头催眠

仰卧床上，头部从正中向右侧轻缓地摇摆，摆角为5～10度，摆速为1～2秒1次。摆时，默数摆动次数由1数到100，再由1数起，数至300次为止，随着摆动次数的增加，摆角愈来愈小，摆动愈来愈轻。

（7）磁铁催眠

夜间睡觉时，枕下放块磁铁，有防失眠的奇特效用。

（8）食物催眠法

①牛奶催眠。入睡前半小时，饮1杯热牛奶，可安神入睡。

②水果催眠。临睡前吃些水果如香蕉、苹果、梨子等，可防治失眠。

③糖水催眠。睡前喝1杯糖水，亦可尽快入睡。

（9）闭目而观法

卧床后，微闭双眼，从眼缝中看眼前的东西，似视非视朦胧模糊的感觉，可使人逐渐进入昏昏沉沉的状态而入睡。

（10）掩耳塞耳法

端坐床上，微闭目，用双手掩

耳，然后用指头弹击后脑勺，直至自觉微累时，躺下入睡，坚持数日，必有好处。或用卫生棉球塞入两耳，进入异常安静的状态，加之能排除杂念，不做思考，可安然入睡。

(11) 按摩足底法

临睡前，用热水泡脚20~30分钟，然后用手按摩足底涌泉穴数十下，是克服失眠的无药良方。

(12) 音乐香味催眠法

利用音乐或香味创造一个利于睡眠的环境，如睡前听听莫扎特的《催眠曲》、门德尔松的《仲夏夜之梦），效果都挺好。睡觉时，将苹果、柑橘、橙子等水果放在枕边，这些对神经有镇静作用的水果，芳香飘逸，对治疗失眠有良效。

(14) 避免刺激法

此外，睡前应避免刺激性强的活动，如看激烈球赛、惊险电影、电视、戏剧、书籍，避免与人生气，也不要喝浓茶、咖啡等饮料，以免神经受刺激。

小米粥治失眠

色氨酸含量高的食物具有催眠作用，在众多食物中，应首推小米。小米性微寒、味甘，有健脾、和胃、安眠的功用。每晚取适量小米，熬成较稠的小米粥，睡前半小时适量进食，能使人迅速发困入睡。

桑葚助眠汤

取桑葚30~40克，加入适量冷水煎服。桑葚富含葡萄糖、果糖、苹果酸、钙及多种维生素等，具有宁心、滋肝肾、补血等功效，对用脑过度而失眠的人大有裨益。此方在每晚睡前服用，有特效。

大葱安眠

选取葱白150克，切碎后放入小盘内，临睡前把小盘摆在枕头边，闻其味便可以安然入睡。或将葱白洗净，切段和小枣若干粒与水共煮，饮汤后食用可消解心神不宁、烦躁不安的症状，有利于安然入睡。

醋蛋治失眠

◆鸡蛋洗净，用100~150毫升米醋（要用酸度为8~10度的米醋）泡在广口瓶里，置于阴凉处，48小时后搅碎鸡蛋，再泡36小时即可。每天早晨喝50毫升醋蛋液。

枣治失眠

◆取10颗大枣撕碎，再将40克红果去核洗净晾干，捣成碎末后与大枣混合，放少许白糖，加400克水，煎20分钟，分3次服用。每晚睡觉前半小时温服，效果好，无副作用。

◆红枣或黑枣20粒，加1大碗清水，煮20分钟后，加3根大葱白，再煮10分钟，凉后吃枣喝汤，每晚睡觉前服。

◆每晚睡前取炒香的枣仁8颗，嚼碎咽下，坚持1个月后，失眠好转。

核桃治疗失眠

核桃仁50克、黑芝麻50克、桑叶50克，分别洗净，放在一起捣烂如泥状，做成丸，每丸重约3克，每次吃9克，每天2次，温开水冲服。可治疗头晕、失眠，亦可补肾、强筋骨。

高血压

花生降压3妙法

方法1：用花生仁（带红衣）浸醋1周，酌加红糖、大蒜和酱油，密封1周，时间越长越好。早、晚适量服用，一两周后，一般可使高血压下降。配合日常降压药，可以起到平稳降压效果。

方法2：将平日吃花生时所剩下的花生壳洗净，放入茶杯，把烧开的水倒满茶杯冲泡饮用，既可降血压，又可调整血中胆固醇含量，对患高血压及冠心病者有疗效。

方法3：取绿豆、花生米各一两、葡萄梗两根（约15厘米），放适量水煮至绿豆开花即可服用。1天1次，9天1疗程。服用此方之前应量一次血压，供对照。

海带决明子可治高血压

海带100克，泡发，洗净，切小块，与决明子50克一同入锅，用清水400毫升煮30分钟即可。食海带、喝汤，可治疗高血压、头痛面红、眩晕耳鸣、急躁易怒和口苦面赤等症。

蜂蜜治高血压

取50克鲜柠檬汁、200克胡萝卜汁、10克姜汁、250克甜菜汁、200克蜂蜜，调成混合液，每次1汤匙，每日3次，饭前睡前空腹时饮服，长期食用可治高血压症。

玫瑰山楂降血压

将10～30克玫瑰花放入砂锅或不锈钢锅内，加入适量纯净水或矿泉水（可多加些），放在火上煮沸后，再用文火煎3～5分钟，然后将其倒入搪瓷锅中，加入适量蜂蜜和白糖，均匀搅拌做成玫瑰汁待用；再用清水将山楂洗净后放入砂锅或不锈钢锅内煮温（不要煮开），用干净的手将核一个个捏挤出去，待将核全部捏挤完后，将其全部放进上述已做好的玫瑰汁中，待凉后放入冰箱中冰2～3天，待玫瑰汁全稠后，取出来食用。对降低血压、血脂有作用。

芹菜降压4良方

方法1：取新鲜芹菜200克，洗净后，捣出半杯汁加冰糖炖服，每晚睡前1次，连续10天左右，即可产生显著降压效果。

方法2：芹菜荸荠汁。取带根芹菜10余棵（只要下半部分），荸荠10余个，洗净后放入电饭煲中或瓦罐中煎煮；取荸荠芹菜汁分成两小碗，每天服1次，每次1小碗，如果无荸荠，也可用红枣代替。

方法3：豆腐煮芹菜叶。常吃豆腐煮芹菜叶，有辅助降低血压的作用。芹菜有保护血管和降低血压的功效，且有镇静作用；豆腐能降低血液中的胆固醇。

方法4：芹菜煮鹅蛋。取芹菜（老且带根更好）1根，鹅蛋1个，加三四斤水煮沸后，将菜、汤分成3份，鹅蛋剥皮切成3片泡于汤中，饭后喝1份汤吃1份菜和1片蛋，每日3次，长期坚持即有显著效果。

山楂降压

◆取12个山楂洗净，放入锅中蒸20分钟，熟后将山楂子挤出留山楂肉，分别在早、中、晚饭时吃4个，长期服用，有显著降压效果。

◆把采来的柿树叶洗净晾干，将两三片柿树叶和三四个山楂（山楂切开）泡茶，每天喝多少杯不限。

决明子降血压

取适量决明子，除去杂质用微火炒热，若听到微微爆响，可勤翻动，炒至嫩黄色为好。使用时，取20克放于茶杯内，用白开水冲泡20分钟，其水由淡黄色会逐渐变深，长期代茶饮，可对高血压、高血脂、慢性便秘等有疗效。

白菊花茶降血压

取完整的干白菊花15朵，泡于玻璃瓶中，放适量白糖泡水饮用即可，也可取适量白菊花与金银花一同放到玻璃杯中，用热水泡开饮用。以上两种方法均可达到降压的目的。适用于解热毒、止眩晕、降血压、失眠等。

香蕉降压

◆常吃香蕉可防治高血压，因为香蕉可提供较多的能降低血压的钾离子，有抵制钠离子升压及损坏血管的作用。

◆将菊花、香蕉皮的根柄部和少量苹果皮共煮，待汁液晾温后加冰糖服用，对降低血压有一定疗效。

藕治高血压

鲜藕1250克，切成条或片状；生芝麻500克，压碎后，放入藕条（片）中，加冰糖500克，上锅蒸熟，分成5份，凉后食用，每天1份，一般服用5次即有很好的疗效。有人40岁时患高血压（60～80/100）曾用此方治好，至76岁时无再犯。

糖尿病

萝卜绿豆治糖尿病

取鲜芹菜、青萝卜各500克，冬瓜250克，绿豆120克，梨2个。将以上几种材料洗净后，先取芹菜和冬瓜加少许水略煮即可捞出，然后用一块白纱布包上取汁，再与绿豆、梨、青萝卜一同放锅内煮熟服下。此方主要对糖尿病口渴患者有特效。

葱头泡酒治糖尿病

将1个葱头平分8份，浸泡在500～750克的葡萄酒中，泡8天后，每日喝50～100克酒，吃1份葱头。每次服用时，可同时浸泡下一批的，以备连续服用。尿糖减少，血糖降低。

芦荟治糖尿病及并发症

取芦荟叶5克加水煎服两三次，可调理内分泌，排除身体内毒素，促进新陈代谢。用鲜芦荟叶汁按摩糖尿病患者麻木、疼痛部位，能明显缓解病发症状。用芦荟内服外抹可缓解病情，常用芦荟鲜叶结合锻炼有良好防治效果。注意：切记芦荟叶一次服用不要超过9克，否则可能中毒。

南瓜降糖3妙法

方法1：取新鲜南瓜加入适量的水煮熟食用，每天2次，久见疗效。

方法2：取南瓜50克、海带10克和赤小豆40克，加水后煮沸，豆烂后即可食用，此方法对治疗糖尿病有一定疗效。

方法3：取绿豆100克洗净，将2千克去子带皮的南瓜洗净后切块与绿豆一起下锅，加水至没过南瓜，一同煮熟即可。食用南瓜绿豆汤，能起到降低血糖、通利大便的功效，并能代替主食，是一种比较好的食疗方法。

海带降血糖

用温水将适量海带洗净，再用凉水发泡，等黏液泡掉后，用开水过一遍，即可捞起来放点蒜末、米醋、麻油等食用。常吃可降血糖。

苦瓜茶治糖尿病

新鲜苦瓜洗净去瓤切成片，用线串起来挂在阴凉通风处，晾干后放入桶内盖好盖，每日泡茶时将晾干的苦瓜干放4～5片同茶混合喝，对降低血糖有疗效。

冷开水泡茶降血糖

每天早上取10～15克茶叶，放

在壶中，用冷开水浸泡5个小时后，每次饮服250毫升，每天3～4次。坚持2个月后，即可降低血糖。

注意茶叶中含有促进胰岛素合成和去除血液中过多糖分的物质，由于该物质不稳定，用开水浸泡易破坏，所以必须用冷开水泡。

嫩柳枝降血糖的小窍门

从柳树枝尖数起到第7个叶时，从该处剪下来，共剪7根，用水洗净，每次用1枝，放1大碗水，煮沸后用小火煮一刻钟（砂锅），晾温后早晨空腹服用，能把叶子吃了更佳，服后躺15分钟即可。

山药降血糖

◆将120克鲜山药洗净后用锅蒸熟，在饭前1次吃完，每日食用2次。

◆将山药加水煮成粥，早、晚各服1碗。也可将山药干品研粉，开水冲成糊状，上火略煮，每次服1小碗。

◆取100克鲜山药洗净切块，与100克粳米一同水煮为粥食用。此粥对糖尿病有一定疗效，它还具有强身健体的功效。

口含茶叶可解糖尿病口渴

糖尿病症状尤以口渴突出，这时可在嘴里放几片茶叶，待茶叶的苦涩味过后，口腔即会感到清爽、唾液增多，干渴症状就可缓解。

痔疮、脱肛

花椒、盐水熏洗治痔疮

取十几粒花椒，与1茶匙食盐一同放入一专用盆内，再向盆内加入开水，然后坐于盆上，薰洗患部。每日1次，每次10分钟左右，重症者可每日早晚各1次。

外敷土豆片可治痔疮

晚上睡觉前，将土豆洗净后切成薄薄的5片，摞在一起敷贴在痔疮上，盖一层纱布，并用胶布条固定，次日早晨取下。连续贴两三天即可好转。

空心菜和蜂蜜治外痔

取空心菜200克，洗净切碎捣汁。将菜汁放入锅中用旺火烧开，再用温火煎煮浓缩，煎液较稠厚时加入蜂蜜250克，再煎至稠黏如蜜时停火，待冷却后装瓶备用。每次1汤匙，以沸水冲化饮用，每日2次。

羊血治痔疮

将200克已凝固的羊血切成小块加米醋1碗煮熟，以少许盐调味，食羊血醋可不吃，可治初期内痔。

茄子汁可治痔疮

一旦患有痔疮，可将茄子去皮后磨成汁液。然后将汁液涂抹在患部，每日3次，数日即可痊愈。由于肛门周围是身体最敏感的部位，因此患痔疮者都会深感痛楚，应加紧治疗，此法再配合药物治疗，效果会更加显著。

马齿苋治痔疮3法

方法1：取适量马齿苋用水煎，稍凉后熏洗患处，一般几次即可见效。

方法2：将鲜马齿苋洗净，去根，把茎叶一起捣烂。晚睡前敷贴在肛周患处并固定，晨起后用晾温的开水洗净，然后再用洁尔阴擦一遍，保持清洁卫生。

方法3：取马齿苋菜尖50克，洗净切碎，水煮。将3～7只鸡蛋（按食量而定）打入煮马齿苋菜的锅里，不放作料，早晨空腹一次吃完。

香菜汤治痔疮

选用两把香菜，洗净入锅后加适量的水煮沸，用其水熏洗肛门；然后再按一定的比例，用醋煮香菜籽，等煮沸后，取棉布浸湿后趁热覆盖患处，7天后可见效。

仙人掌等治痔疮

取仙人掌30克，去刺、洗净捣烂如糊。患者用药前排空大便，洗净肛门内外，俯卧，将仙人掌糊适量放入肛门痔疮部位，卧床2～3小时，以夜间入睡前用药最为理想。每日用药1次。此偏方疗效显著。

脱肛自治法

（1）及时回纳

令患者取膝胸卧位，抬高臀部，然后用麻油润滑黏膜，再将其轻轻地推回肛门内。

（2）坐浴疗法

将30克石榴根皮，15克明矾一同煮水，排便后坐浴20分钟。小儿或病情较轻者，可取30克五倍子，加煅龙骨、煅牡蛎各15克煎汤，便后坐浴。

（3）体育疗法

①提肛：患者连续做下蹲—站立—下蹲动作，共20次，蹲时放松肛门，站时缩肛上提。

②冲天：患者双手握拳，曲肘举至肩高，两膝关节半弯曲，然后突然用力向上冲起，使四肢完全伸直，反复200次。上述方法结合进行，便可治愈脱肛。

黄鳝生姜汤治脱肛

选取黄鳝2条，将其切成几段后，加适量生姜片和少量盐一起煮汤，肉熟后饮汤食肉，每7天为1个疗程，治疗效果好。适用于气虚所致的脱肛。

烧烫伤

大葱叶治烫伤

用大葱叶治疗烫伤，效果甚佳。遇到开水、火或油的烫伤时，即掐1段绿色的葱叶，劈开成片状，将有黏液的1面贴在烫伤处，烫伤面积大的可多贴几片，并轻轻包扎，既可止痛，又防止起水泡，1~2天即可痊愈。

吃饭喝汤不小心烫伤了口腔或食道，马上嚼食绿葱叶，慢慢下咽，效果也很好。

鸡蛋治烧烫伤3妙方

方法1：鸡蛋清。用鸡蛋清调白糖抹于患处，连抹几次，水泡就可逐渐消退，几天后能痊愈，不留伤痕。

方法2：鸡蛋膜。选用新鲜鸡蛋，用清水将蛋壳洗净，浸泡于75%酒精中消毒15分钟，然后打破鸡蛋，倒出蛋清及蛋黄部分，用注射器将水注入蛋壳和蛋膜之间，使其分离。此时用手指将蛋膜顺利剥出，并用清水将蛋膜上残留的蛋清漂洗干净，最后将蛋膜置于95%酒精内备用。把烧烫伤创面洗净消毒后，将蛋膜紧密贴附于创面即可。

方法3：鸡蛋油。取煮熟的鸡蛋黄两个用筷子搅碎，放入铁锅内，用文火熬，等蛋黄发煳的时候用小勺挤油（熬油时火不要太旺，要及时挤油），放入瓶里待用。每天抹2次，3天以后即痊愈。

蜂蜜外涂伤口治浇伤

小面积轻度烧伤或烫伤，用生蜂蜜涂创面，可减轻疼痛，减少液体渗出，控制感染，促进伤口愈合。

具体方法是：先消毒处理烧伤处，然后用消毒棉签或干净毛笔蘸清洁生蜂蜜，均匀涂在创面，创面不必包扎（冬天注意保暖）。烧伤初期每日可涂3~4次；待形成焦痂后，可改为每日2次。如果焦痂下积有脓液，应将焦痂揭去，清洁创面后，再涂蜂蜜，可以加快伤口愈合。

鲜豆腐治烫伤

取新鲜豆腐1块，白糖50克。先将豆腐与白糖拌在一起搅拌均匀，敷于伤处，待干后再更换，连换4~5次。

风油精治烫伤

对于小范围轻度烫伤，可将风油精直接滴敷在烫伤部位上，每隔3~4小时滴敷一次。若水疱破裂，可先涂风油精，再涂四环素眼膏，效果更好。此法治烫伤，止痛效果明显，且不易发生感染，无结痂，愈后不遗留疤痕。

苹果治烫伤

当出现轻度烫伤时，立即用自来水冲洗患部，使伤口冷却，再将苹果捣碎涂在上面，能够彻底治愈而不会留下疤痕。

姜汁白糖治烫伤

意外烫伤时，可取鲜生姜适量捣烂，榨取姜汁，然后加入适量白糖拌匀，当糖溶解后，做成姜糖汁。先将伤口清除污垢后，再取姜糖汁涂抹一层，每天6次。注意此方无须包扎伤口，适用于小面积烧烫伤，止痛快，愈合快。

肥皂治烫伤

将碱性肥皂直接在烫伤部位涂擦几分钟，使伤面上形成一层薄膜，2小时后再用凉水将薄膜洗去，如此便可使疼痛减轻，甚至消失。这层薄膜还可起到防止局部组织水肿或起泡的作用。

跌打损伤

冰块治跌打损伤

深部软组织损伤后，不久就会成瘀血或瘀肿。如在损伤后立即取柔软的毛巾盖在患处，再在毛巾上放1块冰块，受刺激血管收缩，渗血逐渐减少，就可在一定程度上减轻软组织肿胀。

用茶叶促伤口愈合

取适量茶叶，将其用火烤至变焦后，研成细末，然后用其热敷于伤口上，便能止住少量出血，有利于伤口愈合。

鱼肝油浸患处可治外伤

鱼肝油含有丰富的维生素，是滋补健身之佳品。它还是外科妙药，具有生肌长肉、愈合伤口的良好疗效。

具体用法是：对新伤口先做常规灭菌消毒，已溃伤口先做彻底排脓清创。然后将市售浓缩鱼肝油丸剪破，用鱼肝油汁浸盖创面，1~2天伤口即能愈合。用量视伤口大小而定，以鱼肝油汁完全覆盖伤口为宜。

消除打针后肿块

◆将新鲜苹果切成薄片，轮流敷于患处，可有明显效果。

◆取鲜嫩白萝卜洗净，横切成0.3厘米厚的平整薄片，贴敷在硬结处，上面盖一层食用薄膜，然后用胶布固定，一日换1次，数日后可见效。

◆将适量生黄豆用水浸8小时，捞出捣碎，再加适量水调至干糊状，然后摊在薄塑料膜上，敷于硬结部位，外层覆盖纱布，再用胶布固定，卧床30分钟后再活动，一般敷6小时，连续5天后肿块逐渐消退。

花椒、香菜消肿化瘀

对于关节处的挫伤红肿胀疼，

可取花椒1把、盐2匙、香菜1把、葱胡子1把，加半盆水烧开后，先用热气熏伤处，再以毛巾蘸药液热敷（勿烫），之后可将伤处浸于药液中，1日数次，一般1～2日肿消痛止。药液可反复使用，但每次要加热。

盐醋治撞伤瘀血

将盐和醋各100克放入500毫升热水中，待充分溶解后，将一块纱布浸入热水中，待纱布完全浸湿后取出，再将热纱布敷在瘀血处即可。反复数次，保持纱布的热度和湿度，治疗效果会更好。注意，此方法只适合在采取应急措施时使用，严重者还是应该到医院就诊。

先冷后热巧治扭伤

先冷疗，后热疗，这是治疗扭伤的好方法。伤后立即实行冷疗（冷水、冰块或冷的湿毛巾），以减轻疼痛，消肿，放松肌肉，控制痉挛。热疗（热水或热的湿毛巾）一般在扭伤的灼痛平息后实行，可以减轻疼痛和痉挛，加速伤处的血液循环。

如果一扭伤就采用热疗，便会增加灼痛，甚至造成出血。

巧治扭伤

◆将韭菜100克捣烂敷患处，每日1次。

◆取3只鸡蛋的蛋清、米醋180克、食盐1匙，搅拌30分钟，敷于患处，每日数遍。

◆将土豆去皮，捣成泥状，加面粉、米醋调和，敷于患处。

◆如脚扭伤，脚心、脚背红肿，可用酒擦洗一下，然后将芦荟叶去刺后，削成2片，贴在脚心、脚背上，用布固定好，1天即可消肿；重新再换一片叶子贴1天，就可以走了。

◆将醋煮开，放入绿豆粉调成糊状，涂在布上，包扎患处，可治关节扭伤，消肿止痛。

阳痿、早泄

按摩睾丸治阳痿

每晚临睡前洗净下身后，取坐位最好（仰卧位亦可）将睾丸置于手掌中，反复轻揉，要轻、柔、缓、匀，有舒适感，意念专一，神不外驰，每天早、晚各1次。坚持一段时间后，性功能可得到改善。

韭菜子炒熟研末治阳痿

把韭菜子在锅里炒黄，碾成面，每晚在睡觉前用白开水送下，每次1小把。服1周后即见疗效。

大蒜泥拌熟羊肉可治阳痿

大蒜15克，捣成泥状，与250克熟羊肉拌匀，用适量盐、熟植物油、辣酱油等调味，分次食用，连食数日，对阳痿有较好的疗效。

治阳痿遗精妙方

取新鲜大对虾1对，白酒（60度）250毫升。将虾洗净，放瓷盘中，加酒浸泡并密封，10天即成。每天可按量饮酒，将对虾炒熟吃下。温阳填精，用于治疗阳痿、遗精等。

木瓜可治早泄

取木瓜半斤，切片后放入1千克米酒或低度白酒中，浸泡15天，每次服用15毫升，每天2次，连服10～15天，即可对肾虚、阳举不坚和早泄有疗效。

痛经、月经不调

姜枣治痛经

干姜30克洗净、切片，与洗净的大枣30克、红糖30克一同入锅，用少量水煎汤服用，每日2次，温热服。有温中益气、补脾胃的功效，特别适合寒湿凝滞型和气血虚型痛经患者饮用。

盐、醋热敷治疗痛经

老陈醋90克，香附30克（捣烂），青盐500克。先将青盐爆炒，再抖炒香附末，半分钟后，将陈醋均匀地洒入盐锅里，随洒随炒，炒半分钟，装进10厘米×20厘米的布袋里，袋口扎紧，放脐下或疼痛地方，进行热熨。

姜红糖治痛经小窍门

◆将50克姜洗净切成碎末，与500克红糖拌匀，放蒸锅内蒸20分钟。经前3～4天开始服用，每天早、晚各服1勺。

◆红糖和鲜姜各150克，捣碎，加入适量白面一起揉成丸状，用香油炸熟吃。经前3天服用，每天服3次。服3～5天，轻者1～2个经期，重者3个经期可好。

◆红糖100克、生姜15克、红枣100克水煎服，当茶饮，能治疗痛经以及闭经。

丝瓜筋络治月经腹痛

将干丝瓜中的筋络取50克，洗净入锅熬汤喝，1次50克，1天2次，7天即可痊愈。

山楂桂皮治痛经

取山楂肉10克、桂皮7克、红糖50克，水煎温服，月经前2日开始口服，每日1次，连饮2～3日。用于寒湿凝滞型痛经。

鸡蛋马齿苋汤治月经不调

马齿苋洗净，与2个鸡蛋一同放在锅里，加入适量的水，煮至蛋熟；去除鸡蛋外壳，再放回锅中稍煮片刻，饮汤吃蛋，每日1剂，分2次服食。有清热、凉血、调血的功效，主治月经不调、血热型经血多而红、质黏有块等病症。

鸡蛋、红花治月经不调

取鸡蛋1个，打1小孔，入藏红花2.5克，每月经期临后1天吃1个，一直到身净为止，只须数月，百病皆除。

产后缺乳

花生米可催奶

一些孕妇产后没有乳汁。现有一法可使孕妇产后产生乳汁。方法是把当年的生花生米晒干后碾碎成末，用开水冲后饮用，冲得不宜太浓，连续喝2～3次即可。

维生素E催奶

产妇经过膳食搭配后还是缺奶可服适量维生素E催奶，每次服200毫克，每天2～3次，服用3天，即可出现溢奶的现象。

葱熏通乳

孕妇分娩后3～4天会出现乳胀

症状。可将150克葱切成3厘米长，放入大号搪瓷杯中，然后加入400克沸水，利用热蒸气熏蒸乳房，10来分钟后乳汁会自然泌出。如乳房有硬块时，可用熏后的葱段搓擦，硬结会逐渐消散。

无花果红枣催乳

分别用5~8枚鲜无花果与红枣，与少许瘦猪肉一同煮熟，然后一气服下，每天1次，长期服用可对产后缺奶有疗效。

鲫鱼炖汤催乳妙法

方法1：用鲫鱼加绿豆芽炖汤可催奶，特别适宜于夏季缺乳的产妇。

方法2：取中等大小的新鲜鲫鱼1条，河蟹2只，放入适量清水和黄酒后入砂锅炖煮，每日早、晚喝鱼汤蟹汁。

骨关节病

垂柳枝煎服治风湿

采取新鲜垂柳枝150克洗净，剪成一寸的小段，然后放入药锅煎煮，第一次煎20分钟，第二次煎30分钟，两煎药液混合，待温度降低时，加适量槐花蜜搅匀，分2份，早、晚各服1份，连服3剂为1疗程。

此方可治疗风湿、类风湿性关节炎、经络疼痛和高血压等病症。重患或久病患者可增加1个疗程。

妙用大葱治膝盖和脚肿痛

将8~9根大葱连葱须、葱根切下，洗净放入脸盆中煮沸20分钟，然后将患处放在盆上熏蒸，稍凉后，将患处放入盆内浸泡，上面用布单盖严，使患部发汗。汤水凉时再加热，可反复熏洗，每天早、晚各1次。

中草药治风湿性关节炎

◆取骨节草500克，切成段放进1000克醋里用锅煮，烧开后将锅端下，放在木板上，然后把有病的腿架在锅的上面（要注意适当的距离，小心烫伤），腿上面盖上棉垫，用热蒸汽熏蒸。药凉了再加热。1天1次，每次1小时。一锅药只能用2次，连续治疗5~8次，风湿性关节炎可好转。

◆取透骨草、穿山甲、甘草各15克，水煎成浓液，用芥末调成糊状，敷在患处，用纱布包扎好。2天换药1次，连治6天，即可见效。

◆取青风藤、海风藤、小防风、钻地风各10克泡二锅头酒内，3天后每晚睡前服1汤匙，效果较为明显。

妙用大盐治老寒腿

用棉布缝一个书本大小的双层口袋，中间絮上些棉花，不宜太薄，也不宜太厚；每天晚上将大粒盐1000克放锅内炒数分钟，听到响声即可；将盐迅速倒入袋内，口封好；睡前趁热将此口袋放置于关节疼痛处，盖上棉被。此法能散寒止痛，对风湿性关节炎有效，每晚敷1小时左右，连敷1周为1疗程。

酒治关节炎4法

◆买1个活甲鱼，放入锅中，锅内放凉水，加温火，不可太热，甲鱼因受热在锅内翻滚，大约3～5分钟灭火端锅，将甲鱼取出，去内脏。放入锅中，换新水再煮。不加任何作料，煮熟后吃肉喝汤。

也可用搪瓷锅或砂锅（不可用铁锅），锅内放白酒250克加温。将甲鱼头剁下，将血控至锅内，边继续加温，边用汤匙搅拌成糊状。分做3次服用，不能喝酒者，可用水加入少许白酒代替。剩下的无头甲鱼置锅内放水另煮。至半熟时揭盖掏去内脏，换新水继续煮，熟后吃肉喝汤。

◆取马齿苋、白酒各500克，装入坛子里，封口埋在地下半月后服，每日服2次，每次服25克。

◆取料酒500克、红糖150克、鲜姜250克。将鲜姜切成小块，然后榨取其汁（用消毒纱布包起来，将姜汁挤出来），与红糖、料酒一起搅拌，放锅内烧开，约2大碗，分2次在晚上睡前喝下发汗即可。

④取小尖红辣椒10克、陈皮10克，用白酒500毫升浸泡7天，过滤后，每天服2～3次，每次2钱，可有效缓解或制止疼痛。不能饮酒者，用此药涂于疼痛处来回擦，而后用麝香止疼膏贴于患处。

热水浴治关节炎妙法

洗浴时，分全身、局部浸泡，开始水不要太热，以温热舒适为宜，边浸泡边把水加热，达到最大耐受限度。

局部浸泡时，即浸泡患部，边浸泡边按摩患处，一直泡到全身出微汗，稍休息片刻后再浸泡，反复几次。全身浸泡，同样要边浸泡边按摩患处，直到头上出微汗，随后改为局部浸泡，然后再全身浸泡，反复几次。注意每次要持续半小时以上。

丝瓜络浸白酒治关节痛

将 50 克干净的丝瓜络放入 500 毫升白酒中，浸泡 7 天后去渣服用，每次服 15 毫升，每天 2 次，可缓解关节的疼痛感。

辣椒可治类风湿性关节炎

取辣椒 100 克浸泡于 1 千克白酒中，泡一个星期左右取出贴患处，连贴 3 次即可治愈。此方既简单又方便。对腰腿痛有特效。

眼科疾病

蛋清治急性结膜炎

将鸡蛋连壳煮熟，捞起后速剥去壳，拦腰切成两半，去掉蛋黄，趁热将蛋白蒙于病眼之上。

患者应仰卧，此时双目应尽量睁开，待蛋白冷透即丢弃，勿再食用，因用过的蛋白常呈灰黑色。每日 1 次，数次即能生效。

桑叶治红眼病

取桑叶或菊花、蒲公英各 60 克，一同放锅内加水适量煮，可将此水每天当茶饮。也可以等温后用来清洗眼睛。一般用后 1 个星期左右即可痊愈。

凉盐水洗眼治结膜炎

取干净的脸盆和毛巾，用温开水沏半羹勺盐放入脸盆，盐化开后，再放些凉水，用手捧盐水，让双眼浸入手心盐水中，眼皮上下翻动数次，然后用干净的毛巾擦干眼睛。每天洗 2 ~ 3 次即可，4 ~ 5 天后眼结膜炎可好。

香芹治眼睛红肿

取香芹适量。先将香芹洗净切成小段状，装入一个小布袋内，放入锅中加水煮。煮后15～20分钟取出，待凉后取出，放在眼睛周围的皮上，约10分钟。稍等片刻即可消除眼睛红肿。

针刺麦粒肿

麦粒肿俗称偷针眼，患者左眼患病，脊柱右侧会有半粒芝麻大小的红点，数量在1～4个不等；右眼患病，红点在脊柱左侧。找到红点后，用75%酒精棉球消毒皮肤与针，刺破小红点，挤出少量血，麦粒肿便可消退。

风沙迷眼处理妙方

方法1：风沙迷了眼，多黏在上眼睑内或眼球上。此时不宜用手揉搓眼睛，否则会越揉越深。只需用手捏住上眼睑沙粒所在部位的眼皮往下眼睑搭一两下，沙粒即会黏附在下眼睑表面，再用手擦去即可。

若沙粒黏在眼球上，可先用上眼睑将眼球上沙粒移去，再用上述方法除去，简便易行。

方法2：用拇指和食指捏起上眼皮，轻轻提拉，向下扣在下眼睑睫毛上，令眼球转动，这时下眼睑睫毛就可以刷出上眼皮内或眼球上的沙子，一次不成可重复一次；或者捏起下眼皮，提拉向上扣在上眼睑睫毛上，用上眼睑睫毛刷下眼皮内或眼球上的沙子，一般一次就收效。若当时睫毛上有泥土应先洗净，然后再施上法。

黑豆核桃改善眼疲劳

核桃仁炒微焦去衣，捣成泥；每天早晨或早餐后，将1勺黑豆粉与1勺核桃仁泥冲入煮沸的牛奶中，加入1勺蜂蜜，搅匀后服用，能增强眼内肌力，加强调节功能，改善眼疲劳的症状。

酒精棉防麦粒肿

当开始眼睑发痒、出现红肿时，立刻用酒精棉球擦眼睫毛。擦拭时要双眼紧闭，用酒精棉球（不要太湿）在眼睫毛根处轻轻擦几下。擦后双眼会感到发热，发热时不可睁眼，否则酒精会渗透到眼里使眼睛疼，待热劲过后再睁眼。每天擦3~4次就可消肿。

鼻科疾病

韭菜止鼻血

取100克新鲜韭菜，将其洗净后，加少许食盐搓软，去汁液加醋浸渍10~15分钟，连醋吃下，鼻血即止。也可将适量的韭菜和葱白一起捣烂后塞入鼻孔，换用两三次，即可止鼻血。

橡皮筋止鼻血

当右侧鼻孔出血时，可取1根橡皮筋扎在左手中指根部，不用太紧，反之，左鼻孔出血则扎右手中指根部，两鼻孔同时出血时扎两手，用此方法2~3分钟后即可止血。

指压法治鼻炎鼻塞

日常空闲时，将右手拇指放在右鼻孔外下部位向右上斜方向一下一下按压；再用左手拇指放在左鼻孔外下部位向左上斜方向一下一下按压，时间控制在1分钟左右，然后用食指在整个鼻孔下部向左右来回搓拉，片刻后鼻孔就通气了，长期坚持还可防治鼻炎鼻塞。

刺激鼻子可治过敏性鼻炎

过敏性鼻炎患者，鼻子适应外界刺激的能力较差，每遇到冷风凉气就打喷嚏、流眼泪、流鼻涕。患者可以有意刺激鼻子，以提高其适应能力。如晚上睡觉前用热水浸润、擦洗、按摩两侧鼻翼，第二天早晨再用温水同样刺激一番。3天后，晚上改用温水，第二天早晨改用凉水。2周后，晚上用凉水，早上也用凉水，慢慢适应即可。

盐水治鼻炎

取1汤匙食盐，加50克开水冲匀，用棉签蘸洗鼻孔，然后将头上仰，让棉签暂留鼻孔内，用食指和拇指按鼻翼两侧，并用力吸吮，使棉签中的盐水尽量流入鼻腔内，再流至咽喉部，每日3次，连续使用一段时间，鼻炎即愈。

大蒜治鼻炎

◆将大蒜捣烂，用干净的纱布包好，挤压出蒜汁，滴入左右侧鼻孔内，用手压几下鼻翼，以使鼻孔内都能粘敷到蒜汁，几次即可愈。大蒜过敏者禁用。

◆取200克白萝卜和50克大蒜，捣烂后取汁，加入盐0.5克，每天滴0.6毫升入鼻孔内。左边不通滴左边，右边不通滴右边，交替4～5次，一般1个月内可好转。

◆在蒜汁和葱汁中加入少许牛奶，然后把它滴入鼻腔内。三者比例视个人情况而定，以不感灼痛为宜。此法对治疗由伤风引起的鼻炎尤为有效。

丝瓜藤粉治鼻窦炎

将老丝瓜藤晒干，切成细段，放在瓦上焙至半焦（别煳了），然后在面板上研成碎面。晚上临睡前，把鼻腔中的鼻涕清干净，用干净棉球擦一遍鼻腔，再把丝瓜藤粉吹入鼻腔，用干棉球塞住鼻孔，连续数日即可治愈。

耳科疾病

香油治中耳炎2方

方法1：中耳炎患者，往耳道里滴入几滴香油，1天2次。

方法2：取黄连切段，用香油炸至枣红色，离火冷却后黄连至黑红色最佳。然后去掉黄连以瓶盛油，每日滴耳内3次，每次3滴。

药粉吹入法治疗中耳炎

取银朱2克、冰片15克、雄黄6克，一同研成细粉，待将患处洗净后，把药粉吹入耳内。每天1次，连用2～3天即可痊愈。

田螺体液治中耳炎

把活田螺放在清水中晒太阳，田螺肉体便伸出螺壳。这时立刻用针刺入田螺肉中，使它不能缩回壳内。从水中挑出田螺，将一小捏冰片（中药店有售）撒在田螺肉上立刻抽针，不久田螺会流出体液。将其体液滴入耳道内，几次即可痊愈。

狗肉黑豆汤治老年性耳鸣

取黑豆100克，狗肉500克，橘皮1块，将黑豆用干锅炒热备用；狗肉切小块，然后用酒、姜片、盐腌渍半小时；油爆姜片，放狗肉炒匀，加水煮开后放黑豆、橘皮，小火煮2小时。

指塞、憋气治耳鸣

中老年易发生耳鸣，尤其是脑血管、神经系统患者。当耳鸣时，用小拇指尽量压入耳朵眼内（左耳鸣压左耳，右耳鸣压右耳），要挤紧，然后小拇指稍向上，将小拇指弹出，耳鸣立刻可止。憋气治耳鸣时憋一口气，尽量时间长些，然后慢慢呼出，一般憋1～2口气即可使耳鸣停止，效果较好。

常抖下巴治耳鸣

每日早、晚张开口空抖下巴各100回，空抖下巴对耳膜起到了按摩作用，促进了血液循环，虽不根治，但可大大控制病情，使症状缓解。

盐枕治耳鸣

将适量的食盐炒热后，装入大小不等的布袋，以耳枕之，坚持数次，即可消除耳鸣。注意袋内要保持合适的热量，转凉后，要即刻更换。

按摩耳门穴治耳鸣

耳门穴位于两耳朵的耳珠上部缺口处，在张开口时可以摸到有骨缝处便是此穴。可用两手的大拇指在其侧面连续按摩即可，用力不要过重。

咽喉疾病

绿茶水治咽喉痛

取绿茶泡浓茶约加100克水，再加25克蜂蜜搅匀，每天分几次漱喉并慢咽下，每天1剂，连用5天左右，即可起到消炎镇痛、湿润咽喉的作用，对急、慢性咽喉炎均有一定疗效。忌吃含刺激性食物。

西瓜皮治咽喉干痛

取30克西瓜皮，加500毫升水

煮至水量减少到300毫升时即可服用，每日2次，连服数日，可治咽喉干痛。

胖大海治喉痛

取胖大海3颗，冰糖适量，先将胖大海用温水洗净，放锅内与冰糖一起煮开冲泡15分钟，每天1剂，每天可代茶饮。

冲服藕汁有效治喉痛

藕是消除神经疲劳的特性植物。将藕洗净，用榨汁机榨成汁，当茶一样喝，有鼻黏膜发炎、喉咙发炎、声音沙哑、早晨起来吐痰有血丝等症状的人，坚持喝藕汁，会不治而愈，而且不会复发。

用银耳治咽喉炎

选取50～60克银耳，用水泡开后煮沸，加入适量冰糖调服，每天早晚各一次，长期饮用可见效。适用于慢性咽喉炎、老年性慢性支气管炎等。

鸡蛋治咽炎

◆取白糖50克，鸡蛋2个，将鸡蛋的蛋清取出用碗盛着，再把白糖放进去，待白糖化开后便可服用。每次2小匙，每日3次。

◆取鸡蛋2个，打碗内搅匀，水蒸20分钟，蒸好后放入3～5瓣切碎的蒜末，倒入醋及香油即可食用。此方可有效治疗慢性咽炎。

◆将适量的香油加热，打入鸡蛋，不放盐，小火慢慢炸熟，趁热吃下。半小时内不可吃东西，也不要喝水。每天早上空腹吃1次，1周为1个疗程。

蒜泥外敷治扁桃腺发炎

将1瓣蒜捣烂成泥，睡觉前置于手的合谷处（即大拇指和食指之间的凹陷处），上面罩1个小瓶盖，四周用胶布封住，第二天即起1水泡（水泡大小随蒜泥多少而变，5～10岁的小孩可用半瓣蒜泥），让水泡慢慢地吸收即可。不能人为弄破，否则会感染发炎。

推拿治声音嘶哑

◆先使喉部肌肉放松，然后用左手的食指、中指、无名指、小指的一、二指节反复推擦左侧喉部，然后用右手摩擦喉部。

◆用左手轻轻揉喉部及喉结部，由下而上，坚持推拿3分钟。

◆用手指轻捏喉部，并上下抖动，由下而上，坚持1～2分钟。

口腔疾病

大蒜泥外敷治口腔溃疡

晚上临睡前，将4小瓣或2大瓣大蒜捣成蒜泥，涂在一块方寸大小的塑料或油纸上，形似膏药，贴于脚心，用医用橡皮膏贴住，再用绷带缠一下，最好再穿上袜子，以防移位。第二天外出时揭下，晚上睡前再贴一剂新的。需注意的是，皮肤过敏者慎用。

莲子心水防治口干舌燥

莲子心放到杯中，倒入开水，泡至不浓不淡时饮用，每天饮2～3次，可预防虚火上升、口干舌燥、嗓子痛痒、声音嘶哑等症。

花椒治牙痛

◆把1～2粒花椒放入患处咬实，半分钟后牙疼即止。

◆取5～10克干花椒，放入小不锈钢锅内，加入适量纯净水，放火上煮开后再过3～5分钟，放温后加入50克白酒（二锅头就行），待凉后将此花椒水过滤，倒入小玻璃瓶内。牙疼时用棉签蘸此水塞入牙疼的部位咬住即可，塞入牙窟窿里效果更好。

红糖去除牙齿烟垢

口含红糖约10分钟，浸润满口牙齿后，用牙刷刷牙3分钟；再取盐、食用碱各50克，加500毫升清水搅成盐碱水，刷牙2分钟。每天早、晚各刷1次，7天可除去牙齿上的烟垢。

芦荟治牙痛2方

方法1：用手指肚大小一块芦荟，咬在痛牙处，痛很快可缓解，效果不错。

方法2：取面积与红肿部位相当的一块芦荟叶肉贴敷患处，两小时更换一次新叶。

吃苦瓜除口腔溃疡

取两三个苦瓜，洗净后去瓤，

切成薄片，放少许食盐腌制 10～15 分钟，然后把腌制的苦瓜挤去水分后，加香油、味精调拌食用。每 2 天食用 1 次，1 个星期后可治愈。

维生素 C 治口腔溃疡

取 2～3 片维生素 C，捣成碎末后，均匀地覆盖在溃疡面上，10～15 分钟后，可解除疼痛，1～2 天可痊愈。此方法对慢性咽炎也有同样的疗效。

喝菊花茶除口臭

口臭的原因不外乎是蛀牙或者因肝脏、胃有毛病而引起的。如果是肝脏或胃的原因，喝菊花茶是消除口臭最好的办法。方法是：取 20 克菊花，放 4 杯水煮成菊花茶饮用。

喝牛奶能消除口腔蒜臭味

吃过大蒜后，口内就会有一股浓烈的蒜臭味，此时，可以喝上 1 杯牛奶，并尽量让牛奶在嘴里多停留一会儿，蒜臭味便可以消除。

皮肤科疾病

蜂蜜洗脸能治青春痘

每晚洗脸时，取普通蜂蜜 3～4 滴溶于温水中，然后慢慢按摩脸部，洗 5 分钟，让皮肤吸收，最后再用清水洗一遍即可。

醋水熏脸除痤疮

用半杯开水兑 1/3 杯的醋，将杯口对着脸，保持 3～5 厘米的距离，用该蒸汽熏脸，水凉后，用此温水洗脸。坚持一两个月就会有很明显的效果。

野菊花汁洗脸除青春痘

取野菊花 50 克，放入适量的水中煎煮熬成 200 毫升的汁液，然后将汁液用容器装好放入冰箱，将其冻成若干个小块，每次洗完脸后，取 1 小块涂擦脸部，每次 10 分钟左右，每天 2 次，数日即可见疗效。

风油精治冻疮

冬天很多人都会生冻疮。在冻疮

未破时，将风油精均匀地涂在患处，有止痛消肿的作用，每日2~3次，一般坚持1~2个星期以后即可痊愈。

使用风油精治冻疮要注意：如果冻疮已经溃破，则不宜使用；勿将风油精用于面部皮肤，以防过敏；此外，因其含有的刺激成分能透过胎盘影响胎儿，故孕妇禁用。

萝卜治冻疮

取1只白萝卜，切片烤热，临睡前趁热在未溃烂的冻疮处擦拭，直到皮肤发红，每天1次，坚持到冻疮痊愈。注意勿烫伤皮肤。

辣椒治冻疮

◆用一把红辣椒煮半盆水泡脚。每晚1次，每次20分钟，连续泡4~5次即可有效治疗冻疮。

◆取红尖辣椒（干鲜均可）十几个，酒精500克，浸泡1星期。未溃破的冻疮患部用热水清洗后，用棉球蘸浸泡好的酒精，涂患部（已溃破不能用），止痒、止痛、消肿效果显著。一般每日涂抹4~5次，连续涂抹10天左右即可。

◆将晾干的干辣椒研磨成碎末，加入适量凡士林搅拌，使之呈糊状，擦拭患处，并用纱布轻轻覆在其外，隔6~8小时更换1次，可治愈冻疮。

杨树叶煮水治冻疮

取干杨树叶若干，放入锅中用水熬，熬出颜色即可。然后把脚放入洗脚盆中，用此水浸泡1~3分钟，一般一两次冻疮会有好转。

擦西瓜皮治痱子

连续高温，会使很多人尤其是孩子的身上长痱子，又痒又痛，很不舒服。可用吃完西瓜的瓜皮擦拭患处，每次擦至微红，1天擦2~3次，第二天就见效（不痒了），2天后可结痂。

苦瓜汁治痱子

将新鲜苦瓜洗净，剖开去籽，切片放入粉碎机打成汁（无粉碎机也可用其他方法榨汁），再用干净纱布滤渣，把汁装瓶备用。痱子严重者，可2小时涂1次；不严重的，1天涂3次。

防治痱子小窍门

方法1：痱子初起，可适当涂擦肤轻松软膏，但如形成痱毒，则不可再用。

方法2：早、晚各将牙膏涂抹长有痱子的地方，即方便又舒服，疗效显著。

方法3：在洗澡水中加入几滴风油精，可防止身体起痱子，即使长出痱子，几次洗浴后也会逐渐消退。

茵陈蒿治荨麻疹

取茵陈蒿干品15~20克，以3碗水煎成2碗，分成3次服，每次服用间隔在4~5小时。重者服2~3次，轻者1~2次即可，儿童则减半服用，亦可加点蜂蜜服。在皮肤发痒时也可用本方所熬的汤汁，以纱布或棉花蘸药涂患处，每半小时擦1遍可收到良好的效果。如是鲜品，则每次用量在50克左右。

香皂除狐臭

每日早上，洗净腋部擦干，用一块普通香皂，将皂面稍加湿润，轻轻涂抹患处，不能清洗掉，即可保证全天之内无臭味。只要坚持每天涂抹一两次，几个月后可望痊愈，重症者则需较长时间坚持涂抹。要注意的是切勿用碱性过强的洗衣皂涂抹。

甘油治皮肤瘙痒

药用纯甘油加纯净水，按1：4（或1：5）配成。洗完澡后，用此水按摩痒处，第二天如还有瘙痒处，仍用此法，即能解决。

热淘米水可治皮肤瘙痒

取淘米水1000毫升，放食盐100克，置于铁锅内煮沸5~10分钟，然后倒入脸盆中，温热适宜时，用消毒毛巾蘸洗患部，早、晚各1次，每次搽洗1~3分钟。使用几次后可见效。注意，洗澡时不宜用碱性大的肥皂，同时忌饮酒，戒鱼虾。

治疗脚气病3法

方法1：将大蒜剥皮，尽量用蒜汁涂擦患部，辣痛感越强，效果越好。

方法2：用碘酒涂擦患部，对治疗脚气病（包括由来已久的顽固性脚气病）有很好的效果。

方法3：绿茶含有鞣酸，具有抑菌作用，尤其对“香港脚”的丝状菌有特效。方法是用绿茶沏开水泡脚半小时即可。

冬瓜皮熬水泡脚治脚气

冬瓜上市的时候，把削下的冬瓜皮熬水，水熬好后晾温，把脚放在冬瓜皮水里泡上15分钟，连续泡上一段时间，脚气病就会好转。

香蕉皮治脚气

吃完香蕉后用小勺将香蕉皮内的软膜刮下，用手指捏成糊状。将脚洗净，再将香蕉糊涂在患处，每日1次。一般2次见效，连涂十几次可基本治愈。

嘴唇干裂应急小窍门

如果发现嘴唇太干，可在嘴唇上涂些甘油，使用时必须加50%的蒸馏水或冷开水。也可涂些蜂蜜、橄榄油之类。在睡前往嘴唇上抹些蜂蜜，再涂上护唇膏，也可很快恢复嘴唇的柔嫩光滑。必要时可吃含维生素 B_6 的食品。

防冬季手脚皲裂3法

◆用温水泡洗皲裂处，并将其擦干，然后用创可贴对准裂口贴上，防治效果好。

◆夏季可取少量的额头汗液，擦抹两脚后跟30～50次，可能防治冬天脚皲裂症。

◆坚持每天喝1杯果汁，可防治冬季皮肤皲裂。

鱼肝油可治皮肤皲裂

冬季皮肤干燥皲裂，可在每晚睡前先用温水浸泡皲裂处使之软化。然后，取鱼肝油丸2～3粒，挤出丸内油性液体涂抹皲裂处。每晚涂1次，连续1周即可痊愈。

橘皮治皮肤皲裂

取新鲜的橘皮若干，将其榨汁后涂擦在皮肤皲裂处，便可使裂口处的硬皮逐渐变软，裂口可愈合。也可将晒干后的橘子皮泡水后浸泡皮肤，一段时间后，可收到同样的治疗效果。

醋治手脚干裂妙方3则

方法1：取1斤醋，放在铁锅里煮，开锅后5分钟，把醋倒在盆里，待晾温后把手脚泡在醋里10分钟，每天泡两三次，7天1个疗程，2个疗程后可好转。

方法2：坚持用醋泡蒜擦手脚，手脚裂口可愈合，皮肤变光滑。

方法3：将白醋和甘油1∶1调和，装入小瓶内，每晚洗脚擦干后，将此油擦于患处，几天后皲裂口愈合。

四、日常养生保健

早餐如何吃才健康

早餐食物中应含身体所需的碳水化合物、蛋白质、维生素和矿物质。

◆碳水化合物是血液中葡萄糖的主要来源。富含碳水化合物的食物主要有面包、馒头、花卷、豆包、米粥、面条、麦片、包子、馄饨、饼干等。

◆蛋白质含量丰富的食品，如牛奶、酸奶、鸡蛋、咸鸭蛋、豆浆、火腿、肉类等。这些富含蛋白质的食物应与面包和馒头等搭配食用，才能补充人体所需的营养。

◆必须食用维生素和矿物质含量丰富的新鲜蔬菜、水果等。在早餐中搭配蔬菜或水果，更有利于营养平衡。

睡觉宜南北方向

地球的南极和北极之间有一个大而弱的磁场，如果人体长期顺着地磁的南北方向，可使人体器官细胞有序化，调整和增进器官功能。

头朝南或朝北睡觉，久而久之，有益于健康，并表现为睡得好、精力充沛、食欲增加，患神经衰弱、高血压等慢性病的病人，自觉症状有所改善。

起床后不可立即叠被子

很多人早晨起床后会立即将被子叠起来，其实这是不对的。因为人在一夜睡眠的过程中，呼吸道及全身的皮肤毛孔会排出一些废气，同时，皮肤细胞也会排泄一些代谢产物和皮屑等，这些物质都会散布在被子中。起床后立即叠被子，身体排泄出来的代谢物就会继续停留在被子里，等到再次使用被子时，里面储存的代谢物就会危害身体。因此，早上起来后，应把被子翻过来，让夜间睡觉所产生的代谢物和汗液挥发掉。

裸睡对健康有益

据研究，裸睡是一种科学的睡眠方式。因为裸睡时身体的自由度大，肌肉能够最大限度地放松，可有效缓解日间因紧张而引起的各种肌肉、骨骼等方面的疼痛。同时，血液流动也会更加通畅，能有效改善“手脚冰凉”的状况，有助人进入深层次睡眠。此外，由于没有衣服隔绝，皮肤能吸收更多养分，新陈代谢也会加快，皮脂腺与汗腺分泌加强，有利皮脂的排泄与再生。

经常梳头可有效预防疾病

◆可疏通血脉，有助于脑部的血液循环，增强记忆，也可预防老年痴呆病的发生。

◆头发得到营养后，可防止脱发和早生白发，有助于护发。

◆可散风、预防感冒，减轻头痛等症状。

◆有明目作用，利于降低高血压，也可预防脑血管疾病的发生。

◆能健脑提神，缓解精神紧张，促进睡眠，消除疲劳。

◆有利于增强中枢神经系统的平衡协调功能，延年益寿。

仙人掌可防辐射

仙人掌吸收辐射的能力特别强，可以充分利用仙人掌来有效减少室内辐射。如可在计算机或电视机前放置一盆仙人掌，即可减少电磁波对人体的伤害。

洗冷水浴有好处

洗冷水浴时，冷水的刺激会引起皮肤血管剧烈收缩，血液流向内脏或深部组织，使内脏新陈代谢得到增强。皮肤接触冷水时，机体会立刻反射性地使皮下血管收缩，减少体内热量散发，以保持体温；皮下血管经短时间收缩后又会舒张，大量血液重新从内脏流向体表。因此，经常洗冷水浴可使血管保持弹性。在冷水的刺激下，大脑会立刻兴奋起来，调动全身组织器官抵御寒冷。长期坚持，可增强人体中枢神经系统功能，减缓脑细胞的衰老和死亡。

咽唾液养生法

咽唾液养生的具体方法有 2 种。第 1 种方法是：端坐，排除杂念，舌顶上腭，牙关紧闭，松弛面部肌肉。调息入静之后，唾液逐渐增多，待唾液满口时，低头缓缓咽下；第 2 种方法是：不拘行住坐卧，晨起漱口后，宁神闭口，先叩齿 36 次，然后咬牙，用舌搅口腔四周，次数不拘，以津液满口为度，分 3 口缓缓咽下，或经常舌抵上腭，使唾液自生，频频咽下，都能起到保健益寿作用。

常食粗粮有助于调节肠胃

常吃红薯、土豆、玉米、荞麦等粗粮有助于保持大便的通畅，使体内毒物不会久滞肠道。粗粮中含有许多细粮所欠缺的特殊的维生素和矿物质。这些营养素有助于调节肠胃内环境，易为人体吸收，并提高抗病免疫功能。

经常眨眼可防视力衰退

目光长时间高度集中于近处某一目标后，经常眨眼或闭目养神，可使双眼处于轻松状态。眨眼也是一种按摩，可消除和减轻眼睛疲劳，达到防治近视的目的。

挺胸有利于健康

挺起胸可以使肺活量增加 20%

左右，血液的含氧量也随之增多，从而有利于促进新陈代谢。肺活量增加了，身体各部位获得的氧气便也增加了，这样人就不容易疲劳。

坚持挺胸还能增强大脑的记忆力，人的大脑所需的氧是全身的40%，其血液的需要量是其他器官的30倍。

昂首挺胸还有助于减少脊柱的病变，延缓衰老进程，使人显得精神焕发、朝气蓬勃。

伸懒腰有益健康

人在疲倦时候，伸个懒腰是很舒服的。伸懒腰时会伸直颈部，抬举双臂，扩胸呼吸，伸展腰部，活动关节，这是一种有益的健体运动。

伸懒腰时，两手上举，肋骨上拉，胸腔扩大，使膈肌活动加强，引起深呼吸，这既可减少内脏对心肺的挤压，有利于心脏的充分活动，又能促进全身血液循环，从而改善睡眠和紧张工作后的血液分布。尤其是人脑组织，其重量虽仅占体重的1/50，但需氧量却占全身需氧量的1/4。可以说，伸懒腰是消除疲劳、焕发精神、促进体力和健康的一种积极活动。

夏季不能赤身睡凉席

炎炎夏日，有的人为了凉爽往往赤身睡在凉席上。其实，这样既不卫生，也不利于身体健康。因为人身上的汗水会随时向凉席上流淌，汗水中含有大量的盐分及其他有机物，汗干之后，这些物质就会留存在凉席上，并易滋生各种细菌，再次使用凉席时，这些细菌就会不断侵害皮肤，从而引起皮肤瘙痒等病症。

锻炼的最佳时间

一些人都喜欢晨起锻炼身体，认为这是最佳时间。其实不然，有科学论证，傍晚锻炼则最为有益。因为人类的体力发挥或身体的适应能力，均以下午或接近黄昏时分为最佳。此时，人的味觉、视觉、听觉等感觉最敏感，全身协调能力最强，尤其是心律与血压都较平稳。

好习惯可防治便秘

为了保持良好的胃肠功能，应

该养成定时进餐的好习惯；在进餐时，除所有流质物质外，其他食物都应该细嚼慢咽。

平常多饮开水，特别是每天早上起床后要及时饮一杯水，有利于促进肠胃活动。多喝水还有益于健康和美容，不过进餐后饮水要适量。此外，还应多吃水果和蔬菜，如每天喝一杯牛奶，效果更好。

患者还可进行适当的运动，养成定时排便的习惯。

跷“二郎腿”有害身体健康

常跷“二郎腿”，极易造成腰椎与胸椎压力分布不均，从而引起原因不明的腰痛。此外，跷着二郎腿久坐，由于双腿互相挤压，还会妨碍血液循环，久而久之，就造成了腿部的静脉曲张，严重的会造成腿部血液回流不畅、青筋暴突、溃疡、静脉炎、出血或其他疾病。据研究，不良的坐姿，不但对身体有害，而且与早衰也有一定的关系。长期不良坐姿对肌肉施加张力和紧压，产生过量的骨胶原。而骨胶原是连接肌肉组织的支撑纤维，在正常情况下，它负责肌肉组织的弹性，如果骨胶原过量，就造成神经、血管和淋巴管紧张，一旦骨胶原侵入肌肉组织，肌肉就会僵硬，人就显得老态龙钟，提早步入衰老的行列。

喝白开水有益健康

喝白开水对人体健康有利，而常喝果汁、汽水等饮料却会给人体健康带来不利影响。据研究，煮沸后自然冷却到 20～25℃ 的温开水，具有特异的生理活性，能促进新陈代谢，改善免疫功能。

坚持喝白开水的人，体内肌肉组织中的乳酸积累较少，不易感觉疲劳。而汽水、果汁等饮料都含有较多的糖精、电解质和合成色素等，不像白开水那样很快从体内排空，会对胃黏膜产生不良刺激，妨碍消化，影响食欲，还会加重肾脏的负担。所以，营养学家建议人们养成喝白开水的习惯。

深呼吸可消除疲劳

疲劳通常是精力不足和氧气缺乏

所致，运动时需要做深深的吸气来补充氧气。将两手交叉在小腹前呈水平姿势，手掌向上，然后吸气，双手缓慢地向上垂举至下颚。手掌运动向下，慢慢呼气，恢复原来姿势。

常食核桃果仁可增强记忆

桃核果仁中含有丰富的不饱和脂肪酸、蛋白质、维生素等成分，对大脑有促进细胞的生长、延缓脑细胞的衰弱进程、提高思维能力的功效。每天2次，每次生吃1～2个核桃，有增强记忆的作用。

长期低头的危害大

据调查显示，长期低头容易患上“低头综合征”，出现肌收缩性头痛、头晕、耳鸣、恶心等症状。此外，经常低头还会导致颈部和颈肩部肌肉拉伤，出现酸痛感，有人会在肩胛间区、肩部和上臂部出现间歇性的麻木感。个别人有视力减退、出汗、眩晕等现象。

巧防游泳腿抽筋

游泳发生小腿抽筋时，要保持镇静，惊恐慌乱会呛水，使抽筋加剧。先深吸一口气，把头潜入水中，使背部浮上水面，两手抓住脚尖，用力向自身方向拉，同时双腿用力蹬。一次不行的话，可反复几次，肌肉就会慢慢松弛而恢复原状。上岸后及时擦干身体，注意保暖，对仍觉疼痛的部位可做适当的按摩，使之进一步缓解。

漱口保持口腔清洁

（1）水漱法

将温度适中的水含上一口，两唇紧闭，然后鼓动两颊及唇部，使水在口腔内充分接触，冲洗刺激牙齿、牙龈、黏膜。反复鼓漱20～30次后将水吐出，能清除口腔内的食物残渣，使牙齿清洁。

（2）茶漱法

每次饭后未刷牙前，用温度适中的茶水漱口，让茶水在口腔内反复运动、冲刷牙齿。这种方法能清除牙垢，改善口腔的生理功能，并能增强牙齿的抗酸防腐能力。

（3）盐漱法

在1杯温开水中，加入1茶匙

盐，将盐水含于口中，然后使劲反复鼓漱，接着用牙刷反复刷2~3分钟，除了可以清除口腔内的食物残渣外，还有消炎灭菌的作用。

孕妇牙痛巧预防

许多孕妇发现，平时口腔没有毛病，而怀孕两个月以后，每天早晨刷牙时牙龈都会出血。到医院一检查，说是患了妊娠性牙龈炎。

这是因为女性在妊娠期间，体内雌激素（求偶素）、黄体酮、绒毛膜促性腺激素等均有明显增加，到分娩后才逐渐恢复到正常水平。一般认为妊娠性牙龈炎是由于孕妇体内黄体激素的增加所致，通常可表现为单纯性妊娠性牙龈炎与妊娠性牙龈痛两种。

这种病应该如何预防呢？首先要注意妊娠期的口腔卫生，坚持做到每餐饭后漱口、睡前刷牙，避免食物残渣在口内发酵产酸。

妊娠期经常恶心、呕吐的孕妇更应注意清除存留在口内的酸性物质，可常用浓度为2%的小苏打水漱口，以抑制口腔细菌的生长繁殖，中和酸性物质，保持口内的碱性环境。要使用软毛刷，刷牙时不要过分用力。

孕妇应多吃一些含有丰富维生素和蛋白质的食物，如牛奶、鸡蛋、瘦肉等，特别要多吃富含维生素C的新鲜蔬菜和水果。必要时还可口服维生素C片。牙龈有急性炎症或症状明显的孕妇，应及时到医院请医生治疗，不要随意服用消炎药，以免造成胎儿畸形。

不要趴在桌子上午睡

上班族一般在中午饭后会趴在桌上小睡一会儿，但会出现暂时性的视力模糊，其原因就是眼球受到压迫，引起角膜变形、弧度改变造成的。假如每天都是如此，会造成眼压过高，长此下去视力就会受到损害。

不宜经常挖鼻孔

鼻子是人体呼吸道的门户，鼻腔内有丰富的毛细血管，能分泌黏性液体，加温寒冷空气，湿润干燥空气；鼻腔内的鼻毛能够帮助过滤吸入的灰尘杂质。因此，鼻子功能的健康直接关系到呼吸道的健康。经常挖鼻孔，不但会损伤鼻黏膜，还非常不卫生，因为人的手上粘有很多细菌，挖鼻孔时很容易将细菌带入鼻腔，会损坏鼻毛，当手上的细菌接触鼻内的损伤处时，就会引发鼻毛周围炎症，从而出现疼痛、鼻干、发热等症状。

散步的学问

散步是一种简单的运动方式，然而要通过散步达到祛病健身的目的也是有学问的。

（1）普通散步法

普通散步法要求每分钟60～90步，每次20～40分钟。此种散步方法适合于患有冠心病、高血压、脑溢血后遗症、呼吸系统病或中重型关节炎的老年人。

（2）快速散步法

快速散步法要求每分钟90～120步，每次30～60分钟，此种散步方法适合于中青年慢性关节炎、胃肠道和高血压病的恢复期等患者。

（3）反复背向散步法

反复背向散步法要求行走时两手背放于身后，缓步背向行走（倒退步）50步后，再向前走100步，反复进行5～10次，此种散步方法适合于健康的老年人。

健康自测标准

新世纪人类健康标准应符合以下几点：

有足够充沛的精力，能从容不迫地应付日常生活和工作的压力，而不感到过分的紧张。

处世乐观，态度积极，乐于承担责任，事无巨细，不挑剔。

善于休息，睡眠良好。

应变能力强，能适应环境的各种变化。

能够抵抗一般性感冒和传染病。

体重得当，身材匀称，站立时，头、肩、臂位置协调。

眼睛明亮，反应敏锐，眼睑不发炎。

牙齿清洁，无空洞，无痛感；牙龈颜色正常，无出血现象。

头发有光泽，无头屑。

肌肉、皮肤富有弹性，走路感觉轻松。

延年益寿6要素

科学家提出起到延年益寿作用的6要素：

每日定时三餐。

每天坚持用早餐。

每周进行2～3次适度的体育活动。

每夜保证7～8小时睡眠。

避免增加体重。

少喝酒，少抽烟。

一个45岁的人若能遵从3条忠告，一般可望延长寿命2年（即活到67岁）。若能遵从6条忠告，能多活13年（即活到78岁）。

预防肥胖6法

方法1：定时进餐，如果经常大吃一顿，再饿一顿，身体也会形成储存食物的惯性，直接导致发胖。

方法2：每天必须吃早餐。早餐对我们非常重要，它是新陈代谢的助动器。

方法3：吃饭时要细嚼慢咽，因为吃得越快相对就会吃得越多。

方法4：每天至少应该喝8杯水。

方法5：在吃大餐时也要注意只可吃八成饱。

方法6：咖啡和糖一样也含有较高的糖分，在体内会提高血糖水平，减慢脂肪燃烧的速度。

嘴唇干燥不要用舌添

嘴唇干了，不能用舌舔来增加水分。因为唾液是由唾液腺分泌，用来滋润口腔和消化食物的，里面含有淀粉酶等物质，比较黏稠。舔在唇上就像抹上一层糨糊，风吹后水分蒸发，淀粉酶便会粘在嘴唇上，导致嘴唇干得更厉害，甚至造成嘴唇破裂流血，引起化脓感染。因此，嘴唇干裂时不可用舌舔。

不同皮肤的洗脸小窍门

（1）中性肌肤

先用冷水洗脸，然后用热水蒸汽蒸片刻，再轻轻抹干，即可使肌肤变得柔滑有弹性。

（2）干性肌肤

在洗脸水中加入几滴蜂蜜，在洗脸时沾湿整个面部，并拍打按摩面部，这样能滋润脸部及增添肌肤光泽。

（3）油性肌肤

洗脸时，在温热水中加入几滴白醋，能有效地消除肌肤上的多余油脂，从而避免毛孔阻塞。

（4）衰老的肌肤

用冷水洗脸时加入海盐、晾冷的浓茶，甚至新鲜的水果汁，对补充肌肤养分都能起到一定的作用。

巧饮食保护眼睛

经常使用电脑的人眼睛会有干涩、血丝、怕光、流泪甚至红肿的现象。这要引起重视，并要加倍保护眼睛。在饮食中加入一些营养眼睛的食物，是最方便最有效的方法。

（1）多摄入维生素 A

维生素 A 素有“护眼之必需”之称，是预防眼干、视力衰退、夜盲症的良方，在胡萝卜及绿、黄的蔬菜及红枣中含量较多。

（2）多摄入 B 族维生素

B 族维生素是视觉神经的营养来源之一，如果维生素 B_1 不足，眼睛就容易疲劳；如果维生素 B_2 不足，就容易引起角膜炎。可以多吃些芝麻、大豆、鲜奶、小麦胚芽等富含 B 族维生素的食物。

使用电脑保健

为保护人体健康，必须对电脑操作人员工作的电磁场强度或功率密度进行定期或不定期测量。我国暂定为 50 微瓦/立方厘米，每天辐射时间不超过 6 小时。电脑操作人员平时要注意锻炼，增强对微波辐射损害的抵抗能力，饮食上多补充蛋白质、高维生素和磷脂类食品。有条件的可在操作室内安装一台空气负离子发生器。

打哈欠能缓解压力

人困乏的时候往往哈欠不断，以提醒人体大脑已经疲劳，需要睡眠休息，所以打哈欠是一种催眠的方法。当人即将进入紧张工作之前也常会哈欠连连，这是人体借助深吸气使血液中增加更多的氧气，提高大脑的活动能力。研究表明，一次打哈欠的时间大约为 6 秒钟，这段时间能使人闭目塞听，全身神经、肌肉得到完全放松。

人到中年怎样保持智力

大量地阅读，培养各种兴趣，以保持大脑的灵活。

积极参加适合自己的文体活动，增加大脑的供血量，提高大脑活动效率。

保证充足的睡眠，及时解除脑疲劳。

结交一些比自己小得多的朋友。

经常活动手指。手指的灵敏运动能使大脑得到锻炼，从而起到延缓智力衰退的作用。

要注意优质蛋白质的摄入，如鱼、蛋、瘦肉、乳制品、豆制品等。

烟、酒对脑动脉均有破坏作用，故宜尽早戒除。

保持情绪稳定乐观，切忌心情忧郁或狂喜暴怒。

及早发现和治疗心、脑血管病和高血压。

3 种人不宜午睡

午睡可以弥补夜间睡眠不足，保持工作精力充沛。然而，有 3 种人午睡有很大危险性：

65 岁以上或超过标准体重 20% 的人。

血压很低的人。

血液循环系统有严重障碍，特别是那些由于脑血管变窄而经常头晕的人。这些人午睡很容易因大脑局部供血不足而发生中风。

冬天不要盖厚被

如果盖太厚的棉被，当人仰卧时，胸部会被厚重的棉被所压迫，进而影响呼吸运动，减少肺的呼吸量，致使人吸入氧气较少而产生多梦。棉被太厚，人们睡觉时被窝热度必然升高，而被窝里太热，会使人的机体代谢旺盛，热量消耗大大增加，汗液排泄增多，从而使人烦躁不安，醒后会感到疲劳、困倦、头昏脑涨。

此外，夜里盖太厚的棉被，不但使人体散热增加，毛孔大开，而且由于冬季的早晨外界气温较低，起床后很容易因遭受风寒患感冒。

子母枕防治颈椎病

将家中普通枕头中的填充物去掉一部分，使普通枕头不那么饱满，就成为母枕。子枕的两端（堵头）必须是圆形的，直径可根据人的脖子长短来确定，一般直径在 10 ~ 15 厘米为宜。

枕筒与两端缝制在一起，但一头先留一口，即变成圆筒如布口袋，再买一根直径约 5 ~ 8 厘米的塑料管，长度比圆枕筒稍短些，在将塑料管放入枕筒前，先用棉和荞麦皮将塑料管一层一层包裹起来，再装入圆筒枕内，将口缝死。

圆枕必须达到软硬适中的程度，枕用时，人的脖子枕在子枕上，头部枕在母枕上。入睡时，很自然地形成一种牵引状态，使病态的颈椎逐渐恢复到正常的生理曲度。

经常锻炼有助于睡眠

对于办公室中的白领来说，身体方面的运动是必不可少的。据调查，那些经常锻炼的人在睡眠质量方面要明显优于那些不做锻炼的人，并且更少出现失眠的现象。每天请保持 20 分钟的户外活动，以此让你的身体达到兴奋状态，这样晚间你才会感到疲劳而乖乖休息。

学会识别 4 种心理陷阱

人的一生中会有许多心理陷阱，许多人一旦陷入这些陷阱后，便很难自拔。

（1）求败的性格

一些人的性格很怪异，天生即倾向于自取其败。他们常常自陷于自己所想象的被打击、受欺压的绝境，并会因而一筹莫展。此时，就算在他们眼前摆明了各种退路、出口，他们仍会表现为冷漠，并视而不见，拒绝利用。

（2）虚幻的期望

此类人经常表现为志大才疏，对自己的要求过高，而且对自己的潜力和才能无法做出适当的估测，设定的生活目标也极不现实。这种不切实际的妄想，最终只会自取灭亡。

（3）欺世情结

有些人常常会认为自己的才能不够好，尤其是不像别人想象中的那么好，总是怕自己有一天会被揭穿真相，从而产生浓重的内疚感，最后导致用自寻毁灭来对自己进行惩罚。

（4）执拗多疑

这类人总是疑神疑鬼，且心胸狭隘，不停地在揣测他人的动机。他们时常会关注同事是否会在背后算计自己，久而久之，必然会降低自己的工作精力，影响自身的人际关系，最终造成周围人对自己的反感、疏远和冷落。

按摩头部可消除精神疲劳

人体中有大量的血液流经于脑，以供大脑的思维活动。当人们进行脑力活动时，需要消耗大量的氧气与营养物质。如果这些供应不能满足需求，或代谢产物滞留，均会导致神经紧张，产生疲劳。按摩头部，一方面可以使大脑得到短时间的休息，另一方面，还可以调节血液循环，带来充足养分，带走滞留的废物，以达到消除精神紧张和疲劳的效果。

橄榄油的保健

橄榄油不仅可以食用，还有其他的保健作用，如皮肤烫伤者可用橄榄油外敷，能减轻疼痛，并能使愈后不留疤痕；服用橄榄油 10～15 滴，每日 1 次，连服 2～3 天，可治风火牙痛和咽喉肿痛；服橄榄油 15～20 毫升，每日 3 次，连服 2～3 天，可缓解大便干燥、痔疮红肿出血等症；因血压升高而发生头痛头晕者，可服橄榄油 2 汤匙，有助于降压和缓解症状。

使头发变得光亮的技巧

（1）醋蛋

洗头时，在洗发液中加入少量蛋白洗头，并轻轻按摩头皮，会有护发效果。同时，在用加入蛋白的洗发液洗完头后，将蛋黄和少量的醋调匀混合，顺着发丝慢慢涂抹，用毛巾包上 1 个小时后再用清水清洗干净，对于干性和发质较硬的头发，具有使其乌黑发亮的效果。

（2）茶水

用洗发液洗过头发后，再用茶水冲洗，可以去除多余的垢腻，使头发乌黑柔软、光泽亮丽。

偶尔发呆减压

心理专家表示，发呆是正常人的一种心理调节，偶尔发呆无伤大雅，还有利于健康。因为发呆是一种专注的无意识，对大脑来说是很好的休息。会发呆的人，会觉得发呆是一种享受，因为发呆的时候不再有烦恼和忧愁，整个空间都属于自己的。发呆时，安静的冥想可以促进血液循环，为组织器官输送大量的氧气和营养，对于减少焦虑有着明显的作用。

美容篇

一、美容护肤

皮肤变嫩妙方

在每晚睡前将脸部皮肤清洗干净，再用一个鸡蛋清涂抹于脸部（要抹均匀），3 分钟即可洗去。注意此法不可时间太长且 1 周只能做 3 次，因为蛋清会将皮肤中的水分吸去。长期使用皮肤会越来越嫩，也可减去细小皱纹。

加盐养颜

将肥皂涂抹在湿毛巾上，再加少量的盐，轻轻擦在脸部、颈部，可去除死皮，再用清水将其冲洗干净，涂上质量较好的润肤霜。

鲜黄瓜汁巧除脸部皱纹

鲜黄瓜汁 2 调羹，加入等量鸡蛋清（约 1 只蛋）搅匀。每晚睡前先洗脸，再涂抹面部皱纹处，次日早晨用温水洗净，连用 15～30 天，能使皮肤逐渐紧致，消除皱纹有特效。

用水蒸气美容

将一盆开水放在适当位置，俯身低头，用毛巾尽力将脸盆与脸部连为一体，可根据自己的忍耐能力和水温来调整水面与脸部的距离，让开水的水蒸气来熏面部。待水凉后，再更换热水，重复熏面。每月做 2 次。可抵制褐色斑和雀斑的产生，使粗糙、干燥的皮肤变得柔软、滑嫩。

豆渣可收缩毛孔

每天洗脸时取适量的豆渣在脸上轻轻揉搓，洗干净以后再用冷水清洗以达到收缩毛孔的功效，脸部皮肤即可变得白嫩光滑。此方适宜油性和敏感性皮肤使用，有很好的效果。

用冬瓜美容

取新鲜冬瓜，将其去皮后用清水洗净，切成块，入锅，加适量清水和黄瓜将其炖煮成膏状，晾凉后放在冰箱中保存，晚上取适量擦于面部，1小时后用清水洗净，数月后可使皮肤白皙。

消除眼袋2法

方法1：将橄榄油装入小容器里，倒入一些热水加温，然后用棉球蘸液，涂在眼睑处并轻轻擦拭和轻摁几下，再用指腹轻轻拍打使其快速充分吸收。

方法2：在热水中放1勺盐充分溶解，把化妆棉剪成眼膜状，让其吸满盐水，然后敷在眼袋处5～10分钟。

冷水拍面美容

洗完脸后，不要用湿的毛巾蘸水抹脸，可用双手捧水拍面，顺着面部肌肤轻轻地拍（上额除外），在拍的时候，不要来回搓。洗完脸后，再抹上适合自己皮肤的护肤霜。这样，每洗脸一次，就会让面部皮肤得到一次营养补充，一次按摩。尤其是晚上使用此法效果更佳。

绿茶可消除眼袋、黑眼圈

在茶壶里取2袋绿茶或红茶加80℃热水浸泡，取出敷眼睛20分钟左右，对消除眼袋和黑眼圈有很好的作用，尤其是对眼袋大的人效果更好。此方适宜在早起时做，还有，最好是绿茶或红茶。

护油性皮肤3法

◆将蛋黄和一些小苏打混合后，加12滴柠檬汁，均匀搅拌后涂于脸部，15分钟后用清水洗净。

◆在牛奶中放入适量的燕麦片，将其调拌成膏状，涂在脸上15分钟左右，用温水洗净，再用冷水洗。

◆将2茶匙酿造啤酒和粉（或6片酿造啤酒的酵母压碎）同1茶匙淡酸乳混合，光滑地涂在脸上和脖子上，晾干20分钟左右，用清水洗净。

干燥皮肤美容3法

方法1：蛋黄面膜。把蛋黄均匀

地涂在脸上，等它完全晾干后再用清水洗净。

方法2：奶油面膜。先在脸上厚厚地涂一层奶油或同水混合搅拌的香粉膏，15分钟后用清水洗掉。

方法3：猪蹄面膜。取猪蹄入高压锅煮到胶状，待晾凉后加入1茶勺蜂蜜调匀后，涂抹搓擦，能滋肤养肤美容消除皱纹，适用于皮肤衰老者。

按摩除鱼尾纹

◆用双手的无名指、中指、食指三个指头，先压3次眼角眉，再压3次眼下方，反复压数次，5分钟左右后，眼睛会感觉特别明亮有神。

◆用双手的大拇指分别按住两边的太阳穴，食指顺着眼睛，由外向内，直到眼角处，轻轻揉搓，往回做5次左右，每天做2次。

◆将眼球上下左右转动，再环形转动。

洗脸水的温度有什么讲究

水温过冷（20℃以下）会对肌肤有收敛作用，可锻炼肌肤，使人精神振奋，但长期使用过冷的水洁肤，会引起肌肤血管收缩，使肌肤变得苍白、枯萎，皮脂腺、汗腺分泌减少，弹性丧失，出现早衰，对肌肤滋养不利。

水温过热（38℃以上）对肌肤有镇痛和扩张毛细血管的作用，但经常使用会使肌肤脱脂，血管壁活力减弱，导致肌肤毛孔扩张，肌肤容易变得松弛无力，出现皱纹。

合适的水温（34℃左右）略高于肌肤温度，但低于体温，用手试，有温热感，但不会觉得烫。这种温水，既能洁肤，又对肌肤有镇静作用，有利于肌肤的休息和解除疲劳，对肌肤无伤害。

银耳美容法

白木耳营养丰富，同时它也是一种美容佳品，它能维护皮肤的弹性及皮下组织的丰满，使皱纹变浅甚至消失，使皮肤变得细嫩光滑。

方法1：银耳甘油液。用50%甘油浸泡适量白银耳，一周后用浸泡液擦脸，每日早、晚各1次。

方法2：银耳洗脸法。将银耳熬

取浓汁备用。用适量银耳汁兑入洗脸水中洗脸，每日1次。

方法3：银耳膏。将银耳10～15克轧成末，与50克白面混合均匀，每次取10克调成糊状，涂在脸上，保留半小时。

如何对付脂肪粒

如果脂肪粒不是很严重，可以用针挑。当脂肪粒变白或变成淡黄色时就可以挑了。具体方法是：将一根绣花针用酒精消毒，小心地把肌肤上白色的脓粒挑出来，下手一定要轻，不要伤到真皮。然后用棉签蘸酒精在伤口处消毒即可。过几天伤口会结痂脱落，大概10天便可以复原，因为没有破坏到真皮层，所以不会留下痕迹，但严重的脂肪粒还是应当到美容院挑除。

酸奶蜂蜜可洁面嫩肤

用1大汤匙面粉，再用1小汤匙蜂蜜和1小汤匙酸牛乳，混合一起调成均匀的膏状物。然后就可以搽在脸上和脖子上，并加以轻柔的按摩，让这些膏状物慢慢干透，接着用温湿的毛巾，以向上打圈的动作，轻轻擦掉，直到擦净为止。常涂这种敷面剂，可使皮肤清洁细嫩。

怎样淡化雀斑

第一，千万不可乱用祛斑产品，否则不仅除不掉斑，可能还会烧伤肌肤，导致起皱，轻者几个月才能恢复，重者永远不能恢复。第二，少化浓妆。出门防晒，防晒品最好选天然且不含铅的。第三，睡前擦点维生素E，保证睡眠时间。第四，平时生活中保持愉快心情。第五，做好基础护理工作。

面部防衰老的简单方法

方法1：张大嘴巴。嘴巴张到不

能再大时，打个哈欠，吐出废气，连做4~5次。这个动作能加强气体交换，消除疲劳，而且能锻炼嘴巴周围的肌肉。

方法2：下颏运动。下颏做上下、左右、前后的伸缩运动，每个动作做4~5次。经常做可消除疲劳，又可防止面颊和颏部肌肉的松弛。

怎样正确使用面膜

用指端或毛刷将面膜均匀地抹在面部，也可以在颈部涂上薄薄的一层。要避免将面膜堆积在眼睛和嘴唇周围，这些部位的皮肤比较娇弱，容易受刺激。要遵守使用说明书上的保留时间，面膜在脸上停留时间并不是越长越好，一般说来，15~20分钟就足够了。

揭除面膜时，要用一块浸上温水、玫瑰露或平时用的清洗剂的棉花将面膜擦洗掉，有些面膜凝成一层弹性薄皮，揭下即可。

揭除面膜后，至少要等2个小时再化妆，以便使皮肤恢复平时的酸性。

使用面膜的频率一般为每周1次，但对有问题的皮肤，使用间隔可短一些。

如果你的皮肤为混合型，最好使用混合面膜，即在脸面中部涂上适合油性皮肤使用的面膜，在两颊和太阳穴部位涂上适合干性皮肤的面膜。

夏季怎样护肤

（1）防紫外线

夏季面部会出现褐色或黑色斑点，即日光斑。要想防止日光斑，就要避免紫外线照射，尤其是那些脸上有雀斑的女性，外出时一定要涂防晒霜，也可戴遮阳帽或打太阳伞。

（2）敷面膜

用无花果或黄瓜汁液再加适量面粉，调成面膜敷于脸上，不仅可以保养皮肤，还可去除斑点。

（3）巧喷香水

夏天出汗较多，为掩盖汗味，人们喜欢喷些香水。喷有香水的皮肤容易吸收紫外线，在紫外线照射下会变成褐色。因此，在使用香水时，不要将香水喷到阳光可以晒到的部位。

二、养发护发

何首乌、黑芝麻可有效将白发变黑

将何首乌、黑芝麻各150克，一起放入锅里炒干并研成细粉，然后用白糖水送服，每次15克，1日1次，连服15天。切记此方忌蚕豆。

用啤酒美发

首先用一块干布把头发擦干，然后用1/8瓶啤酒均匀地涂抹在头发上，并用手轻轻按摩，使啤酒渗透至头发的根部。待15分钟后，再用温水把头发冲洗干净，然后再用同样的方法重涂1次，并用梳子把头发梳理好，这样不仅能使头发乌黑光亮，而且还能有效防止脱发。

食疗护发

◆若头发尖梢分叉的头发多，可适量地多吃些蛋黄、精瘦肉、海味食品等。

◆头发变黄者，可适量地增吃些海带、紫菜、鲜奶、花生等富含钙和蛋白质的食品。

◆头发干燥无光者，可适量地增吃些动物肝脏、核桃、芝麻等食品。

◆头发大量脱落者，可适量地增吃些豆制品、玉米、新鲜蔬菜瓜果、高粱米等富含植物蛋白的食品。

绿茶泡水可修复损坏发质

取一个锅加水后煮开，加适量绿茶浸泡，10分钟后，倒入盆中再加些适量的凉水进行洗发。洗发时要注意对头发进行搓揉和按摩。此方可有效防止头皮发炎，对晒伤的发质也有效。

治疗脱发的家庭秘方

在日常生活中，利用身边一些简单、安全、实用的材料，做个有心人，可有效地治疗脱发，还可以节省一些不必要的开支。

（1）柚子核治落发

如果头发发黄、斑秃，可用柚子核25克，用开水浸泡24小时后，每天涂拭2~3次，可以加快毛发生长。

（2）生姜治落发

将生姜切成片，在斑秃的地方反复擦拭，每天坚持2~3次，能刺激毛发的生长。

（3）蓖麻子治脱发

蓖麻子2500克。将蓖麻子加入榨汁瓶贮，每取其汁半酒杯人米煮粥，频食之，发落自生。

（4）石灰白酒饮再生新发

石灰、白酒各1500克。将石灰以水拌炒焦，用白酒浸之，半月后去渣，每次饮酒10毫升，每日1次，久之则新发更生。

烫发后怎样保养头发

洗净头发后，可以用一些不必再冲洗掉的润发品保养头发。烫过的头发，发尾更需要保养，如有分叉，应马上剪掉。

在选用洗发水时，不妨挑选具有保养头发作用的营养洗发水和较淡的洗发水，轮流使用。

洗头后最好让头发自然风干，可用毛巾擦，最好不要用电吹风吹。如果必须使用吹风机，也不要使吹风机太靠近头发，以免头发受损，如果您想让头发看起来蓬松些，可在吹干头发时将头朝下，会有很好的效果。

不要用细齿梳用力梳头发，只要用刷梳梳一下即可。

桑葚水可治少白头

取桑葚1千克，洗净后放入锅内加水适量熬煮，每隔30分钟取液1次，然后再加水熬，连取2次。将2次的桑葚液一同放入锅里用大火煮开。开后再改用小火熬至浓缩较黏糊时，再加入蜂蜜300克至开即可。待晾温装瓶备用。每次一小汤匙，每日2次，以沸水冲开，连服几次即可见效。

去头屑5方法

◆用温姜水搓：用清水将生姜洗净后，切成片，煮成姜水，待晾至温度合适的时候，将洗好的头发浸入姜水中搓洗，有刺激头发生长、促进血液循环、消炎止痒的功效。长期使用此法，可使头发亮泽，头屑减少。

◆用鸡蛋清液揉搓：将生鸡蛋磕入碗中，用筷子将其搅拌均匀（加点猪胆汁会更好），在洗完头后，立即将搅拌好的鸡蛋浇到发根处，并迅速用双手揉搓，大约10分钟后再用清水洗干净。每周1次，短期内便可见效。

◆中药黄柏、苦参有较好的解毒、清热、止痒的作用，也有去脂的功效。把它们煎成汁用来洗头，能去头屑。

◆洗完头发以后洒上些奎宁水，既可除头屑又能止痒（洒奎宁水的时候，瓶口应靠近头皮。奎宁水不宜洒得过多，只用于头部皮肤）。将奎宁水洒好后，应用双手交叉在头发内摩擦，使之均匀散开。

◆头屑较多且其他症状也比较严重的人，可以在晚上把甜菜的根汁涂抹在头上，第二天早上将其洗净，效果很好。

用大蒜巧治秃顶

将蒜瓣表皮剥去，捣烂成泥状，然后把蒜泥直接涂在秃顶上。假如觉得蒜泥太累赘，也可将蒜泥过滤成汁涂于秃顶，不必包扎，每天1次，涂后2小时再用洗发水把头洗净擦干。每7～10天为1个疗程，在每个疗程后可以适当停止2～3天。头发干燥型的秃顶患者，则最好将蒜液中加入等量橄榄油。一般治疗时间不得少于2～3个月。

大蒜中的蒜素乃是强烈的植物杀菌素，能够杀死细菌、真菌和原虫。蒜泥和蒜汁涂于局部，对皮肤具有刺激作用，能够改善皮脂腺血循环，扩张毛囊，因此有利于毛发生长。

辣椒酒涂擦患处治脱发

取朝天椒6克，白兰地酒50毫升。首先将辣椒洗净并切成细丝，放酒中浸泡10天左右，滤渣后，取辣椒酒涂擦患处，每天可数次涂擦患处。一般连用15天见效，30天即可痊愈。

头发洗护的4点窍门

(1) 选用适当的洗发剂

洗发剂大多含有化学物质，选用时必须慎重。原则上宜选用适应皮肤和头发性质的，以弱碱性的为佳。否则，洗发后头发会失去光泽和弹力而变得黯然无光，还会导致头发变黄或发红。干性皮肤者则会使头皮更加粗糙，头皮屑增多。

最好别用普通的香皂洗发，因为头发的表面有一层鳞片状的角质组织，如果将香皂直接擦到头上，香皂很容易夹入鳞片状的角质缝隙中，不易被清洗干净而损坏头皮和头发。更不能使用肥皂洗发，因为肥皂含碱性较重，如果留存到鳞片夹缝中，角质层会因碱腐蚀而脱落，使头屑大增，头发也更容易受到损害。

(2) 洗发方法很重要

洗发前用发刷刷去头发上的尘垢，先刷头发的表面，然后将头发分层翻起，依次刷发干、发根及头皮，最后再刷周围的发脚边缘，这样可以减少洗头时的脱发量。

使用洗发剂前，用40℃温水将头发浸湿，再将洗发剂倒入掌心中揉搓至起泡沫，然后再涂到头发上。

洗发时，将双手插入发内，用指尖的罗纹面揉擦全部发根及头皮，发干、发尾则分束用手指夹住轻轻搓捏，待全部搓擦完毕后用温水冲洗干净。如有必要可用少许洗发剂再洗一遍。洗发时应用温水慢慢洗涤，如果水温过低污垢便不易洗净。

(3) 注意使用护发素

用清水洗净的头发，可能仍有极少量的洗发剂存留在发干或发根上。为了使头发不受碱性侵蚀，可使用护发素，这样就可以更有效地清除残存的碱质，使头发更加柔软有光泽。

(4) 定时洗发

头发如果太脏还会成为细菌的温床，很容易引发疥疮甚至头皮溃疡。一般情况，属中性皮肤的，冬天1星期洗发1次，夏天四五天洗发1次；油性皮肤者，可相应地缩短至一两天1次；干性皮肤者，则要相对于中性皮肤者延长一两天。

使头发柔软的小偏方

先用洗发水将头发洗净，然后在水中加入少许醋进行清洗，最后用清水洗干净。

经常用橘皮煎水洗头，可使头发光滑柔软，容易梳理。

洗发时，先用浓度为5%的盐水进行冲洗，再用洗发液搓洗，可使头发更松软光亮。

洗过发后，再用茶水冲洗一下，可去垢涤腻，使头发乌黑柔软，富有光泽。

把鸡蛋搅拌均匀，然后用5倍的温水冲淡。一面仔细用冲淡的鸡蛋水按摩头皮及头发，一面清洗。洗干净后，小心梳理，头发就会变得柔软且富有光泽。

将棉花放在适量的牛奶中浸湿，揉擦于头部的皮肤，再用清水洗干净，可以保护头部皮肤，使头发柔软而富有光泽。

使用果汁护发的技巧

水果中含有多种丰富的维他命A、B_1、B_2、C等，还含有矿物质钙、磷、铁、钾及纤维等，这是保证身体营养的重要物质。经医学家研究，水果同样有益于头发：木瓜可使头发松软而富有弹性；鸭梨可减少头发分叉；香蕉可使头发明亮有光泽，因成熟的香蕉含有丰富的钾和维生素C，是头发生长不可缺少的化学元素。

可把水果榨成果汁，将果汁涂在头上，3分钟后用清水冲洗干净即可。

巧饮食防黄发

头发逐渐变黄，除因体力透支和精神过度疲劳外，主要是由于摄入糖分和脂肪过多，使血液酸性增高所致，故应少食奶类制品、油炸食品、高脂干酪、巧克力、白糖及高脂肪食物，多食些富含蛋白质、碘、钙的食物，如精肉、鱼、禽肉、海带、紫菜、豆类等，还可以食些含铁质多的蔬菜，如芹菜、油菜、红苋菜、胡萝卜等，对酸性物质有抑制作用。

用蜜油蛋黄增加头发

将10毫升蜂蜜、10毫升植物

油、1个生鸡蛋黄、少量蓖麻油及适量洋葱，与15毫升的洗发水混合在一起搅匀，将其涂抹在头皮上，戴上干净的塑料薄膜帽子，连续用热毛巾敷。1～2个小时后再用清水将头发洗干净。坚持一段时间，可使头发变得非常浓密。

哪些人不宜染发

患有血液疾病者不宜染发，因为染发剂中的某些化学成分对骨髓造血功能有一定的影响，有可能加重患者的病情。

在使用抗菌素期间不宜染发，因为有些抗菌素，如青霉素、链霉素、庆大霉素和磺胺类药物，容易与染发剂发生交叉过敏反应。

患有荨麻疹、哮喘和过敏性疾病的人不宜染发，以免引起过敏反应。

头面部有外伤未愈者不宜染发，防止有害物质直接从伤口渗入。

尚未发育完善的小孩不宜染发。

夫妇要想生育孩子的时候不宜染发。

孕妇和哺乳期妇女不宜染发，以免影响胎儿和婴儿的健康发育。

三、减肥瘦身

节食减肥的常识

◆吃饭越慢，进食便会越少，这样可避免摄入过多的热量；

◆每日3餐，2餐会因饥饿而摄食过量。少食含脂肪、油、糖过高的食物，少饮酒；

◆饿时便吃，而不是到时间才吃；

◆坐着吃，而不站着吃；

◆多吃需要反复咀嚼的食物，如硬面包、硬饼、纤维多的蔬菜等；

◆每顿将吃进的食物记下，以便控制食量；

◆每周减肥0.5～1千克为宜。吃得太少，就可能改变新陈代谢作用，反而会增加体重。

形成肥胖的原因

（1）饮食习惯

过量饮食或偏爱高热量甜点心可造成肥胖。

（2）遗传因素

调查表明，体型与遗传有关。父母体重正常者，其子女肥胖者仅7%；父母中有一位肥胖者，其子女肥胖者占40%；如父母均为肥胖者，其子女肥胖者将高达80%。一般说来，圆而柔软的体型较易长胖，扁而硬朗的体型则不易长胖。

（3）热能的需要量减少

如职业的改变，常会使运动量减少，能量的需求减少；关节炎及心脏病等慢性病增加，减少了活动量，其热能的需要量会大量减少；家庭里、工作上，由于设备自动化程度提高，减少了能量浪费；中年后由于基础代谢率降低，工作稳定，肌肉张力及活动量降低，休闲及睡眠时间增加，所需能量相对减少。

（4）内分泌因素

不仅内分泌代谢失调容易造成肥胖，肾上腺疾病或甲状腺功能低下等都会造成肥胖。

仰卧运动可减少腹部脂肪

生命贵在运动，肥胖者更需加强锻炼。如有腹部脂肪堆积者，下面的运动将是不错的选择。

（1）仰卧举腿

双腿并拢、伸直，运用腰腹部力量，尽可能使双腿上举，使腰背和臀部离开床板向上挺直，然后慢落，反复进行。

（2）仰卧起坐

双手抱于脑后，身体伸直或屈膝，连续做起、躺动作，反复进行。

（3）仰卧屈体

运用腰腹部力量向上举腿，同时双臂向前平伸屈体，使双臂和两腿在屈体过程中相碰，连续进行。

以上锻炼方法可单独或结合进行。共 10 分钟左右，每周 4～5 次，坚持 3 个月，效果明显。

怎样保持三围

（1）胸围

如果没有足够承托力的胸罩承托自身乳房的重量，天长日久，会加速乳房的下垂和松弛，因此一定要戴符合胸围尺寸、承托力足的胸罩。不能贪凉快而不戴胸罩，否则不但会加速乳房的松弛和下垂，还会使胸肌的结实度、颈部皮肤和肌肉受到影响。要常做胸部运动，使乳房保持结实和弹性。

（2）腰围

若腰部肌肉已有松弛现象，即使是夏天，也要用优质通风的腰带，以免受酷热天气的影响而加速松弛，同时要常做腰部运动。

（3）臀围

一般情况下，不要穿布料太少的内裤，最好常穿弹性好且包裹整个臀部和腹部的内裤，这样可减少腰部和臀部下垂的程度。

饮水减肥

水能促进人体脂肪的代谢，是人体减肥中最重要的催化剂，健康的人一般每天饮水 2000 毫升，而为了减肥要多喝 500 毫升。早晨起床后，空腹喝 500 毫升水可清肠排毒，用餐前喝水能减少饮食的摄入量，用餐过后大约 2 小时左右喝水有利于促进人体脂肪的代谢。

快速减肥秘方

在正规的茶庄里买 100 克乌龙茶，放在温开水中浸泡后饮下，一般 7 天左右即可见效。因乌龙茶能快速溶化脂肪，既能减肥，又能预防肥胖症的发生。

用食醋减肥

食醋中含有挥发性的氨基酸物质及有机酸等。每天服用 1～2 汤匙食醋，能把人体内过多的脂肪转变为热量并消耗掉，能有效地促进蛋白质和糖类的代谢，从而起到减肥的作用。醋的食用方法有很多，可以拌凉菜吃，蘸食品吃，也可加在汤中以调节胃口等。还可以用醋泡制醋蛋、醋花生、醋豆、醋枣等，既可增加营养，软化血管，又可变换口味。

节食减肥的注意事项

节食减肥一定要适度，不可盲目节食，否则可能导致身体内分泌紊乱，损害身体健康。

一日三餐不要多也不要少，少吃一餐，下一次进餐便容易暴饮暴食，不仅容易引起胃肠疾病，而且可以导致肥胖加剧。所以，制订科学的饮食计划是很重要的。

在进餐之余不要加餐，养成一个良好的饮食习惯，否则容易引起消化系统和内分泌紊乱。如果非常想进食，可以吃些水果等低热量食物。

不要简单模仿他人的进食方法或拘泥于某一种标准，也用不着费劲地吞咽那些热量虽低却不合自己口味的食品。将减肥食品与个人口味相结合，才容易坚持。

不要回避谷类食品。谷类食品的纤维会像新鲜蔬菜的纤维那样在胃里膨胀，减少饥饿感。

不要过多摄取含糖量较高的食物，糖很容易在体内转化成脂肪，从而形成肥胖。

不要为节食而失去吃饭的兴致，要把吃饭当作一种饶有情趣的享受，轻松舒畅地享用美食。

减肥需要一定的时间，不会一夜之间就能变瘦，不能急功近利，否则容易造成身体的损伤。

少饮酒，葡萄酒中含有大量的糖分，属于高热量食品，不仅不利于减肥，还会对内脏有损害。

产妇防肥胖技巧

（1）早做活动

若会阴处无伤，产后1天便可下床活动。2周左右可做轻便的家务。及早地活动能增强神经内分泌的功能，促进身体代谢，从而使过多的脂肪被消耗掉。

（2）饮食营养的合理安排

首先应适量地进食，对鸡、蛋、鱼、肉及其他高脂肪、高蛋白食物要节制食用，多吃蔬菜、豆制品、水果等，不要过多地吃甜食。

（3）要用母乳喂养

哺乳能促进身体营养循环和代

谢，可将体内过多的营养排出来，减少皮下脂肪的蓄积，从而有效地防止发胖。

（4）做产后体操

产后1星期后便可以在床上做俯卧位和仰卧位的运动（如双腿伸直向上举），产后2星期左右便可做仰卧起坐等运动。这样可以有效减少腰、腹、臀部的脂肪。

苹果减肥

苹果中含有苹果酸，可以加速代谢，减少下身的脂肪，而且其所含的钙量较其他水果丰富，可减少令人下身水肿的盐分。每天在饭前半个小时吃1个苹果可有助于减肥。

中年女性减肥

（1）腹部减肥

每天睡觉前双脚并拢，仰卧于床，脚尖朝上，将双脚同时举起，接近头部或直至头部，然后再将双腿缓缓放至离床10厘米处，反复做10次左右。

（2）臀部减肥

用双手扶住椅背，一只脚向后抬至离地面20厘米处，然后再用力向后踢，左右两腿各做10次。

（3）大腿减肥

将双手紧靠后背，做下蹲动作，每天反复做50次左右。

（4）小腿减肥

用单腿站立，用力将脚跟踮起，停留10秒钟左右后落下，每只脚做50～60次。

（5）腰部减肥

仰卧于床，将双膝屈成直角，用力将身躯上挺，然后放下，反复做10次左右。

哪些蔬菜有助于减肥

（1）绿豆芽

绿豆芽含水分较多，被身体吸收后产生热量较少，更不易形成脂肪堆积在皮下。

（2）韭菜

韭菜中含纤维素最多，有通便作用，能排除肠道中的有害物质。

（3）黄瓜

黄瓜中含有丙醇二酸，能抑制碳水化合物在体内转化为脂肪。

（4）白萝卜

白萝卜中含有芥子油等物质，

能促进脂肪类物质更好地进行新陈代谢，避免在皮下堆积。

(5) 冬瓜

冬瓜含有蛋白质、糖类、维生素C、B族维生素以及钙、磷、铁等营养成分，还含有抗病毒、抗肿瘤的干扰素等，而且不含有脂肪，含钠量也很低，有助于限制脂肪的吸收。同时，冬瓜所含的B族维生素能促使酚、糖类转化为热能，减少体内脂肪的形成，有益于减肥健美。

(6) 辣椒

一只新鲜辣椒的维生素C含量远远超过一只柑橘或柠檬，另外还富含维生素A等。营养学家认为，一个人每天吃2只辣椒就可以满足人体维生素C、A的正常需要。辣椒含有的辣椒素有溶解脂肪的作用，可以减少脂肪在体内的沉积。

餐前吃水果有利于减肥

水果一般是饭前1小时食用，借此达到保胃和脾及提高食欲的作用。如果将吃水果或喝果汁的时间改在正餐前几分钟，那么吃下的水果便不能起到开胃作用，反而会降低食欲。利用此法既可享受水果美味，又可减少进食量，从而达到减肥的目的。

改变不吃早餐的不良习惯

不吃早餐不但不能起到减肥的效果，反而会增胖。这是因为不吃早餐的人不到午餐时间就会感到非常饥饿，在这种饥饿的感觉下，人很容易吃得过饱，所摄入的食物最容易被吸收，也最容易被转化成脂肪储存起来。

更危险的是，不吃早餐的人容易罹患胆结石。所以，应该及早改变不吃早餐的不良习惯，早餐不但要吃，还要吃得好。

怎样消除啤酒肚

(1) 床上运动

床上运动可在睡觉前和起床后进行。先做屈腿运动，平躺在床上，右腿弯曲，使其尽量贴近腹部，然后伸直；再换左腿，轮换伸屈，交替做20次。稍休息后，再做仰卧起坐，身体仰卧，双脚不动，将上半身坐起来；如果脚部太轻，可以在脚部压上被子或枕头，运动量以自己能承受为度。

（2）床下运动

下床之后，做腰部弯曲运动。先进行左右弯曲摆动，两手左右平伸，腰部向左右摆动，双手随着身体摆动而摆动；再做上下弯曲运动，两手朝前平伸，将身子弯曲，使双手触地，然后还原，恢复直立状态，交替做20次。

（3）慢跑运动

床下活动之后，到室外慢跑。跑步可以锻炼腹肌，消除腹部脂肪。有“将军肚”的人身体肥胖，适宜慢跑，跑程也不宜太长。坚持一段时间后，再加大运动量。

（4）引体向上

如果在体育场内活动，可利用单杠做引体向上运动。若户外找不到单杠，回家后，可利用自家门框做单杠练习。